黄河國家治理文獻集成（民國卷）第二十八册
《黄河國家治理文獻集成》編委會　編
總第九十二册

歷代治黄史
林修竹　纂
董杰　編

實業計劃之水利建設
沈百先　編
董杰　編

包頭市開鑿東西水道工程報告書
包頭市修築東西水道工程委員會　編
董杰　編

內蒙古出版集團
內蒙古人民出版社

圖書在版編目（CIP）數據

歷代治黃史 / 林修竹纂 ; 董杰編. 實業計劃之水利建設 / 沈百先編 ; 董杰編. 包頭市開鑿東西水道工程報告書 / 包頭市修築東西水道工程委員會編 ; 董杰編. 呼和浩特 : 内蒙古人民出版社, 2025. 8. --（黄河國家治理文獻集成）. -- ISBN 978-7-204-18604-4

Ⅰ. TV882.1

中國國家版本館 CIP 數據核字第 20256CU805 號

歷代治黃史　實業計劃之水利建設　包頭市開鑿東西水道工程報告書

林修竹　纂　沈百先　編　　包頭市修築東西水道工程委員會　編

編　　者	董　杰
策劃編輯	何可欣
責任編輯	董立群
助理編輯	何可欣
裝幀設計	劉那日蘇　吉　雅　安立新
責任監印	王麗燕
出版發行	内蒙古出版集團　内蒙古人民出版社
地　　址	呼和浩特市新城區中山東路 8 號波士名人國際 B 座 5 層
網　　址	http: //www.impph.cn
印　　刷	内蒙古愛信達教育印務有限責任公司
開　　本	880mm × 1230mm　1/16
印　　張	24.75
字　　數	310 千
版　　次	2025 年 8 月第 1 版
印　　次	2025 年 8 月第 1 次印刷
印　　數	1—1000 册
書　　號	ISBN 978-7-204-18604-4
定　　價	220.00 元

如出現印裝質量問題，請與我社聯繫。聯繫電話：（0471）3946120

編纂委員會

主　　任　陳利保

副 主 任　周承英　吴義學　王　瑶

成　　員　賈大明　何可欣　董立群　羅　婧　王曉俊　董麗娟

　　　　　白　玲　特日格勒　徐　飛　李月琪　王麗燕　李　琳

主　　編　董　杰

副 主 編　張曉東　曹　玲

委　　員　（按姓氏筆畫排序）

　　　　　王　丹　王智慧　王鑫義　白胡日查　朱紫陽　李　萌

　　　　　李新蕊　姚亞菲　陳　思　曹佳興　梁芹洋　張文文

　　　　　張　岩　張博原　張　祺　張曉英　喬恩懋　賀　莎

　　　　　楊　怡　楊建國　楊　承　霍燕平　魏雪剛

引言

千古河流成沃野，幾年沙勢自風湍。

得益于黄河冲積所帶來的疏松土質和有機物，中華先民利用石製工具開始了農業生産，并逐步發展出旱地粟作農業，『能够最大程度保障食物供給的穩定性，奠定了中華文明起源和形成的堅實基礎』[一]。而利用河水灌溉，提高區域可預測農業産量，『在産業史上起着最有决定性的作用』[二]。隨後，技術進步、經濟發展、人口增加，讓先民的文化生活大爲豐富。嚴文明先生評價道：『這是一場影響深遠的革命。』[三]在這場革命中，平衡水、沙、産、人四者之間的關係，始終是黄河治理的核心問題。四者關係一旦失衡，就容易引發諸多灾患。

歷史上，黄河下游因人口稠密、經濟發達，一直是學術界關注的重點。但自河源至今内蒙古托克托縣河口鎮的黄河上、中游區域，雖遠離王畿，人口稀疏，却也一直備受關注，人們逐步認識到黄河全流域治理是國家的重要任務。《漢書》載：『堤防之作，近起戰國，雍防百川，各以自利。』[四]没有全流域的協同治理，僅靠各地分段築堤，則黄河河患無法解决。秦建立了中國歷史上第一個中央集權大一統王朝，秦始皇東巡碣石，刻石銘記『决通川防，夷去險阻』[五]，開啓中央政府調動各要素治黃之先河，這『在中國，實質上是國家的一種職能』〔六〕。同時，國家通過對黃河的有效治理，爲沿黃流域人民群衆乃至其他地區人民群衆提供了重要的公共物品和産業支撑，成爲人民群衆眼中中央政府的功過評價指標之一。因此，治黃在增强沿黃各族群國家、政治、文化認同的基礎上，强化了中國大一統國家的合法性，成爲歷代國家治理能力的一個重要測度。

一、黄河治理維護了國家的社會穩定

從秦并六國到漢朝建立大一統國家，中國統一的多民族國家形成并得到初步發展。當時中央政府對所轄疆域有『北邊郡』和『内郡』之稱。内蒙古額濟納旗出土的居延漢簡有載，『豤（墾）田以鐵器爲本北邊郡毋鐵官印器内郡令郡以時博賣予細民毋令豪富吏民得多取販賣細民』，可以看出北邊郡是與内郡相對應的行政管轄區域。《史記》卷二十八『封禪書第六』載：『上乃遂去，並（并）海上，北至碣石，巡自遼西，歷北邊至九原。』〔七〕。《史記》卷三十『平準書第八』載：『天子北至朔方，東到太山，巡海上，並（并）北邊以歸。』〔八〕司馬遷多次提及北邊，足見統治者對北邊治理的重視。

漢武帝時，齊人延年提出從今内蒙古引黄河水經今北京一帶，向東注入渤海，以衛北部邊疆。『是時方事匈奴，興功利，言便宜者甚衆。齊人延年上書言：「河出昆侖，經中國，注勃海，是其地勢西北高而東南下也。可案圖書，觀地形，令水工準高下，開大河上領，出之胡中，東注之海。如此，關東長無水災（灾），北邊不憂匈奴，可以省隄（堤）防備塞，士卒轉輸，胡寇侵盜（盗），覆軍殺將，暴骨原野之患。天下常備匈奴而不憂百越者，以其水絶壤斷也。此功壹（一）成，萬世大利。」』〔九〕《史記》卷二十四『樂書第二』載：『天馬來兮從西極，經萬里兮歸有德。承靈威兮降外國，涉流沙兮四夷服。』〔十〕如今，包頭地區出土了『四夷盡服』瓦當，出土文物與傳世文獻的呼應，成爲黄河治理維護祖國北部邊疆穩定的見證。

《史記》卷三十『平準書第八』載：『嚴助、朱買臣等招來東甌，事兩越，江淮之閒（間）蕭然煩費矣。唐蒙、司馬相如開路西南夷，鑿山通道千餘里，以廣巴蜀，巴蜀之民罷焉。彭吳（吴）賈滅朝鮮，置滄海之郡，則燕齊之閒（間）靡然發動。及王恢設謀馬邑，匈奴絶和親，侵擾北邊，兵連而不解，天下苦其勞，而干戈日滋。』〔十一〕清代《汾陽縣志》卷十三『藝文』收録曹學閔《開修黄蘆嶺車路紀德政碑記》，上載：『永寧州，界連西陲，北達邊外歸綏諸路，商賈遠貿粟麥，泛皮船隨黄流南下，聚于州西磧口，一府之民仰利賴焉。而東至太原，南抵平陽，州縣凡二十餘，亦視汾爲橐籥，蓋所繫非特一方生計矣。』〔十二〕民國時期，東北淪陷後，開發西北刻不容緩，而『黄河中游之水利，自應加以擴充及整理，藉（借）收桑榆之效，以挽狂瀾於（于）萬一』〔十三〕。

因黄河流域自然條件優越，歷朝歷代都十分重視對此地的開發，通過强有力的國家干預方式推動各類産業的發展，爲中國北部疆域的形成和社會穩定奠定了基礎。

二、民族交往、物資交流、技術轉移促成黄河治理共同體

《史記》卷十五『六國年表第三』載：秦始皇三十三年（前214），『築長城河上，蒙恬將三十萬』〔十四〕。這數十萬人中，擁有一技之長的人員不在少數。由此，邊地人口不斷增多，而豐富的物産則促進了商品交流與統一市場的形成。西漢《鹽鐵論・力耕第二》記録了『异物内流』的情形：『是以贏（騾）驢馲駞（駝），銜尾入塞，驒騱騵馬，盡爲我畜，鼲鼦狐貉，采旃文罽，充於（于）内府，而璧玉珊瑚瑠（琉）璃，咸爲國之寶。』〔十五〕此後，黄河北岸的『贏（騾）驢馲駞（駝）』『驒騱騵馬』『鼲鼦狐貉』『采旃文罽』與西南織錦、中原麻織、農作物等物資相互交流，逐步形成統一的國内大市場，加强了邊疆與其他地區的經濟聯繫，促進了邊疆特色産業的發展。

隨着民族交往交流交融的增强，清代以降，黄河流域内蒙古段輸入到内地的也不僅僅是『异寶』了。《綏遠通志稿・水路》載：『自乾隆以還。口外墾殖日廣。民殷物阜。出境之油、糧、鹽、鹼（碱）、甘草各貨。入境之日用雜貨。山西與歸綏往來之商運。凡經河路者皆以托屬河口爲唯一之碼頭。』〔十六〕從清乾隆年間到民國時期，由内蒙古經黄河運到山西的貨物有糧、油、鹽、碱、藥材、皮毛等，其中以糧油爲最大宗。糧食品種主要有糜黍、穀子、高粱、豆類及玉米、大小麥

等，油料主要是胡麻。內蒙古供貨支綫有從阿拉善盟阿拉善左旗吉蘭泰鹽池到山西吕梁市磧口鎮的運鹽駝路，五原縣、臨河區一帶各大幹渠的運糧水道，杭錦旗、達拉特旗的甘草馱運綫，鄂托克旗的運碱駝路。內蒙古段各條支綫以供貨爲主，山西段若干支綫以運銷爲主。

《臨縣志》載：『清朝乾隆至民國年間，陝、甘、綏、蒙等地的物資，通過此航綫運達磧口，再用牲口馱運到離石、吴城，轉運至東路（汾、平、介、孝等縣）。據民國 20 年（1931）統計，每年從綏遠磴口航至磧口的貨船不下 4000 餘艘』，『是陝、甘、綏、寧與晋西北物資集散之重鎮』。[十七]可見，內蒙古在甘肅、寧夏與陝西、山西等沿黄上下游物資交易中起到了重要的聯結作用；同時也吸引了山西、陝北、河北、山東、甘肅等地的農民遷移至此，并將開渠打壩、引水澆地等農業生産技術、手工技術和商業貿易經營方式帶到這裏。他們在此扎根，除了從事農業生産外，還挖甘草、下窑背炭、在黄河上拉船、在沙漠中拉駱駝、打短工放冬羊、開碾磨油坊，等等。不同地域、不同民族的人們合力修築河渠、引水興業，逐漸形成休戚與共的共同體。其間積纍的産品交易、商業管理、社會治理等方面的經驗，在今天依然有借鑒意義。

清代『首重治河，探河源以窮水患』[十八]，但更深層次的考量是『宣揚大一統及增强國家認同』[十九]。黄河流域人口基數大、分布廣，而全流域治理理念將不同地區、不同民族的人們凝聚成命運共同體，而『大一統』理念正是這一治理實踐的核心主題。

三、黄河流域拓展了中國的發展空間

早期統治者因巡幸及邊防建設所需，統籌管理沿黄河運與秦直道等沿黄馬道，維持着中央政府對北邊的有效治理。河套平原引黄渠道的建設爲秦漢王朝屯田事業提供了基本的水利保證，并將這些區域變成防禦北部邊患的大後方與根據地。于是，沿黄馬道、沿黄河運與萬里茶道、草原絲路等陸路運輸聯通起來，促進了中華文明與其他文明的交流互鑒，拓展了新的發展空間。

新中國成立之後，沿黄各族兒女在中國共産黨的領導下團結合作、艱苦奮鬥，實現了大河安瀾。黄河流域建立起行之有效的防洪抗汛機制，支撑着沿岸的産業發展，改善了周邊生態環境。當代治黄史證明，正是由于中國共産黨的正確領導以及集中力量辦大事的制度優勢，纔從根本上減輕了河患的威脅。進入新時代，黄河流域在築牢安瀾根基的同時，以蓬勃活力拓展着中國的發展空間。沿黄九省區在協同發展中不斷釋放潛力，讓黄河流域成爲國家區域協調發展戰略中不可或缺的重要一極，爲中國的發展源源不斷地注入新動能。

綜上所述，黄河流域的治理不是單純的河道治理、生態環境治理或社會治理，而是一種關涉水、沙、産、人四者關係的系統性、協同性治理，是推動國家可持續發展的動力，也是厘清國家治理與邊疆治理兩者動態交互實際效果的絶佳視角。而黄河工程等『中國本土理論資源、學術積纍』〔二十〕，有助于研究國家治理的演進歷程。進入新時代，黄河治理與國家治理的關係研究不斷開闢新視角、持續涌現新成果，其中鑄牢中華民族共同體意識、邊疆治理與黄河流域生態保護和高質量發展成爲非常重要的研究視角。因此，基于這一角度搜集整理黄河國家治理文獻，意義重大。《黄河國家治理文獻集成》，應運而生。

本叢書系統梳理了黄河治理的歷史脉絡與經驗，既爲新時代黄河流域生態保護和高質量發展提供了歷史鏡鑒，更以文獻爲載體，傳承了治理智慧、凝聚了民族力量，是服務國家發展戰略、鑄牢中華民族共同體意識的重要學術實踐。

《黄河國家治理文獻集成》編委會

二〇二五年一月

〔一〕韓建業：《中華文明的起源和形成》，載《中華民族共同體研究》2022 年第 4 期，第 80-91+172 頁。

〔二〕中共中央馬克思恩格斯列寧斯大林著作編譯局：《馬克思恩格斯選集》第二卷，人民出版社，2014 年，第 240 頁。

〔三〕嚴文明：《黄河流域文明的發祥與發展》，載《華夏考古》1997 年第 1 期，第 49-54+113 頁。

〔四〕（漢）班固：《漢書》卷二十九『溝洫志第九』，中華書局，1964年，第1692頁。
〔五〕（漢）司馬遷：《史記》卷六『秦始皇本紀第六』，中華書局，1963年，第252頁。
〔六〕冀朝鼎：《中國歷史上的基本經濟區與水利事業的發展》，朱詩鰲譯，中國社會科學出版社，1981年，第7頁。
〔七〕（漢）司馬遷：《史記》卷二十八『封禪書第六』，中華書局，1963年，第1398–1399頁。
〔八〕（漢）司馬遷：《史記》卷三十『平準書第八』，中華書局，1963年，第1441頁。
〔九〕（漢）班固：《漢書》卷二十九『溝洫志第九』，中華書局，1964年，第1686頁。
〔十〕（漢）司馬遷：《史記》卷二十四『樂書第二』，中華書局，1963年，第1178頁。
〔十一〕（漢）司馬遷：《史記》卷三十『平準書第八』，中華書局，1963年，第1420–1421頁。
〔十二〕（清）方家駒修，（清）王文員纂：《汾陽縣志》卷十三『藝文』，清光緒十年刻本，第57–58頁。
〔十三〕王華棠、劉錫彤、吴樹德：《黄河中游調查報告》，華北水利委員會編印，1934年，第1頁。
〔十四〕（漢）司馬遷：《史記》卷十五『六國年表第三』，中華書局，1963年，第758頁。
〔十五〕王利器：《鹽鐵論校注》，中華書局，1992年，第28頁。
〔十六〕綏遠通志館：《綏遠通志稿》第十册，内蒙古人民出版社，2007年，第176頁。
〔十七〕臨縣志編纂委員會：《臨縣志》，海潮出版社，1994年，第273、321頁。
〔十八〕趙爾巽等：《清史稿》卷一二六『河渠一』，中華書局，1977年，第3715頁。
〔十九〕劉惠：《乾隆朝重構黄河河源的實踐與國家認同》，載《清華大學學報》（哲學社會科學版）2018年2期，第147–154+195頁。
〔二十〕許耀桐：《當代中國『治理』概念的演進探析》，載《國家現代化建設研究》2023年3期，第100–111頁。

出版前言

黄河，中華民族的母親河，她不僅孕育了中華文明，更見證了中華民族數千年的發展歷程。習近平總書記深刻指出：『從某種意義上講，中華民族治理黄河的歷史也是一部治國史。』這一重要論述，爲新時代黄河文化的保護傳承以及流域治理提供了根本遵循，也深刻揭示了黄河治理在國家發展和民族復興進程中的核心地位。在學習貫徹習近平新時代中國特色社會主義思想，積極響應國家黄河流域生態保護和高質量發展重大戰略，大力推進北疆文化建設的背景下，《黄河國家治理文獻集成》的編纂出版，具有重要的歷史意義、學術價值與現實指導意義。

黄河治理，自古以來就是國家的頭等大事。從遠古時期大禹治水，到當代運用科學技術進行系統治理，中華民族在數千年的時間裏，積纍了豐富的治河經驗，留下了浩如烟海的文獻遺産。《黄河國家治理文獻集成》收録了元代至民國時期古籍、朱批奏摺、期刊圖片等多模態文獻資源。這些文獻内容豐富、維度多元，既包含記載河工技術、治理方略等的專書，又有漢文朱批奏摺、工程檔案以及不同區域的調查研究報告等。民國時期的文獻則標志着現代水利科學開始融入黄河治理，展現了我國水利事業在時代變革中的創新與發展。近代照片的收録則以更加直觀的方式將黄河治理、黄河沿岸的風貌呈現給讀者。

該文獻的出版，不僅是對瀕危黄河文化遺産的及時搶救與保護，更是對我國水利史、國家治理史、邊疆治理研究學術鏈條的重要補充，具有較高的文獻價值和學術意義。尤爲重要的是，這一集成工作，深度契合鑄牢中華民族共同體意識這一全黨全國各族人民的共同任務。各民族在治理黄河的歷史進程中，緊密協作、共同探索，這些珍貴文獻便是各民族交往交流交融和中華文明認同的生動見證。對這些文獻進行整理出版，能够讓各族人民更加深刻地認識到，在歷史長河中，各民族共同爲黄河治理貢獻了力量，共同守護了家園，從而進一步增强對中華民族共同體的認同感與歸屬感，夯實鑄牢中華民族共同體意識的歷史根基。

《黄河國家治理文獻集成》以『國家治理』爲核心綫索，構建起一個全面、系統、多維的文獻體系：在時間跨度上，聚焦從元代至民國這一傳統治河向現代水利轉型的歷史時期，爲深入研究我國水利事業的發展脉絡提供了清晰的時間坐標；在内容分類上，細緻劃分爲技術專著、工程檔案、區域研究、朱批奏摺、科學報告、圖片等類别，涵蓋黄河治理的各個方面，從不同角度展現了我國在黄河治理上的探索與實踐；在版本選擇上，秉持嚴謹、科學的態度，確保文獻内容的準確性與代表性，爲學術研究奠定堅實基礎。

在編纂過程中，叢書特别注重『全流域治理』的理念，不僅收録了有關下游防洪治河的重要文獻，還涵蓋了中游地區水土保持以及上游地區灌溉開發等方面的珍貴記載。這種對黄河全流域治理的全方位關注，與當前『共同抓好大保護，協同推進大治理』的要求高度契合，充分體現了叢書在傳承歷史文化遺産的同時，緊密服務于當代國家發展戰略的時代價值。

在出版過程中，嚴格保持原書的版式與行款，最大程度地還原文獻原貌。對于部分出現黴變、殘缺的頁面，運用先進的數字化修復技術進行精心處理，在保留原始批注與印章痕迹的基礎上，兼顧了文物的真實性與文獻的可讀性。

此外，爲了更好地服務讀者，方便學術研究，本叢書新增了目録、提要等内容，這些新增部分由編委會精心撰寫。新增目録一般編製二級，個别圖書編製三級；原書有目録而内文無對應標題的，根據原書目録照録；原書目録爲關鍵詞或者其他情況的不編製目録；原書目録與内文不一致的，以原書内文爲準；原書無目録的，按卷端、版心或其他部分輯録；一册書中收録多種圖書的，以書名爲一級標題，編製二或三級。在文字使用上，統一使用現代漢語規範繁體字，對于原版文獻中的异體字、避諱字也使用現代規範繁體字，無對應規範繁體字的保留原字。

《黄河國家治理文獻集成》的出版，是對黄河文化遺産的一次系統性、搶救性保護，具有重大而深遠的現實意義：從學術價值層面來看，叢書成功構建起一座連接傳統與現代治黄文獻的橋梁，爲黄河流域生態保護、水利工程史、國家治理史、邊疆治理、中華民族共同體學等多個領域的學術研究提供了豐富、翔實的基礎文獻，有力推動了相關學科的發展與創新；從文化價值角度而言，生動展現了北疆文化與黄河文化在歷史長河中的交融共生，爲内蒙古『北疆文化』品牌建設提供了堅實的文獻支撑，進一步豐富了中華文化的内涵與外延；從實踐價值方面考量，書中所藴含的治河理念爲我們在新時代背景下實現人與自然和諧共生、推動黄河流域可持續發展提供了寶貴的歷史經驗與智慧啓示。

在此，我們要衷心感謝各藏書機構的大力支持，正是他們提供了珍貴底本資源，纔使得本叢書的編纂出版成爲可能。同時，我們也要向文化遺産智能應用服務中華民族共同體建設『英才與蒙』團隊致以崇高的敬意，他們歷經五年的辛勤耕耘，以嚴謹的治學態度和專業的學術素養，對文獻進行了系統的整理和輯録，爲叢書的内容質量提供了堅實保障。此外，我們還要特别感謝内蒙古自治區黨委宣傳部、内蒙古出版集團將本叢書納入『北疆文庫』重點項目，并在出版過程中給予全方位支持與幫助。

我們衷心期待，這套凝聚着無數心血與智慧的《黄河國家治理文獻集成》，能够在新時代的『黄河大合唱』中奏響歷史的强音，爲黄河流域生態保護和高質量發展注入强大的歷史動力，讓黄河文化在保護中傳承，在傳承中創新，在創新中不斷發展，綻放出更加絢爛的光彩。同時，希望這套叢書能够成爲促進各民族文化交流、鑄牢中華民族共同體意識的重要載體，助力各民族更加緊密地團結在一起，共同爲實現中華民族偉大復興的中國夢而努力奮鬥，讓中華民族共同體意識在黄河文化的滋養下，扎根于每一位中華兒女的心中，成爲推動中華民族不斷前進的强大精神力量。

提　要

歷代治黄史

《歷代治黄史》，林修竹纂。該書記録了從唐虞至民國時期的黄河治理情况，對研究黄河治理及相關歷史具有重要價值。

實業計劃之水利建設

《實業計劃之水利建設》，沈百先（1896—1990）編。沈百先，浙江湖州人，中國現代水利工程專家、教育家，中國河工專業創始人之一，1915年考入河海工程專門學校，畢業後赴美留學，回國後在河海工科大學、國民政府導淮委員會等單位任職任教。

《實業計劃之水利建設》分水利建設之重要性、孫中山實業計劃水利建設提綱等6部分，圍繞水利建設展開多方面論述，旨在推動水利事業發展，服務國家經濟建設與民生保障。

包頭市開鑿東西水道工程報告書

《包頭市開鑿東西水道工程報告書》，包頭市修築東西水道工程委員會編。該書記録了包頭市東西水道工程的詳細規劃、施工過程和資金使用情況，具有重要的歷史檔案價值。

目録

歷代治黃史

實業計劃之水利建設

包頭市開鑿東西水道工程報告書

歷代治黃史

林修竹治河叢書之一

歷代治黄史

山東河務總局印行

歷代治黄史總目

山東河務局局長兼運河工程局總辦林修竹總纂
山東河務局祕書徐振聲編輯
山東河務局工程科科長潘鎰芬繪圖

明　卷五

清　卷六

中華民國

歷代治黃史〈總目　二

歷代治黃史序

治河之書權與禹貢厥後龍門則書河渠蘭臺則志溝洫道元則注水經迄乎
近代箸述尤繁記策畫者如行水金鑑治河方略之類是也誌水道者如禹貢
錐指今水經水道提綱之類是也談攷據者如河源攷歷代黃河變遷圖攷之
類是也而薈萃古今大事以歷史體裁輯成專書者則不多概見乙丑之春恭
承
簡命忝長河務維時值軍興甫定河防經費積欠半載揵竹儲茭一無籌備臨
渴掘井無米爲炊顧犬補牢千端萬緒戴星待漏輟寢忘餐更往復河干周行
相度如是者數閱月略有端倪始稍得暇晷披典冊治文墨焉迺命徐秘書振
聲彙輯古今治河事蹟概要仿編年史鑑之例上自夏禹下逮今兹年經月緯
綱舉目張務期開卷瞭然有條不紊每一屬稿輒令呈送覆核或體例未安或
記載有缺必再四斟酌隨時修改誠以刊行一書匪但信今抑期傳後操觚率
爾貽誚方來其難其慎願共勗之而已稿甫及半適下游分局長王君露洪以
所藏明豫撫吳山治河通攷十卷見示又濮縣汛長吳君茂榮處有歷代河防
要覽一書由其弟茂枬攜來備參攷之用迺知數百年前之先哲鄙見不期而
與之闇合曷勝欣幸二書所載皆由上古訖有明體例俱同惟吳攷較略而遺
文軼事爲各書所未見者亦復不少因悉採入俾成完璧又攷黃河六大變遷
無一次不經魯境而吾魯治黃自銅瓦廂決口奪濟穿運入海以來閱七十載
河防多事則爲自古所未有此中經過事實之犖犖大者則取材山東通志爲
多民國以來多稽諸檔冊而最近二年則修竹躬親經驗甘苦自得之言也時

閱帀歲而稿始成更仿通鑑目錄之例編爲大事表六大變遷與黄河現勢則精測實圖以明之並以冠於卷首非敢云著述也記前人之成功供後人之考鏡抑亦膺河職者之責也大雅宏達有以教之

中華民國十五年歲次丙寅六月山東治河使者林修竹序

凡例

一治河之書汗牛充棟豫河南河皆有專書行世魯省自改道以來閲七十載尚無記載成編未免缺憾振聲河防供職以撰述爲專司珥筆從公十有三載乙丑春　局長林公履任因命振聲搜尋文檔綆汲觽編上自禹貢下逮今茲倣綱鑑編年式舉治河事蹟之犖犖大者年經月緯挈領提綱輯爲茲編名曰歷代治黄史俾後來者考鏡焉

一編輯初稿甫竣得閲明吳山治河通攷吳係豫撫萬曆年刻傳本極稀暨歷代河防要覽此書係家藏鈔本清光緒十四年經上海鴻文書局石印始知前人已開先例惟二書皆自夏訖明爲止凡可採者悉爲採入至清以後則採自山東通志爲多凡採用之書俱爲標明出處其未標明者乃各書相同咸豐改道以至今日則通志及文檔中所採取也其在二者以外則仍標所出語之務詳而擇之必精雖不敢謂集治黄史之大成然亦應有儘有矣

一作史之體遠略近詳而編年記事則綜括往古來今與專載一時一地之事者不同故近年歷屆大工如濮陽有濮陽河上記已刊行　宮家壩本局總稽查談禮成編成稿未刊行者有宮壩駐工委員王君露洪所編　均有單行本刊行茲編僅記始末梗概而已惟十四年十五年關於工防諸務之較爲重要者及李升屯黄花寺杜口始末皆林局長頻駐河干相度情形策厲工作炎暑冱寒未遑寧處所謂實錄所謂信史但恐不盡豈厭求詳故所紀較他卷獨豐然論其實際則已約之又約矣

一茲編略倣了凡綱鑑及易知錄例先綱後目務期一覽即得其大事蹟並標識眉端俾閲者展卷瞭然又於文義字義奥衍處則略加注釋明之

一史之作用莫重於表茲編倣司馬光通鑑目錄及齊召南帝王年表例編爲

大事表列之卷首藉供檢閱之便

一黃河流勢變遷非有精測詳圖不能一目瞭然古書所載河圖皆非精勘實測故皆不堪依據本編特別以圖爲重將六大變遷圖彙爲一幅俾有所稽攷豫河圖即根據於豫河志直隸河圖即根據於直河局山東黃河因河身太長由本局派技術員精密測勘費數年之久始告成功入海尾閭自銅瓦廂改道後已經轉移六次自十四十五兩年又有變遷當經委員前往重勘即以重勘所得之圖實諸本編此外又覓得運河工程總局費款數十百萬派洋工程師精密實勘之黃河堤岸實測圖附後該圖起自河南鐵橋終於山東十里堡實爲秘不多見之精圖均載於本書之內欲考查黃河者實以本書所載之圖爲最新最精從來所未有者也

一古今治河奏疏論說尤難枚舉茲編以記事爲主此類惟有隨事附出如賈讓賈魯潘季馴朱之錫靳輔諸名人及近代李鴻章張曜李秉衡諸公治河著成績者或記其生平概略或選其奏疏公牘次第附載俾免絓漏之譏

一河流六大變遷合濟者三且始終未越魯境（指今山東全省境域）古人封爵之誓曰黃河如帶泰山如礪黃河泰山並舉可知河之係於魯者重也故茲編名曰歷代實則包括魯河志之全部矣

山東河務局秘書徐振聲識

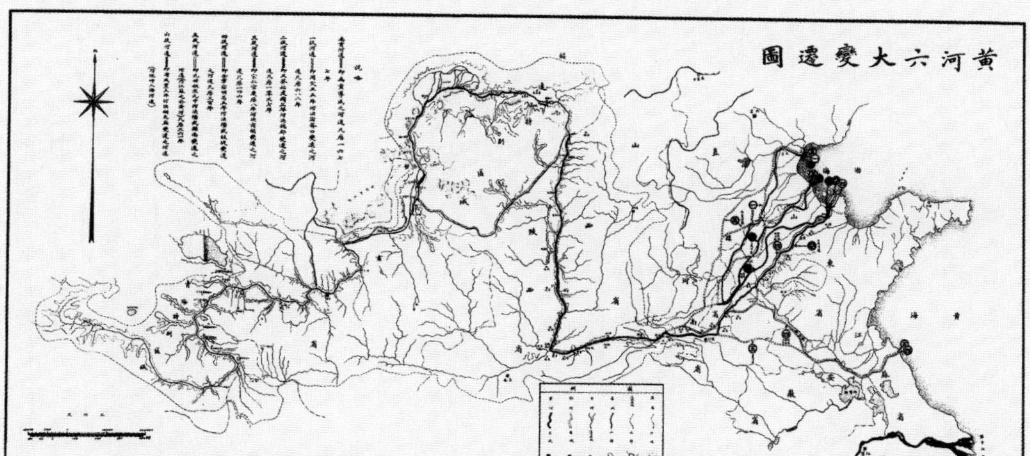
黃河六大變遷圖

河南全省黃河形勢圖

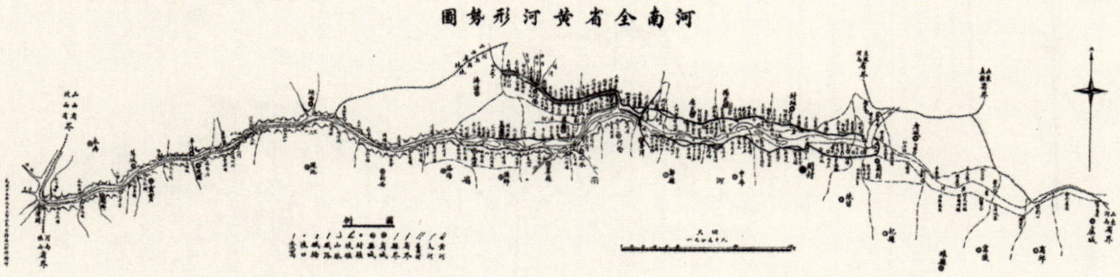

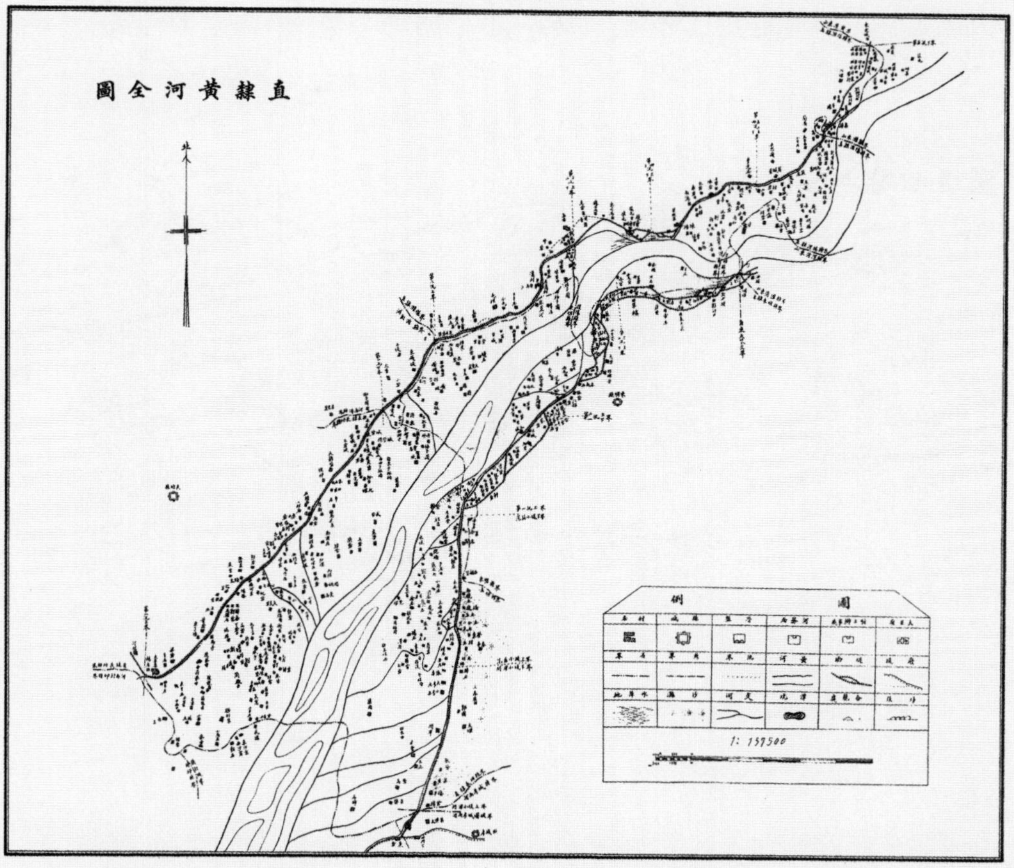
直隸黃河全圖
圖例
1: 159500

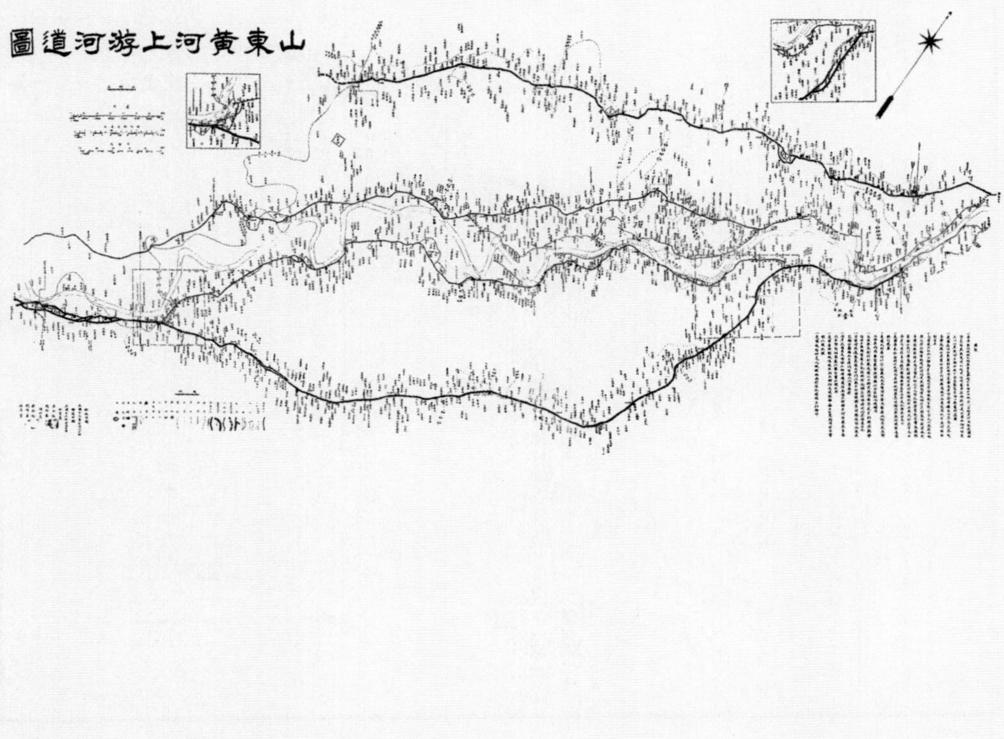
山東黃河上游河道圖

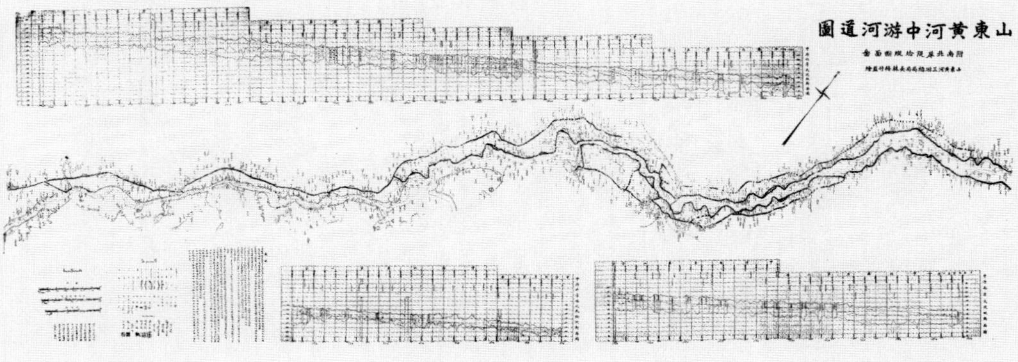
山東黃河中游河道圖
附南北岸堤埝縱斷面圖

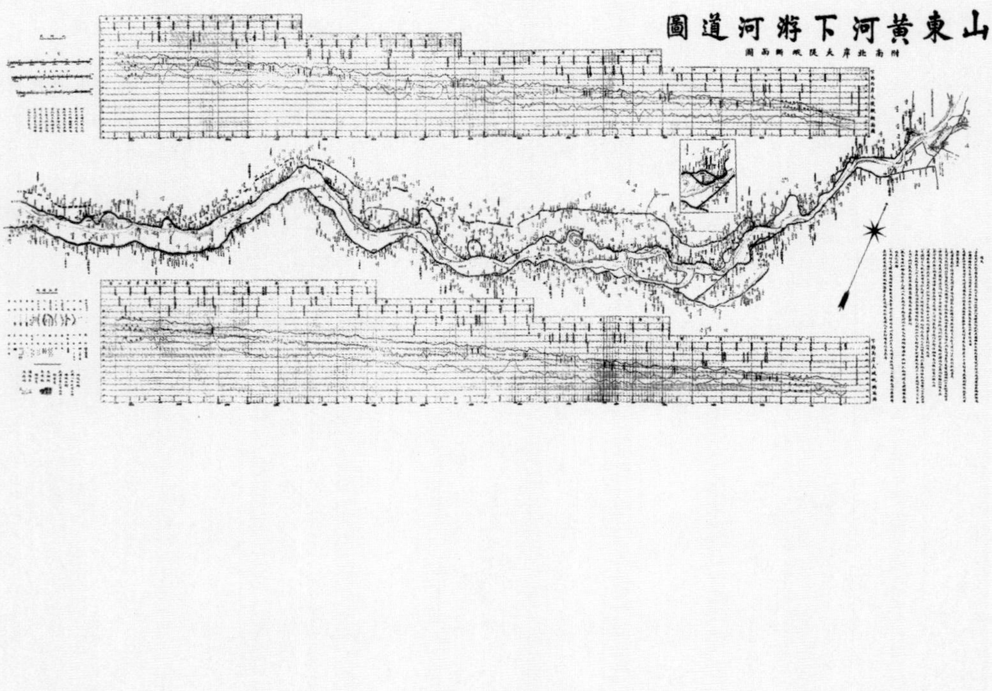
山東黃河下游河道圖
附南北岸大堤縱斷面圖

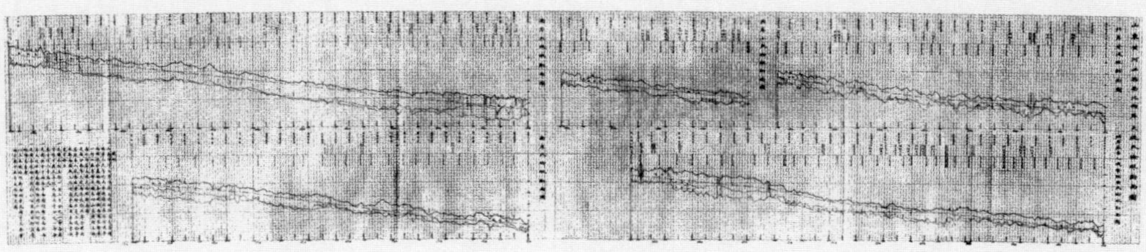

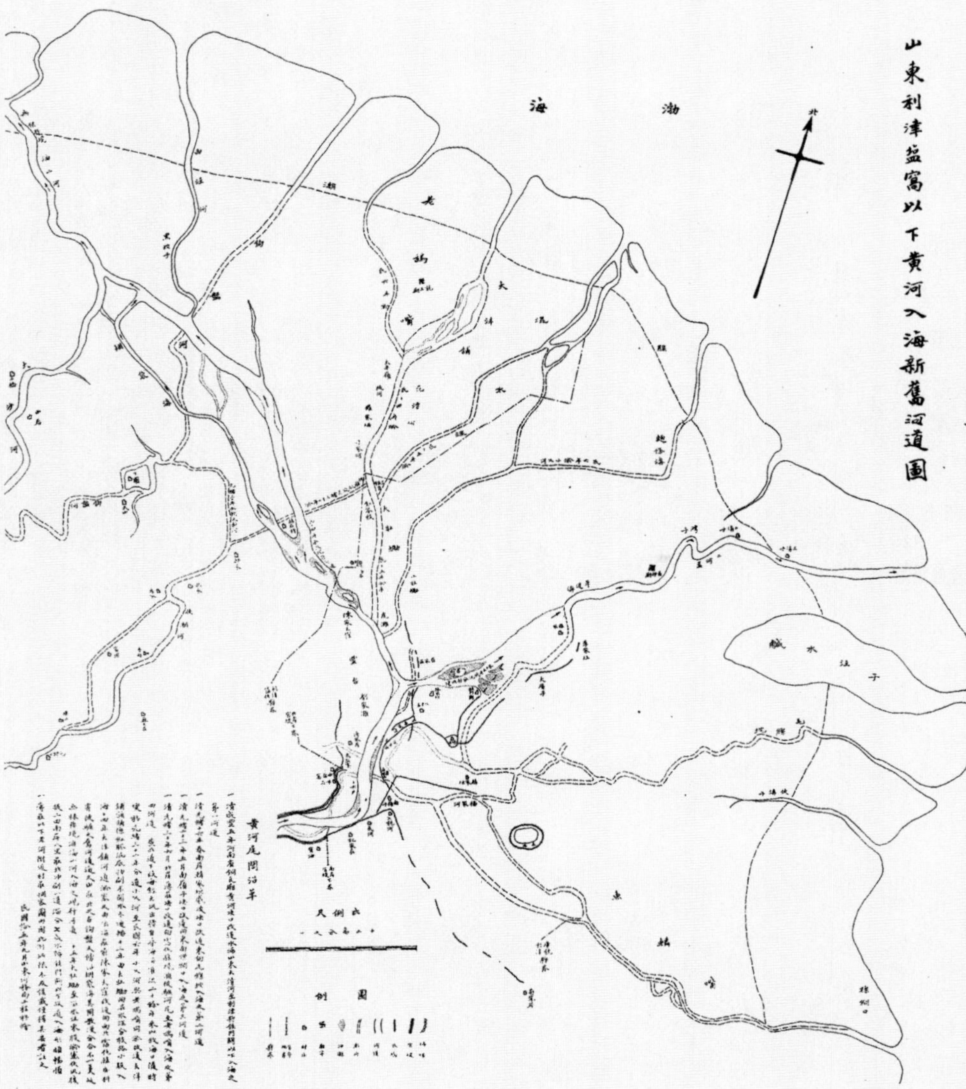

山東利津鹽窩以下黃河入海新舊河道圖

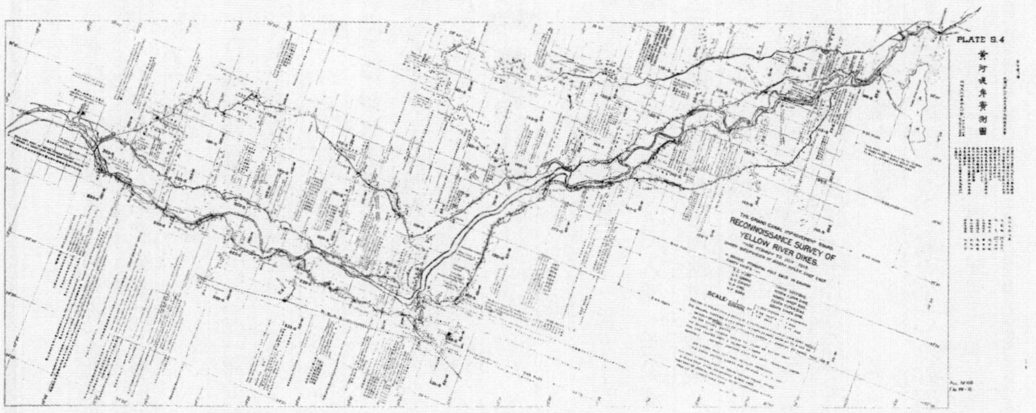
PLATE B.4
黄河堤岸賽測圖
RECONNOISSANCE SURVEY OF
YELLOW RIVER DIKES.
SCALE

黄河六大變遷記略

禹河　禹貢導河自積石至龍門東過洛汭至大伾北過降水至於大陸又北播爲九河同爲逆河入於海帝堯八十載癸亥即西曆紀元前二千二百七十八年告厥成功凡歷一千六百七十七年

始徙　周定王五年己未即西曆紀元前六百零二年河徙宿胥口東行漯川至長壽津與漯別行東北至成平復合禹故河至章武入海凡歷六百十二年

再徙　王莽始建國三年辛未即西曆紀元十一年河決魏郡泛清河平原濟南至千乘入海後漢永平中修之遂爲經流凡歷一千零三十七年

三徙　宋仁宗慶歷八年戊子即西曆一千零四十八年河決商胡分爲二派北流合永濟渠注乾寧軍入海東流合馬頰河至無棣入海凡歷一百四十六

年

四徙　金章宗明昌五年甲寅即西曆一千一百九十四年河決陽武故堤灌封邱東注梁山濼分爲二派一由北清河入海一由南清河入淮凡三百年

五徙　元世祖至元中河徙出陽武縣南新鄉之流絶二十六年會通河成北流漸微及明孝宗弘治七年甲寅即西曆一千四百九十四年築斷黄陵岡北派支渠遂以一淮受全河之水即今之淤黄河凡歷三百六十一年

六徙　清文宗咸豐五年乙卯即西曆一千八百五十五年河決蘭儀銅瓦廂奪大清河至利津入海乃爲今河道

按自帝堯八十載癸亥下迄清文宗咸豐五年乙卯計四千一百三十三年河大徙凡六次而小徙不計焉自清咸豐五年至中華民國十五年又已七十一

年。河水淤墊。日漸增高。不惟大清河之河身。全被淤墊。觀利津縣城頂與大堤同高。齊東縣舊城。已陷入河底。滄桑陸沉。莫知所極。將來如何變遷。正難臆計也。

歷代治黃大事表

朝代	年月	西曆	大事記	備考
唐	堯八十載	前2278	洪水爲患使禹治之乃導河積石南至華陰東至底柱又東至孟津東過洛汭至于大伾北過絳水至于大陸	
			又北播爲九河同爲逆河入于海禹錫玄圭告厥成功	
殷	河亶甲元祀	1534	囂河決徙都于相〇時因河北決遷徙五次不聞隄塞以猶循禹跡故也	禹成功後河患之始
周	定王五年	612	河徙宿胥口東行漯川至長壽津與漯別東北與成平復合禹故河至漳武入海	自禹成功至是一千六百七十七年河第一次徙
秦	始皇帝二十二年	245	王賁攻魏引河溝灌大梁大梁城壞	河水始有南向
漢	文帝十二年	188	河決酸棗東潰金隄大興卒塞之	
	武帝元光三年	132	河決濮陽瓠子口上自臨決河令羣臣從官皆負薪置決河卒塞瓠子築宮其上名曰宣房	河始患淮泗
	元帝永光四年	60	河決清河靈鳴犢口屯氏河復絕其後遂由千乘入海	河始害濟
	成帝建始四年	49	河大決東郡金隄灌四郡三十二縣	
	河平元年	48	以王延世爲河隄使者塞河決	
	三年	46	河復決平原復命王延世作治六月乃成	
	鴻嘉四年	37	勃海清河信都河水溢溢灌縣邑三十一敗官亭民舍四萬餘	
	綏和二年	27	求能治河者待詔賈讓上言上中下三策	
	平帝元始四年	17	徵治河者以百數但崇空語無施行者	
	新莽始建國三年	10	河決魏郡泛清河平原至千乘入海北瀆遂空	河第二次徙
東漢	明帝永平十三年	紀元50	遣王景修汴渠隄自滎陽東至千乘海口千餘里渠成河汴分流復其舊	
唐	高宗永徽五年	644	齊州河溢	
	武后長壽二年	683	棣州河溢	

朝代	年號	公元	大事	備註
	玄宗開元十年	712	博州河溢	
	十四年	716	魏州河溢	
	十五年	717	冀州河溢	
	十六年	718	以宇文融充九河使	
	文宗太和三年	818	河決壞棣州城	
	宣宗大中十三年	849	兗青鄆河溢	
	昭宗景福二年	882	河從渤海北至無棣入海	此次地域不廣故不在河徙之數
五代	梁高祖龍德三年	913	河決自酸棗東注曹濮及鄆是年宋横壠決河㳫由此東注	
	後唐莊宗同光二年	914	發兵塞決河未幾復壞〇因梁劉攻楊決河治水以限晉兵連年爲曹濮患	
	明宗天成四年	919	修治河北岸	
	後晉高祖天福三年	928	河決鄆州	
	四年	929	河決博州	
	六年	931	河決滑州	
	七年	932	以瓠子河漲溢詔梁州節度使安彥威督諸道運民自豕韋之北築堰數十里竟止其害	
	齊王開運元年	934	河決滑州漫汴曹單濮鄆五州	
	三年	936	河決楊劉西入莘縣四十里又自朝城北流	
	後漢高祖乾祐元年	938	河決魚池	
	三年	940	河決鄭州	
	後周太祖廣順二年	941	河決鄭州滑州王浚塞之	
	世宗顯德元年	944	遣使分塞決河	

朝代	年號	公元	大事	附注
	顯德二年	945	破汴水	
	四年	947	疏汴水入五丈河自是齊魯舟楫皆達大梁	
	五年	948	汴渠成浚汴口導河流達於淮於是江淮舟楫始通	
宋	太祖乾德三年	955	河決武陽又決澶鄆	
	四年	956	滑州河決詔韓重贇王廷義等督士卒丁夫數萬人治之	
	開寶四年	961	河決澶淵通判司封郎中姚恕棄市知州杜審肇坐免	
	五年	962	詔緣河州縣課民樹藝土地所宜之木案戶籍高下定為五等一等歲五十本二等下遞減十本欲廣者聽孤寡惸獨者免〇河決濮陽又決陽武詔遣曹翰至河上未幾皆塞	
	太宗太平興國二年	967	河決孟州之溫縣鄭州之滎澤澶州之頓丘皆發緣河諸州丁夫塞之	
	七年	972	河大漲蹙清河淩鄆州城幾陷詔劉吉馳往固之	
	八年	973	河決滑州泛澶濮曹濟諸州東南流至彭城入淮遣張齊賢治之決河塞	此為南流由淮入海之始
	雍熙元年	974	滑州房村河決發卒五萬以田重進領其役	
	淳化四年	983	河決澶州陷北城壞廬舍七千餘區	
	真宗咸平三年	990	河決鄆州浮鉅野入淮泗	
	景德元年	994	河決澶州橫壠埽	
	四年	997	壞王八埽並詔發兵夫完治之	
	大中祥符三年	1000	判河中府陳堯叟言白浮圖村河溢為南風激還故道	
	四年	1001	遣使滑州經度兩岸開減水河〇五月始赤河決壅濟泗鄆州城中常苦水患至是霖雨彌月積潦益甚遣陳若拙經度若拙請徙城於東南十五里陽鄉之高原詔可〇九月河決棣州之聶家口及李氏灣環城數十里皆水民舍多壞乃徙城商河役無踰年	吳氏通攷徙商河事在五年且云河勢高民屋踰丈民苦久役而終憂水患云云

年號	公元	事件	附註
五年	1002	詔徙州於陽信之八方寺以徙商河後湍流湓暴壖地湓削也	據吳攷
七年	1004	詔罷葺遙隄以養民力八月河決澶州大吳埽築新隄亙二百四十步水乃順道	
八年	1005	陳堯佐議開滑州小河分水勢遣使視利害還請自三迎楊村北治之復開汊河於上游以洩壅潰報可	
天禧三年	1009	滑州河溢歷澶濮曹鄆東入於淮遣使賦諸州薪石楗橛芟竹數千六百萬發兵夫九萬人治之	通志云注梁山濼合清水古汴渠東流入於海
四年	1010	河塞上親爲文刻石紀功	
五年	1011	知滑州陳堯佐以西北水壞城無外禦築大隄又疊埽於城北護州中居民復鑿横木下垂木數條置水旁護岸謂之木龍當時賴焉復並舊河開支流分水勢詔嘉獎	
仁宗天聖元年	1013	以滑州決河未塞詔募京東北河陝西淮南民輸薪芻調兵伐瀕河榆柳	
二年	1014	遣使詣滑衛行視河勢	
五年	1017	發丁夫三萬八千卒二萬一千緡錢五十萬塞決河十二月澹魚池歸減水河	
景祐四年	1027	河決横壠遂爲大河經流東京之故道廢	此據運河工程局調查河套報告書表所列而劉鐵雲黃河變遷圖考此事在元年或所據不同也
慶曆八年	1038	河決商胡合永濟渠注乾寧軍入海是爲北流	自王莽三年至是一千零三十七年河第三次徙
皇祐二年	1040	河決館陶之郭固四年塞之	
至和二年	1045	河自商胡穿六塔渠引河北流合永濟渠至乾寧軍入海東流合馬頰至無棣入海	此據通志與前慶曆八年爲一事前條據運河工程局報告書未知孰是
嘉祐元年	1046	六塔河決	
四年	1049	塞商胡北流入六塔河不能容是夕又決	
五年	1050	北流復決爲二〇自魏恩東至德滄入海是爲東流河二股渠者商胡決河之别派也以其自決河岐出故曰二股	自此商胡決河爲北流二股河爲東流

歷代治黃史 大事表 五

朝代	年號	公元	大事	附註
	英宗治平元年	1054	始命都水監浚二股五股河以紓恩冀之患	
	神宗熙寧元年	1058	河溢恩冀瀛	
	二年	1059	從宋昌言議開二股河導水東流才及六分而北流閉河自其南四十里東汎大名恩德滄永靜五州	
	三年	1060	令河北轉運司開修二股河上流並修塞第五埽決口	
	五年	1062	四月二股河成（方浚河則稍壅其決水至是水入於河而決口亦塞）○六月河溢北京夏津	
	六年	1063	選人李公義獻鐵龍爪揚泥車法	
	九年	1066	河決澶州曹村澶淵北流斷絕河道南徙東會於梁山張澤濼分爲二渠一合南淸河入淮一合北淸河入海	此南北分流之始
			次年塞之○通志謂凡灌郡縣四十五濮齊鄆徐尤甚	
	元豐三年	1070	河決澶州北	
	四年	1071	澶州小吳埽復決自澶注入御河恩州大水自大名至瀛州築隄河復北流	
	五年	1072	河決鄭州原武埽入原武溝刁馬河歸納梁山濼詔大治之	
	七年	1074	河溢北京	
	元祐四年	1079	冀州南宮等五埽危急詔撥提舉修河司物料百萬與之	
	紹聖元年	1084	都水使者王宗望奏築金隄七十里障北流使東還故道	
	元符二年	1089	河決內黃口東流遂斷絕	
	徽宗大觀二年	1098	詔遷鉅鹿縣趙州隆平於高地	
金	世宗大定八年	1158	河決李固渡潰曹州城分流單州	
	二十九年	1179	河決曹州小隄之北	
	章宗明昌五年	1184	河決陽武故隄灌封邱而東歷曹濮鄆范諸州縣界至壽張注梁山濼分爲二派北派由北淸河入海南派	自宋仁宗慶曆八年至是一百四十六年河第四次徙○
			由南淸河入淮河吸胙之流遂空○此據運河工程局報告書通志表則云由泗入淮於是南流不復塞北流	此條情形與熙寧九年略同彼時塞之此次不塞故成爲

朝代	年號	公元	大事	附註
			仍復東流	河四次徙矣
元	世祖至元九年	1262	衛輝河決差水夫併力修完之○通志云河決新鄉廣盈倉從自原武出陽武南而新鄉之流遂絕	
	十七年	1270	遣使窮河源	
	成宗大德元年	1287	河決杞縣蒲口旋徙而北自陳留入蘭陽儀封	
	二年	1288	大雨河決漂歸德屬縣	
	延祐七年	1310	河決塔海莊東隄蘇村及七里寺等處	
	泰定帝泰定元年	1314	河決開封由汴渠東入徐合淮泗入海是年曹州楚丘開州濮陽河溢	
	文宗至順元年	1320	河決大名路濟陰新舊隄俱決	
	順帝至正四年	1334	河決金隄北侵安山沼入會通河延袤於濟南河間（通志但云決曹州）	
	五年	1335	河決濟陰	
	六年	1336	河又決	
	八年	1338	河決濟寧路	
	九年	1339	賈魯建治河議丞相脫脫薦魯於帝大稱旨	
	十一年	1341	賈魯以工部尚書充河防使四月鳩工七月疏鑿成八月決水入故河九月舟楫通行十一月水土工畢諸埽諸隄成河乃復故道南匯於淮東入於海	通志云魯用沉舟之法自受命至還朝僅逾半載其才近古以來未嘗有也
	十六年	1346	濟州任城河決	
	二十三年	1353	東平壽張河決	
	二十五年	1355	東平河決小流口達於清河	
	二十六年	1356	河泛東明曹濮下及濟寧	始以一淮受全河之水
明	太祖洪武元年	1358	河決曹州從雙河口入魚台	

歷代治黃史《大事表》六

年代	公元	事略	備考
八年	1365	大河南決挾潁入淮蔡河之下流斷絕	
二十四年	1381	河決原武之黑陽山東經開封城北又南行至項城經潁州壽州全入於淮故道遂淤	通志曰河決原武買魯河故道淤又由曹州漫東平安山元會通河亦淤
成祖永樂九年	1411	工部尚書宋禮督開會通河於東平戴村築壩遏汶水使西流盡出南旺四分往南接徐呂二洪六分往北達臨清時侍郎金純從汴城荊隆口下達塌場口築隄導河一入會通北流一入淮泗南流	
十四年	1406	河決開封經懷遠縣由渦河入淮	
英宗正統二年	1427	濮州范縣河溢	
三年	1428	邳州河決魚台金鄉嘉祥大水濟寧東平俱溢	
十年	1435	河決荊隆口陽穀隄詔山東三司亟修完之	
十二年	1437	河決張秋沙灣合大清河入海尋決滎澤入淮命工部尚書石璞治之	
十三年	1438	河徙開封而北入至汴壽州入淮又決滎陽東至開封而南經陳自亳入渦口經蒙城至懷遠入淮○通志曰河再決入柳樹口漫流曹州濮州抵東昌壞沙灣等隄命侍郎王永和視修築○吳氏通攷曰河溢滎陽縣自開封府城北經曹濮二州陽穀縣以入運河至兗州府沙灣之東決大洪口諸從之入海	此條據運河工程局報告書與通志及吳攷各異吳爲汴撫所攷當較可信
景泰四年	1443	河決張秋以沙灣久不治令左僉都御史徐有貞治之起張秋金隄之首引而西南百里踰范暨濮又上而西北經澶淵以接河沁內倚古金隄爲固外恃梁山濼爲泄又置上下二牐以節宣之凡河流旁出者築九堰以障之凡五百五十餘日工成名廣濟渠由是水通古河入海不衝沙灣運道復完○吳氏通攷曰命官塞之乃更作九堰八閘以制水勢復於開封府金龍口即（荊隆口）銅瓦箱等處開渠二十里引河水東北入運河	
天順五年	1451	河自武陟徙原武而獲嘉之流絕	
孝宗弘治二年	1479	河決原武支流爲三一自封邱荊隆口漫祥符下曹濮入張秋運河一出中牟下尉氏一從儀封考城歸德由徐邳入淮九月命侍郎白昂塞荊隆口於滎澤開渠導河入淮又築堰徐兗瀛滄間以殺水勢	

五年	1482	荊隆河口復決潰黃陵岡泛張秋戴家廟掣漕河與汶水合而北行命侍郎陳政治之弗績○吳氏通攷曰復決未幾又決張秋運河水從以入海運舟甚艱命內臣及文武官往治發丁夫數萬於黃陵岡南浚賈魯河一帶分殺水勢下由梁進口至丁家道口會黃河出徐州流入運河又從黃河南浚孫家渡口別開新河一道導水南行由中牟至潁州東入於淮又浚四府營淤河由陳留至歸德分爲二派一由宿遷小河口一由亳渦河會於淮又從黃陵岡至楊家口築壩堰十餘並築大名三尖口等處長隄二百餘里及修南岸於家店筒瓦廂等處隄一百六十里始塞張秋決口更名安平鎮又於河東置減水石壩下分五洞以洩水勢遇有淤壞隨時修治（通志謂副都御史劉大夏治此役工成在八年二月云云）	
七年	1484	劉大夏築太行隄北流遂絕以一淮受全河之水	自金明昌五年至此三百年第五次徙
十三年	1490	河決李家橋河南楊家口淤塞馬水河橫流曹單	
十八年	1495	河北徙三百里至宿遷縣小口入漕河	
武宗正德二年	1497	河徙入泡河大水壞民居	
四年	1499	河溢皮狐營決曹縣之溫家口馮家口又決衝黃陵岡埽溢入賈魯河下游淤墊合而南注遂決楊家口逕曹單二城下直趨豐沛命侍郎李鏜治之（運河工程局報告書表云河北徙百二十里至沛縣飛雲橋入漕河）	
八年	1503	河決曹縣天仙廟孫家口從城北東行	
十年	1505	河決曹縣之焦家潭	
十二年	1507	河溢城武壞城郭田廬命河官修浚	
十四年	1509	巡按朱裳奏城武單縣二城爲河所圮乞相地改遷從之	
世宗嘉靖五年	1516	上流驟溢東北至沛縣廟道口截運河注鷄鳴臺口入昭陽湖汶泗南下之水從而東而河之出飛雲橋者漫而北泥沙塡淤亘數十里力塞之僅通舟楫	

年	公元	事	
六年	1517	河決曹單城武楊家口梁靖口	
八年	1519	河出飛雲橋北徙魚臺出穀亭口	
九年	1520	河決曹縣胡村寺分道入運	
十三年	1524	復淤廟道口命都御史劉天和治之〇是年河決趙坡塞南向亳泗東出穀亭之流絶	
十九年	1530	河決野鷄岡由渦河入淮	
二十五年	1536	河決曹縣溢入城武單縣金鄉魚臺等縣	
二十六年	1537	河決曹縣漫金鄉魚臺定陶城武衝穀亭	
三十六年	1547	河決原武堙曹縣城決北大隄汎城武金鄉	
三十七年	1548	河北徙新集淤而爲陸二百五十餘里視故道高三丈有奇	
三十八年	1549	河決曹縣舊老隄南長隄	
四十四年	1555	河決曹縣	
四十五年	1556	河決沛縣飛雲橋分十數股潰入南陽湖運道淤塞	
穆宗隆慶二年	1558	河決沛縣汎曹單尚書朱衡請開泇河報可	
神宗萬歷五年	1567	河決曹單溢金鄉魚臺	
六年	1568	右副都御史潘季馴條陳六事詔如議行	
十五年	1577	河決荆隆口潰曹縣白茅村長隄挾陶北沙河汎長垣東明尋塞之	
十七年	1579	河由李景高口決雎陳故道	
二十一年	1583	河決單縣黄堌口汎汶上魚臺濟寧鉅野	
二十四年	1586	黄堌口復決	
二十五年	1587	又大決黄堌口汎河南夏邑永城江南宿州界出宿遷新河口入大河半由徐州入舊河濟運而二洪告涸	

朝代	年號	公元	大事	備注
	二十七年	1589	總河劉東星以河決黄堌口南徙議疏賈魯河故道	
	三十年	1592	河決蒙牆寺入歸德南與淮會入洪澤湖	
	三十一年	1593	河決單縣蘇莊復衝沛縣太行隄灌昭陽湖及夏鎮汎魚臺	
	三十二年	1595	浚碭山朱旺口六閱月工竣河歸故道	
	三十五年	1597	河決單縣東南灌城北四十里	
	四十六年	1608	河決皮沙堤由封邱曹單至考城復入舊黄河總河王佐塞之	
	熹宗天啓元年	1611	河決靈璧由承姬湖出白洋口與黄會故道堙涸	
	三年	1613	河決徐州大龍口徐邳靈睢河並淤雙溝河亦淤上下百五十里俱成平陸	
	莊烈帝崇禎二年	1619	河決曹單十四堡	
	四年	1621	河決原武湖村鋪封邱荊隆口衝曹縣塔兒灣太行隄又決單縣柳河口總河李若塞之	
	五年	1622	決曹縣曹家口	
	九年	1626	又決	
	十年	1627	又決總河周鼎塞之○其時河屢決爲患而寇亂日亟兼顧不追縱有修治不過補苴而已	自弘治間決荊隆口經曹濮至張秋鎮入運河此全河形
				勢變遷之至大者
清	世祖順治元年	1645	河決單縣柳河口命兵部尚書楊方興治之	
	二年	1646	河決曹縣流通口四年塞之工竣餘流自單入豐注太行隄	
	七年	1651	河決封邱朱源寨東北注沙灣運隄衝潰（運河工程局報告書表此下有經汶水由大清河入海云云）又	
			荊隆口溢旁注曹單八年乃塞	
	九年	1653	封邱大王廟口決復潰沙灣（運河工程局報告書表云由長垣趨東昌壞安平隄北入海）總河楊方興	
			自西岸河濱至八里廟開引河長五百丈閱四年乃成	

年號	公元	大事
十年	1654	築考城芝麻莊隄
聖祖康熙元年	1660	河決曹縣石香爐口總河朱之錫塞之
三年	1662	河決祥符閻家寨
六年	1665	河決煙墩口
七年	1666	董口淤由是運道改由駱馬湖
九年	1668	河決曹縣牛市屯又決單縣譙龍寺總河王光裕塞之復築芝麻莊隄閱二載工竣
十二年	1671	河決新村三築三決
十六年	1675	河決武官營千家岡張堡二十四年始塞之
三十四年	1693	諭水緩處可設滾水壩急流斷不可設
三十八年	1697	帝巡視河工指授方略
三十九年	1698	總河張鵬翮遵諭將河曲處挑挖使直水流暢快泥沙不淤
四十二年	1701	帝復巡河製河臣箴書賜張鵬翮
六十年	1719	河決武陟大溜注滑縣東明長垣及濮州范縣壽張直趨張秋潰東岸曹家單薄由大清河入海命副都御史
		牛鈕等監修挑廣武山黃家溝引河過大溜入正河築秦家壩堵馬營口又築曹單太行隄
六十一年	1720	武陟大壩南尾衝潰馬營口下淤塞十餘丈決水復至張秋開葦河頭浚入大清河十二月馬營口工竣始築
		葦河頭
世宗雍正元年	1723	諭禁侵冒河夫工食
二年	1724	自豫省滎澤北岸至東省曹縣各築遙隄月隄隔隄
高宗乾隆四年	1739	五月曹州趙家集西黃水漫溢衝決臨河大隄六月堵合
十六年	1751	六月河決陽武十三堡泛曹單十一月決口塞

二十一年	1756	孫家集河溢微山湖淤荆山橋圮十一月堵合	
二十二年	1757	帝南巡至孫家集及荆山橋閲工	
二十三年	1758	諭禁租種灘地增築私堰逼近河身	
二十六年	1761	河決開封楊橋水泛曹州境	
四十七年	1782	儀封河溢水醫荷澤護城隄幾潰	
四十八年	1783	諭沿隄種柳申禁近隄取土	
五十六年	1791	濬徒駭馬頰及附近支河	
仁宗嘉慶二年	1797	曹汛壩河溢十二月合龍	
十九年	1814	曹縣被河水衝漫安陵大豐田村三英呂布等村俱成流沙	
二十四年	1819	北岸隄工漫溢衝曹縣	
二十五年	1820	河南馬營壩溢漫水至濮州築州城南護隄十里〇馬營壩合龍張秋東岸漫口亦堵完將長清平陰肥城東	
		平東阿陽穀壽張范縣濮州荷澤各州縣積水分路疏銷	
宣宗道光元年	1821	東平大清河南岸馬家廟東嶽廟長隄漫口又杜家窪莊後鄭家莊東蓮花灣單家樓漫口又牛家村迤東水	
		沖大溜頂衝單薄改建月隄及裴子屯迤東並北岸古臺寺毛家口單家樓險工均於二年三月工竣	
文宗咸豐元年	1851	豐北漫口淹及山東滕嶧邊境	
三年	1853	二月豐工合龍全河歸正七月豐工大壩西土基漫塌溜北趨入微山昭陽湖	
五年	1855	六月河南蘭陽汛銅瓦廂三堡河決水由直隸東明長垣開州山東濮州范縣至張秋匯流穿運歸大清河由	自明孝宗弘治七年至是三百六十一年河第六次徙爲
		利津鐵門關北蕭神廟以下二河蓋牡蠣嘴入海	今河
六年	1856	諭瑞齡慶祺分路履勘漫流處所繪繕明晰圖說呈覽	
穆宗同治二年	1863	河漲曹屬荷澤定陶曹縣濮州鉅野城武等處半入巨浸〇濮州徙治	

十二

五年	1866	諭劉長佑將直境險工隄口一律修辦東省濮范等縣接修長隄著蘇廷魁勘辦
七年	1868	河漲沖決趙王河之紅川口霍家橋大溜漸移安山由安山入大清河因而沈家口田家灣新興屯皆漫溢
十年	1871	八月河暴漲決鄆城侯家林水由沮河民堰漫入南旺湖又由汶上嘉祥濟寧之趙王牛頭等河直趨東南陽湖水勢散漫次年二月合龍
十一年	1872	趙王河東岸張家支門決口南半入濟北半入沮
十三年	1874	秋東明石莊戶決口石莊與張家支門對衝支門不閉其東老王戶鄧樓漫溢刷成河槽牛頭河南陽湖俱潰重運隄村落有平地水深二丈者〇丁寶楨奏請從賈莊堵合正溜由藍口分溜引歸舊河則由張家支門王老戶下注東南之漫水皆可斷流疏上十二月興工
德宗光緒元年	1875	三月荷澤賈莊大工丁寶楨堵築合龍水勢仍歸舊河下注張秋全溜入大清河歸海
三年	1877	八月丁寶楨修築濮范等北岸隄工完竣起東明謝家莊迄東平十里堡長二百五十餘里隄高十四尺名障東隄
四年	1878	直隸東明境內高村口隄工漫決水入荷澤縣境
八年	1882	九月歷城桃園決口水由濟陽入徒駭河經商河惠民濱州霑化入海徒駭河北岸到處漫溢波及陽信海豐等縣又利津縣頂衝黃溜沿河村莊及永阜場灘池竈壩被水多處十月巡撫任道鎔駐工籌辦相定壩基先行盤築壩頭刻日進占於十一月合龍
九年	1883	齊河顧家溝歷城魯家莊劉七溝徐家莊齊東船家道口等處民堰均於伏秋二汛期內漫決十月霜降後復漲濟陽曹家莊齊東壩河西岸馬家莊蒲臺四圖趙莊許家溝等處均被沖決先後堵合利津近海樊家寨等數十莊被淹死傷甚衆
十二年	1886	正月張曜行抵山東沿河履勘三月桃汛盛漲章邱縣南岸吳家寨大隄濟陽縣北岸十里堡民埝安家廟大隄同時漫溢搶護穩固又濟陽與惠民毗連之王家圈民埝沖決大溜循水溝直沖霍家莊大隄隄身塌陷同

年	公元	大事
		時惠民縣北岸姚家口民埝並套埝一齊沖決直灌陳家廟任陳莊大隄大小六口共寬二百餘丈溜勢均趨東北入徒駭河尋調張曜撫東兼辦河工六月伏汛盛漲北岸趙莊東壩民埝漫溢直趨赫家窪大隄而過沖刷口門寬八十餘丈入徒駭河同時南岸河套圈民埝決口水向東流將郭家寨大隄漫沖七十餘丈入小清河八月籌辦姚家口堵口工程又籌張徐家沙窩歷城河套圈齊河趙莊章邱何王莊均先後合龍
十三年	1887	濟陽桑家渡堵口二月合龍六月直隸開州大辛莊漫溢灌濮州范縣壽張溜勢順南直趨下游穿運而過漫及陽穀東阿平陰一股從茌平迤南淹及禹城境○八月河南鄭州十堡石橋河決溜趨東南自豫而皖山東黃河斷流自蘭儀以下直至利津人可以涉九月張曜奏請乘勢規復南河故道諭緩圖
十四年	1888	鄭工合龍黃流復歸東境由大清河入海
十五年	1889	三月利津南北嶺下游韓家垣漫口張曜以其地距海近請勿堵於兩岸築隄各三十里束水中行爲入海路得旨允行○齊河張村歷城西紙房章邱大寨均先後合龍
十六年	1890	齊河高家套堵口六月合龍
十八年	1892	閏六月水漲惠民白茅墳民埝漫溢利津張家屋埝身衝塌七月濟陽桑家渡民埝及南關灰壩均被沖刷漫水均至惠民匯白茅墳併歸徒駭河章邱胡家岸民埝塌陷衝及大隄均先後堵合又章邱華莊平陰鄧莊等民埝亦修竣○巡撫福潤設遷民局遷出歷城章邱洛陽齊東青城濱州蒲臺利津八州縣災民三萬三千二百九十七戶計三百五十村莊設立新莊三十九處
二十年	1894	遷齊東縣城於九扈鎮
二十一年	1895	正月濟陽北岸高家紙坊漫溢水入徒駭河二月合龍六月利津尾閭北岸呂家窪齊東南岸北趙家壽張南岸高家大廟等處先後漫溢除呂家窪均合龍
二十二年	1896	七月趙家菜園復決水由東北土塘順流而下與呂家窪漫水合而北注○是年利津西韓家民埝決口寬三百餘丈李秉衡請官爲堵合以紓民力

	二十三年	1897	正月淩汛漲歷城章邱交界之小沙灘胡家岸冰淩壅塞陡漲一丈餘埝身沖刷成口小沙灘口門二十餘丈胡家岸口門四十餘丈均深二丈上下水由鄭家寨大隄缺處經齊東高苑博興樂安等縣入海至三月先後堵合五月利津北嶺子西灘民埝漫溢水由絲網口入海
	二十四年	1898	利津扈家灘漫口東阿王家廟濟陽桑家渡歷城楊史道口堵口均先後合龍九月諭李鴻章會同河督任道鎔巡撫張汝梅周歷河干通籌全局擬定切實辦法將各項工程估計需費奏明
	二十五年	1899	李鴻章條奏治河辦法用西人盧法爾親歷測勘
	二十六年	1900	濱州張肖堂堵口三月合龍
	二十七年	1901	惠民五楊家堵口九月合龍又堵築章邱陳家窰漫口十一月合龍
	二十八年	1902	利津馮莊堵口十月合龍
	二十九年	1903	惠民劉旺莊堵口二月合龍利津小寧海莊堵口十二月合龍又王莊堵口次年二月合龍〇周馥奏設遷民局按戶給貲徙大隄外給地購屋安置並予牛力籽種聽其遷徙墾荒
	三十年	1904	六月利津薄莊決口口門三百三十二丈
	三十一年	1905	新築隄工完竣南自薄莊東七龍河起至大牡蠣灘止長二十六里北自西鹽窩護莊隄起至霑化後馬廠止長十三里兩岸東水大溜由徒駭河入海
中華民國	二年	1913	七月河決濮陽雙合嶺因軍事不及注意次年口門刷至八百餘丈濮縣至壽張均被災甚重
	三年	1914	十月中央令徐世光督辦濮陽堵口大工
	四年	1915	四月濮陽大工合龍因霪雨習城集又漫溢更事堵築十旬而畢
	十年	1921	七月利津宮家壩漫決口門三百餘丈水深約三丈餘口門水勢占全溜十之八
	十一年	1922	七月濮縣廖橋民埝決口九月合龍
	十二年	1923	宮工由美國建業公司包修去冬簽訂合同即進行工程本年六月完竣十月舉行紀念大會中外人士蒞賀

十四年	1925	山東河務總局局長林修竹厲行沿河種柳頒布民埝官堤種樹辦法各八條年計種柳二十餘萬株部令嘉獎 林修竹於河防時期嚴飭沿河各縣每里設窩鋪一處民夫二十人常川駐工協助夏防各堆土牛三十方永作定例搶險濟急 八月紀莊民埝馮家大馬家官堤發生險工林修竹督同縣知事拚力搶護均得無恙 直隸濮陽縣李升屯民埝漫決山東上游南岸河套中適當其衝林修竹馳赴楊工督同鄆城縣知事任師尙壽張縣知事陸春元搶護十餘晝夜卒免於難否則魯南蘇皖均難倖免 朱口報險林修竹飭荷澤縣知事劉孝存調夫集料搶做新埽三十三段並親蒞查勘 廖橋柳園民埝發生險工督辦山東軍務兼省長張宗昌據報特別津貼萬元協助兩處工用 廖橋柳園濮縣轄境而決口之害則以下游范縣陽穀壽張當其衝向例四縣分擔修築民埝工程此厚彼薄比歲爭議不決貽誤事機甚大林局長召集四縣官紳會議規定辦法夏季出險范縣知事熊汝訓遵案集款工用賴以無誤 下游閻家平工發生奇險林修竹督飭下游分局長王露洪調集員弁民夫搶護十餘晝夜頗危轉安 黃花寺積水秋後已落至堤根因河底西高東下溜勢由南北一轉而爲東西絞邊刷底利甚鋸錐林局長督同壽張東平陽穀東阿鄆城汶上六縣知事調集民夫三萬餘人搶護七日夜人力終不敵水力堤身刷至二百六十餘丈於九月二十日漫溢時天空無雲陡然鳴雷羣衆愕然水已決出未溺一人水深僅及尺餘秋禾已趁搶救期間舉刈當飭東平知事李家騏壞運堤五道導水仍由姜溝入正河故決而不爲災陝軍擾魯佔據鄆城因黃花寺一帶決後泥濘載途妨礙行軍未能北犯附近各縣賴以倖免
十五年	1926	軍事倥傯庫帑空竭決口地域敵方負嵎林修竹以冬令水落較易着手機不可失令召集八縣災民代表來省請願以八縣本年丁漕十五萬元作爲李黃堵口基金不足再由八縣出夫攤料期於必成議上張督辦慨然批准蓋民事重於軍事宗旨終始不變也同時任命林局長修竹總辦李黃大工堵口事宜王炳燁副之並

飭尅日興工限期蕆事

夏歷正月初三日李升屯開工二月初七日黃花寺開工時地方凋敝土匪四起丁漕征解不能如數如期卒能官民一心指臂一體於二月十三日黃花寺合龍三月十五日李升屯合龍以極短之期極少之款成此極難極大之工實爲堵口史歷來所未有

六月李升屯舉行李黃大工落成典禮山東督辦張宗昌躬親履勘跆數百里扶老攜幼歡呼載道八縣紳民並爲張督辦在大明湖畔建立生祠以作紀念

浙閩蘇皖贛五省聯軍總司令孫傳芳江蘇省長陳陶遺因魯省河務影響蘇省特協助善後工款二十萬元派陳紳伯盟監修工程

張宗昌命林修竹總辦修築黃河大堤利荷汽車路事宜以期鞏固河防便利交通兩閱月全路竣工東西八百餘里通行無阻

黃河尾閭改由西北經無棣入海林局長修竹特派季葆仁赴海口查勘

林修竹詳測山東黃河三游全圖告成

崔莊民埝沖潰十餘里利津東門外至綦家嘴圓弧形之官堤處處皆險林局長躬往調集民夫萬人搶護十日始行堅穩

河南河務局長陳善同編豫河續志成

歷代治黃史卷一

唐虞

帝堯八十載。（西曆紀元前二千二百七十八年）洪水爲患。四岳薦鯀治之。九載績用弗成。帝舜受禪。使鯀子禹作司空。乃導河積石至於龍門。南至於華陰。東至於底柱。又東至於孟津。東過洛汭。至於大伾。北過洚水。至於大陸。又北播爲九河。同爲逆河入于海。禹錫玄圭。告厥成功。（以上本尚書）○禹抑洪水十三年。過家不入門。陸行載車。水行載舟。泥行蹈橇。山行即橋。（按即今俗所云山轎。登州俗名山子。陝蜀諸省俗名曰山兜子）以別九州。隨山濬川。任土作貢。通九道。陂九澤。度九山。然河菑（同災）衍溢中國也尤甚。唯是爲務。故導河自積石歷龍門。南到華陰。東下底柱。及孟津洛汭。至於大伾。禹以爲河所從來者高。湍悍難制。平地數爲敗。乃廝二渠。以引其河。載之高地。過洚水至於大陸。播爲九河。同爲逆河。入於渤海。九州既疏。九澤既灑。諸夏乂安。功施於三代。（此本史記河渠書）

是時水患河爲甚。（黃河在古書止曰河）濟次之。淮次之。江漢又次之。禹治水所經之地。具詳禹貢一篇。由今攷之。其始於冀州也。非徒以帝都爲先也。蓋水患皆因下流壅塞。必先施功於下流。以疏其壅塞之勢。然後施功於上流。以濬其發源之地。下流有所歸。則上流有所殺矣。河始入於雍。而經於冀。則冀當河之下流。而兗又其下流入海之處。禹自冀而兗。則疏河之下流也。自青而徐。則疏淮之下流也。自揚而荆。則疏江漢之下流也。五者既通。水患平矣。夫水之在下者。功在疏。水之在上者。功在濬。由是自荆而豫。以濬伊洛之源。自豫而梁。以濬江漢之源。自梁而雍。以濬河渭之源。此所謂決九川距海。而水之大者有所歸濬畎澮距川而水之小者有所洩皆順其自然之性而不與水爭也。

殷

河亶甲元祀（西曆前一千五百三十四年）徙都於相。

禹告成功後河患之始

按是時囂有河決之患遂由囂遷相禹告成功以來至是始有河患矣然殷河數北決至五遷都以避之不聞其有所隄塞猶近循禹跡故也。

周

河徙宿胥口○按明吳山治河通考謂河徙砱礫

河第一徙

定王五年（西曆前六百十二年）河徙宿胥口東行漯川至長壽津與漯別東北至成平復合禹故河至章武入海

自禹導河成功至是歷一千六百七十七年河始徙。

歷代治黃史　卷一　二

按周禮一書封井分畫之制詳當時溝洫澮川起自田畝畿疆封築取諸農隙旱潦蓄洩任之農功卒然有急移用其民以救之其時事取力征（孟子所謂力役之征）故土不隄而固水不渠而灑河由地中行蓋不勞而定也至定王五年梁山壅河南徙自宿胥口東行漯川至長壽津與漯別行東北合漳水至章武入海失禹故跡自是兗豫有水患矣而諸侯各作隄防壅遏百川以自便利甚或反加決灌以鄰爲壑而河遂漫溢滋爲患害此齊桓所以戒曲防孟子所以譏白圭也。

秦

王賁引河灌大梁

始皇二十二年（西曆前二百四十五年）王賁攻魏引河溝灌大梁大梁城壞

河水始南向

河水自此始有南向

河決酸棗

河決濮陽瓠子口

漢武帝塞瓠子築宮其上命名宣房

河決清河靈鳴犢口

河害濟始此

漢

文帝十二年（西曆前一百八十八年）河決酸棗。東潰金隄。於是大興卒塞之。

武帝元光三年（西曆前一百三十二年）先是建元三年。河水溢於平原。至是河決濮陽瓠子口。東南注鉅野。侵淮泗。梁楚之地被災尤甚。於是河始患淮泗。

史稱上使汲黯鄭當時興卒徒塞之。輒復壞。（是時武安侯田蚡言於上曰。江河之決皆天事。未易以人力強塞。是以久不復塞也。）後二十餘年。乃使郭昌汲仁發卒數萬人塞瓠子河。上自臨決河。沉白馬玉璧。令羣臣從官自將軍以下皆負薪置決河。卒塞瓠子。築宮其上。名曰宣房。而道河北行。復禹舊跡。

自宣房塞後。河復北決館陶。分爲屯氏河。東北經魏郡清河入渤海。（史不言年代。爲時當不甚久也。）

桓譚新論曰。大司馬張仲義曰。河水濁。一石水。六斗泥。而民競決河溉田。令河不通利。至三月桃花水至則決。以其噎不泄也。可禁民不復引河。

武帝元鼎間。齊人延年上書言河出崑崙。經中國。注渤海。其地勢西北高而東南下也。可按圖書。觀地形。令水工準其高下。開大河上領。（古注謂山頭。恐卽上游最高處。猶衣之有領焉耳）出之胡中。東注之海。如此則關東長無水災。北邊不憂匈奴。可以省隄防備塞、士卒轉輸、胡寇侵盜、覆軍殺將、暴骨原野之患。此功一成。萬世大利。書奏上壯之。報曰。延年計議甚深。然河迺大禹之所導也。聖人作事。爲萬世功。通于神明。恐難改更。

元帝永光四年（西曆前六十年）河決清河靈鳴犢口。屯氏河復絕。其後遂由千乘入海。河之害濟始此。

河決館陶

王延世爲河隄使者

成帝初。清河都尉馮逡奏言。郡承河上流。與兗州東郡分水爲界。城郭所居尤卑下。土壤脆易傷。頃所以無害者。以屯氏河通。兩川分流也。今屯氏河塞。靈鳴犢口又益不利。獨以一川兼受數河之任。雖高增隄防。終不能泄。如有霖雨。旬日不霽。必盈溢。今屯氏河絕未久。其處易浚。又其口所居高。於分殺水力。道理便宜。可復浚。以助大河泄暴水。備非常。不豫修治。北決病四五郡。南決病十餘郡。然後憂之。晚矣。事下丞相御史。以爲方用度不足。可且勿浚。

成帝建始四年。大雨水十餘日。河決館陶及東郡金隄。泛溢兗豫。入平原千乘濟南。凡灌四郡三十二縣。杜鄉薦王延世爲河隄使者。延世塞以竹落。長四丈大九圍。盛以小石。兩船夾載而下。三十六日隄成。改元河平。

按後二歲。河平三年。河復決平原。流入濟南千乘。遣丞相史楊焉等雜治六月。乃成。鴻嘉四年。焉言從河上下。患底柱隘。可鐫廣之。上從其言。使焉鐫之。裁沒水中。不能去。而水益湍怒。害甚於故。是歲。渤海清河信都河水溢溢灌縣邑三十一。敗官亭民舍四萬餘。以河隄都尉許商與丞相史孫禁共行視圖方略。禁以爲今河溢之害。數倍於前決平原時。今河決平原金隄間。開通大河。令入故篤馬河。至海五百餘里。水道浚利。又乾三郡水地。得美田且二十餘萬頃。足以償所開傷民田廬處。又省吏卒治隄救水歲三萬人以上。許商以爲古說九河之名。有徒駭胡蘇鬲津。今見在成平東光鬲界中。自鬲以北至徒駭間。相去二百餘里。今河雖數移徙。不離此域。孫禁所欲開者。在九河南篤馬河。失水之迹。處勢平夷。旱則淤絕。水則爲敗。不可許。公卿皆從商言。先是谷永以爲河中國之經瀆。聖主興則出圖書。王道廢則竭絕。今潰溢橫流。湮沒陵阜。異之大者也。修政以應之。災變自除。是時李尋解光亦言陰氣盛則水爲之長。故一日之間。晝減夜增。江河滿溢。所謂水曰潤下。雖常於卑下之地。猶日月變見於朔望。明天道有因而作也。衆庶見王延世蒙重賞。競言便巧。不可用。議者常欲求索九河故道而穿之。今因其自決。可且勿塞。以觀水勢。河欲居之。當稍自成川。挑出沙土。然後順天心而圖之。必有成功。而用財力寡。於是遂止不塞。滿昌師丹等數言百姓可哀。上數遣使者處業賑贍之。

賈讓治河三策

成帝綏和二年。待詔賈讓上書言治河有上中下三策。古者立國居民。疆理土地。必遺川澤之分。度水勢所不及。大川無防。小水得入。陂障卑下。以爲汙澤。使秋水得有所休息。左右游波。寬緩而不迫。夫土之有川。猶人之有口也。治土而

防其川。猶止兒啼而塞其口。豈不遽止。然其死可立待也。故曰善爲川者決之使導。善爲民者宣之使言。蓋隄防之作。近起戰國。壅防百川。各以自利。齊與趙魏。以河爲境。趙魏瀕山。齊地卑下。作隄去河二十五里。雖非其正。水尚有所游盪。時至而去。則填淤肥美。民耕田之。或久無害。稍築室宅。遂成聚落。大水時至漂沒。則更起隄防以自救。稍去其城郭。排水澤而居之。湛溺自其宜也。今隄防陿者去水數百步。遠者數里。近黎陽南故大金隄。從河西西北行。至西山南頭。迺折東。與東山相屬。民居金隄東。爲廬舍。住十餘歲。更起隄。從東山南頭直南與故大隄會。又內黃界中有澤。方數十里。環之有隄。往十餘歲。太守以賦民。（以隄中之地給與人民也）民今起廬舍其中。此臣親所見者也。東郡白馬故大隄亦復數重。民皆居其間。從黎陽北盡魏界。故大隄去河遠者數十里。內亦數重。此皆前世所

不與水爭咫尺之地謂之上策

排也。河從河內北至黎陽爲石隄。激使東抵東郡平剛。（激者聚石於隄旁衝要之處以激去其水）又爲石隄使西北抵黎陽觀下。又爲石隄使東北抵東郡津北。又爲石隄使西北抵魏郡昭陽。又爲石隄激使東北。百餘里間。河再西三東。迫阸如此。不得安息。今行、上策。徙冀州之民當水衝者。決黎陽遮害亭。放河使北入海。河西薄大山。東薄金隄。勢不能遠泛濫。期月自定。難者將曰、若如此敗壞城郭田廬冢墓以萬數。百姓怨恨。昔大禹治水。山陵當路者毀之。故鑿龍門。辟伊闕。析底柱。破碣石。（辟同闢析分也）墮斷天地之性。此迺人功所造。何足言也。今瀕河十郡。治隄歲費且萬萬。及其大決。所殘無數。如出數年治河之費。以業所徙之民。遵古聖之法。定山川之位。使神人各處其所。而不相奸。且以大漢方制萬里。豈其與水爭咫尺之地哉。此功一立。河定民安。千載無患。故謂之、上策。若迺多穿漕渠於冀州地。使民得以溉田。分殺水怒。雖非聖人法。然亦救敗術也。難者將曰、河水高於平地。歲增隄防。猶當決溢。不可以開渠。臣竊按視遮害亭西十八里。至淇水口。迺有金隄。高一丈。自是東。地稍下。隄高至遮害亭。高四五丈。往五六歲。河水大盛。增丈七尺。壞黎陽南郭門。入至隄下。水未踰隄二尺所。從隄上北望。河高出民屋。百姓皆走上山。水留十三日。隄潰二所。吏民塞之。臣循隄上行。視水勢南七十餘里。至淇口。水適至隄半。計出地上五尺所。今可從淇口以東爲石隄。多張水門。初元中。遮害亭下河去隄足數十步。至今四十餘歲。適至隄足。由是言之。其地堅矣。恐議者疑河大川難禁制。滎陽漕渠足以卜之。其水門但用木與土耳。今據堅地作石隄。勢必完安。冀州渠首盡當卬此（卬同仰）水門。治渠非穿地也。但爲東方一隄。北行三百餘里。入漳水中。其西因山足高地。諸渠皆往往股引

通渠並多張水門使民溉田藉收水勢謂之中策

繕完故堤增卑培薄乃最下策

取之（撥支別也）旱則開東方下水門溉冀州水則開西方高門分河流通渠有三利不通有三害民常罷於救水半失作業（一害）水行地上湊潤上徹民則病濕氣木皆立枯鹵不生穀（二害）決溢有敗爲魚鼈食此三害也若有渠溉則鹽鹵下隰填淤加肥（一利）故種禾麥更爲秔稻高田五倍下田十倍（二利秔稻之不粘者）轉漕舟船之便此三利也今瀕河隄吏卒郡數千人伐買薪石之費歲數千萬足以通渠成水門又民利其溉灌相率治渠雖勞不罷民田適治河隄亦成此誠富國安民興利除害支數百歲故謂之中策若迺繕完故隄增卑培薄勞費無已數逢其害此最下策也

平帝元始四年徵治河者以百數其大略異者長水校尉關並言河決率常於平原東郡左右其地形下而土疏惡禹治河時本空此地近察秦漢以來河決曹衛之域其南北不過百八十里者可空此地勿以爲官亭民室御史韓牧謂可略於禹貢九河處穿之縱不能爲九但爲四五宜有益大司空王横言河入渤海渤海地高於韓牧所欲穿處禹之行水本隨西山下東北去定王五年河徙則今所行非禹所穿也又秦攻魏決河灌之決處遂大不可復補宜更開空使緣西山足乘高地而東北入海乃無水災時但崇空語無施行者

哀帝綏和二年詔曰乃者河南頴川水出流殺人民敗壞廬舍朕之不德民反受辜朕甚懼焉

新莽始建國三年（西曆前十年）河決魏郡泛清河平原至千乘入海北瀆遂空

山東通志曰先是莽恐河決爲元城塚墓害及決東去元城不憂水故遂不隄塞

河第二徙

王景修汴渠

自東漢訖唐不至橫決於異時者皆王景之功

自周定王五年至此爲第二次徙

東漢

明帝永平十二年（西曆紀元五十年）王景修汴渠築隄自滎陽東至千乘海口千餘里次年渠成

先是光武建武十年陽武令張汜上言河決積久日月浸毀宜修改隄防以安百姓書奏光武即爲發卒而後儀令樂俊復上言昔元光之間民庶熾盛緣隄墾殖而瓠子河決尚十餘年不卽壅塞今居家稀少田地饒廣且新被兵革方興力役勞怨既多民不堪命光武遂止其後汴渠東侵日月彌廣而水門數處皆在河中兗豫百姓怨嘆而或以爲河流入汴幽冀蒙利焉故曰左隄強則右隄傷左右俱強則下方傷宜任水勢所之使人隨高而處則公家息壅塞之費百姓無陷溺之患也永平十二年議修汴渠會有薦樂浪王景能治水者帝問水形便景陳利害應對敏捷帝甚善之乃賜山海渠書禹貢圖及錢帛發卒數十萬遣景與將作謁者王吳修渠築隄自滎陽東至千乘海口千餘里景乃商度地勢鑿山阜破砥磧直截溝澗防遏衝要疏導壅積十里立一水門令更相洄注無復潰漏之患由是河出千乘而德棣之河又播爲八故水有所洩而力分偶合於禹功渠成帝親隨巡行詔濱河郡國置河隄員吏如西京舊制繇是顯名王吳及諸從事者皆增秩一等蓋自東漢訖唐不至橫決於異時矣由今考之自滑縣開州（今濮陽縣地）濮州（今觀城范縣）朝城陽穀茌平禹城平原陵縣德平樂陵商河惠民青城蒲台高苑博興利津諸邑之間皆東漢以來大河之所行也

順帝陽嘉中。石門又自汴河口以東。緣河積石爲堰。通淮口。金隄。靈帝建寧中。又增修石門。以遏渠口。水盛則通注。津耗則輟流。濟水東經滎瀆。注瀆水受河水。有石門。謂之滎口石門。門南則際河。有故碑云。惟陽嘉三年二月丁丑、使河隄謁者王誨疏達河川。遂荒庶土。云大河衝塞。侵齧金隄。以竹籠石。葺葦土而爲遏。壞隤無已。功消億萬。請以濱河郡徒疏山采石壘爲障。功業既就。徭役用息。詔書許誨立功府鄉。規基經始。詔策加命。遷在沂州。乃簡朱軒。授使司馬登。令纘茂前緒。稱遂休功。登以伊洛合注大河。南則緣山東遏大伾。回流北岸。其勢鬱懞濤怒。湍急激疾。一有決溢。彌原漫野。蟻孔之變。害起不測。蓋自姬氏之所常慼。昔崇鯀所不能治。我二宗之所劬勞。於是乃跋涉躬親。經之營之。比率百姓。共之於山。伐石三谷。水匠致治。立激岸側。以扞

鴻波。慶賜說以勸之。川無滯越。水上通演。役未踰年。工程有異。斯乃元勳之嘉課。上德之弘表也。昔禹修九道。書錄其功。后稷躬稼。詩列於雅。夫不憚勞謙之勤。夙興厥職。充國惠民。不得湮沒而不彰焉。故遂刊石記功。垂示於後。此碑依吳氏通攷

晉

武帝泰始七年。六月大霖雨。河洛伊沁皆溢。河南通志云是年没民舍千九百餘家。秋稼千三百餘頃。

劉宋

文帝元嘉十八年。夏五月。甲申河泛溢害居人。

北魏

冀定數州頻遭水患。事見魏書崔楷傳

北齊

河清元年四月河溢。據河南通志

唐

太宗貞觀十一年九月丁亥河溢壞陝州河北縣毀上賜瀕河遭水家粟帛。

高宗永徽五年西曆紀元六百四十四年齊州河溢。

武后長壽二年西曆紀元六百八十三年棣州河溢。

玄宗開元十年西曆紀元七百十二年博州河溢。

開元十四年西曆紀元七百十六年魏州河溢。

開元十五年西曆紀元七百十七年冀州河溢。

開元十六年西曆紀元七百十八年以宇文融充九河使。融請用禹貢九河故道開稻田。幷回易陸運錢官收其利興役不息事多不就。

代宗大曆十二年秋大雨水河南尤甚平地深五尺河溢。

德宗建中元年冬黄河溢。

貞元二年六月河溢。

憲宗元和七年正月振武河溢。毀東受降城事見唐書五行志

元和八年十二月丙午以河溢浸滑州羊馬城之半滑州薛平魏博田宏正徵役萬人於黎陽界開古黄河道。

文宗太和三年西曆紀元八百十八年河決壞棣州城。

宣宗大中十三年西曆紀元八百四十九年兗青鄆河溢。

自東漢至隋唐河不爲患者千餘年

河決酸棗

安彥威修堤以私財犒民民無散者

昭宗景福二年西曆紀元八百八十二年河從渤海北至無棣入海。山東通志曰、有唐之制。自大邳以東。衛魏澶博德棣滄七州爲河北道。滑濮濟齊淄五州爲河南道。皆瀕河郡也。自東漢訖於隋唐。河不爲患者千餘年。故水功亦少。永徽以後。始書溢決云。昭宗乾寧三年四月河漲將毀滑州朱全忠決爲二河夾城而東爲害滋甚

五代

梁高祖龍德三年西曆紀元九百十三年河決自酸棗。東注曹濮及鄆。是年宋橫壠決河益由此東注。

後唐莊宗同光二年西曆紀元九百十四年七月發兵塞決河。先是梁攻楊劉。決河水以限晉兵。連年爲曹濮患。命將軍婁繼英督汴滑兵塞之。未幾復壞。

明宗天成四年西曆紀元九百十九年十二月、庚申、修治河北岸。宣差左衛上將軍李承

約祭之。張敬詢爲滑州節度使。長興初、敬詢以河水連年溢。乃自酸棗縣界至濮州。廣隄防一丈五尺。東西二百里。

後晉高祖天福三年西曆紀元九百二十八年河決鄆州。

天福四年西曆紀元九百二十九年河決博州。

天福六年西曆紀元九百三十一年河決滑州。

天福七年西曆紀元九百三十二年三月、己未、梁州節度使安彥威奏到滑州修河隄。時以瓠子河漲溢。詔彥威督諸道運民。自豕韋之北。築堰數十里。給私財以犒民。民無散者。竟止其害。鄆曹濮賴之。以功加邠國公。詔於河決之地建碑立廟。

齊王開運元年西曆紀元九百三十四年滑州河決。漫汴曹單濮鄆五州境。

開運三年西曆紀元九百三十六年決楊劉。西入莘縣四十里。又自朝城北流。

齊魯舟楫達於大梁

後漢高祖乾祐元年西曆紀元九百三十八年、五月河決魚池。

乾祐二年西曆紀元九百三十九年補闕盧振上言。臣伏見汴河隄兩岸。隄堰不牢。每年潰決。正當農時。勞民功役。以臣愚管。沿汴水有故河道陂澤處。置立㪷或作斗作陡門。水漲溢時。以分其勢。卽澇歲無漂沒之患。旱年獲澆漑之饒。庶幾偏甿差免勞役。

乾祐三年西曆紀元九百四十年六月河決鄭州。

後周太祖廣順二年西曆紀元九百四十一年、十二月、河決鄭州滑州。遣使修塞。王浚請自行視。許之。周塞決河。三月、澶州言天福十一年、黃河自觀城縣界楚里村隄決。東北經臨黃勸城縣界楚里村隄決東北經臨黃觀城兩縣。隔絕鄉村人戶。今觀城在河北。隔三村在河南。今臨黃在河南。隔八村在河北。官吏節級徵督賦

租。取路於州橋。迂曲僅振聲按僅竟也猶言盡也古人僅字多作竟字解與僅少之義各別見姚氏古文辭類纂注中數百里。每事多違程限。其兩縣所隔村鄉。擬迴管係。所冀便於徵督。候堙隄岸。河流復故。兩縣仍舊收管。從之。

世宗顯德元年西曆紀元九百四十四年遣使分塞決河。

顯德二年西曆紀元九百四十五年疏汴水。汴水自唐末潰決。自通橋東南。悉爲汙澤。世宗謀擊唐。先命發民夫。因故隄疏導之。東至泗上。議者皆以爲難成。世宗曰、數年之後。必獲其利。

顯德三年西曆紀元九百四十六年、三月、世宗行視水塞。至汜橋。自取一石。馬上持之。至寨以供礮。從官過橋者。人取一石。

顯德四年西曆紀元九百四十七年疏汴水入五丈河。自是齊魯舟楫。皆達於大梁。

浚汴達淮

宋慶曆八年河決商胡而漢唐之河遂廢

顯德五年（西曆紀元九百四十八年）汴渠成浚汴口導河流達於淮於是江淮舟楫始通山東通志曰五季之世干戈擾攘之秋也河自東平之楊劉連年東潰分爲二派匯爲大澤瀰漫數百里又東環古隄而出灌齊棣淄諸州久不能塞河道非復舊矣（中略敘事同前文）後周世宗顯德元年宰相李穀監視隄塞自陽穀抵張秋役徒六萬三旬而隄成然河不能全復故道離而爲赤河故自王莽始建國三年河徙由千乘入海後五十九歲爲後漢明帝永平十三年王景治河功成下逮宋仁宗景祐元年有橫壠之決又十四歲爲慶曆八年復決於商胡而漢唐之河遂廢凡九百七十七年

京東故道

宋太祖詔種榆柳爲河防

歷代治黄史卷二

宋

太祖乾德三年（西曆紀元九百五十五年）河決武陽。又決澶鄆。

山東通志。曰宋初河道與唐五代同。所謂京東故道也。

乾德二年、遣使將治古隄。議者以舊河不可卒復。力役且大。遂止。但詔民治遥隄以禦衝注之患。其後赤河決東平之竹村。七州之地復罹水災。三年秋大雨。霖開封府河決陽武。又孟州水漲。壞中潬橋梁。澶鄆亦告河決。詔發州兵治之。

乾德四年（西曆紀元九百五十六年）八月、滑州河決。壞靈河縣大隄。詔殿前都指揮使韓重贇馬步軍都軍頭王廷議等督士卒丁夫數萬人治之。被泛者蠲其秋租。帝以河隄屢決。分遣行視。發畿甸丁夫繕治。歲以爲常。皆以正月首事。季春而畢。按民通攷此事在五年

開寶四年（西曆紀元九百六十一年）十一月河決澶淵。泛數州。官守不時上言。通判司封郎中姚恕棄市。知州杜審肇坐免。

開寶五年（西曆紀元九百六十二年）正月、詔曰、應緣黄汴清御等河州縣。除準舊制種藝桑棗外。委長吏課民別樹榆柳及土地所宜之木。仍案戶籍高下。定爲五等。第一等歲樹五十本。第二等以下遞減十本。民欲廣樹藝者聽。其孤寡惸獨者免。是月澶州修河卒賜以錢鞵。役夫給以茶。五月河大決濮陽。又決陽武。詔發諸州兵及丁夫凡五萬人。遣頴州團練使曹翰護其役。翰辭。太祖謂曰。霖雨不止。又聞河決。朕信宿以來。焚香上禱於天。若天災流行。願在朕躬。勿延於民也。翰頓

宋太祖詔求治河條陳

首對曰、昔宋景公諸侯耳。一發善言。災星退舍。今陛下憂及兆庶。懇禱如是。固當上感天心。必不爲災。六月、詔曰、近者澶濮等數州。霖雨薦降。洪河爲患。朕以屢經決溢。重困黎元。每閱前書。詳究經瀆。至若夏書所載。但宜導河至海。隨山濬川。未聞力制湍流、廣營高岸。按漢平當言經義治水但有決河浚川而無隄防壅塞之文卽此理自戰國專利堙塞故道。小以妨大。私而害公。九河之制遂隳。歷代之患弗弭。凡縉紳多士。草澤之倫。有素習河渠之書。深知疏導之策。若有經久可免重勞。並許詣闕上書。附驛條奏。朕當親覽。用其所具。勉副詢求。當示甄獎。時東魯人田吉者。纂禹元經十六篇。帝閱之。詔至闕下。詢以治水之道。善其言。將授以官。以親老固辭歸養。從之。翰至河上。親督工徒。未幾決河皆塞。此條通志載爲乾德五年茲據吳氏通攷錄出今查蔡氏廣治平略亦云此事在開寶年中通志蓋誤

太宗太平興國二年西曆紀元九百六十七年秋七月、河決孟州之温縣。鄭州之滎澤。澶州之頓丘。皆發緣河諸州丁夫塞之。視隄岸之缺。亟繕治之。民被水災者。悉蠲其租。

太平興國七年西曆紀元九百七十二年河大漲。蹙清河。凌鄆州。城幾陷。詔承旨劉吉馳往固之。

河決滑州東南流至彭城入淮

太平興國八年西曆紀元九百七十三年河決滑州。泛澶濮曹濟諸州。東南流至彭城入淮。詔發丁夫塞之。隄久不成。遣樞密直學士張齊賢乘傳詣白馬津。用太牢加璧以祭。十二月。決河塞。

河南流由淮入海之始

按此爲河決南流由淮入海之始

史稱河決滑州韓村。泛澶濮曹濟諸州。壞民田廬舍。東南流至彭城界入於

淮詔塞之隄久不成乃命使者按視遙隄舊址使同條奏以爲治遙隄不如分水勢自孟抵鄆總有隄防惟滑與澶最爲狹隘可立分水之制宜於南北岸各開其一北入王莽河以通於海南入靈河以通於淮節減暴流一如分水之法其分水法量其遠邇作爲斗門（按即今所謂閘閘形坡斜水下似米溢出以象斗形得名也）啓閉隨時務平均濟通舟運漑農田此富庶之資也不報時當陰雨河久未塞遣張齊賢治之乃塞

雍熙元年（西曆紀元九百七十四年）三月滑州復言房村河決帝曰、近以河決韓村發民治隄不成安可重困吾民當以諸軍代之乃發卒五萬以侍衛步軍都督揮使田重進領其役

淳化四年（西曆紀元九百八十三年）十月、河決澶州陷北城壞廬舍七千餘區是歲巡河供

奉官梁睿上言、滑州土脈疏岸善潰每歲河決南岸害民田請於迎陽鑿渠引水凡四十里至黎陽合大河以防暴漲帝許之

淳化五年（西曆紀元九百八十四年）正月滑州言新渠成帝又案圖命昭宣使羅州刺史杜彥鈞率兵夫計功十七萬鑿河開渠自韓村至州西鐵狗廟凡五十餘里復合於河以分水勢

真宗咸平三年（西曆紀元九百九十年）河決鄆州浮鉅野入淮泗

景德元年（西曆紀元九百九十四年）九月河決澶州橫隴埽

景德四年（西曆紀元九百九十七年）又壞王八埽並許詔發兵夫完治之

大中祥符三年（西曆紀元一千年）十月判河中府陳堯叟言白浮圖村河水決溢爲南風激還故道明年遣使滑州經度兩岸開減水河九月、棣州河決聶家口

大中祥符四年（西曆紀元一〇一一年）九月。河決棣州之聶家口及李氏灣。環城數十里皆水。民舍多壞。乃徙城於商河。役無踰年。

按是時著作佐郎李垂上導河形勝書三篇。並圖其略、曰。臣請自汲郡東推禹故道。挾御河。較其水勢。出大伾上陽太行三山之間。復西河故瀆。北注大名西館陶。東南北合赤河而至於海。因於魏縣北折一渠。正北稍西逕衡漳直北下。出邢洺。如夏書過洚水。稍東注易水。合百濟。會朝河而至於海。大伾而下。黃御混流。薄山障隄。勢不能遠。如是則載之高地而北行。百姓獲利。而契丹不能南侵。禹貢所謂夾右碣石入于海。孔安國傳、曰。河逆上北州界。其始作自大伾西八十里。曹公所開運渠東五里。引河水正北稍東十里。破百萬古隄。逕牧馬陂。從禹故道。又東三十里轉大伾西通利軍北。挾白溝。復回大河北逕清豐大名西。歷洹水魏縣東。暨管陶南入屯氏故瀆。合赤河而北至於海。既而自大伾西新發故瀆西岸。折一渠正北稍西五里。廣深與汴等。合御河道。逼大伾北。即堅壤折一渠。東西二十里。廣深與汴河等。復東大河。兩渠分流。則三四分水。猶得注澶淵舊渠矣。大都河水從西大河故瀆東北合赤河而達於海。然後於魏縣北發御河西岸。折一渠正北稍西六十里。廣深與御河等。合衡漳水。又冀州北界深州西南三十里。決衡漳西岸。限水為門。西北注滹沱。潦則塞之使東漸渤海。旱則決之使西灌屯田。此中國御邊之利也。兩漢而下。言水利者。屢欲求九河故道而疏之。今考圖志。九河並在平原而北。且河壞澶滑。未至平原而已決矣。則九河奚利哉。漢武捨大伾之故道。發頓丘之暴衝。則溢兗泛濟。流患中土。使河朔平田。膏腴千里。縱容邊寇。劫掠其間。今大河東盡。全燕。陷北。禦邊之計。莫大於河。不然則趙魏百城。富庶萬億。所謂誨盜而招寇矣。一日伺我饑饉。乘虛入寇。臨時用計者實難。不如因人豐財足之時。成之爲易。詔樞密學士任中正龍圖閣直學士陳彭年知制誥王曾詳定。中正等上言。詳埀所述。頗爲周悉。所言起滑臺而下。派之爲六。則緣流就下。湍急難制。恐水勢聚而爲一。不能各依所導。設或必成六派。則是更增六處爲口。悠久難于隄防。亦慮入滹沱漳河。漸至二水淤塞。益爲民患。又築隄七百里。役夫二十一萬七千。工至四十日。侵占民田。頗爲煩費。其議遂寢。

又按吳氏通攷是年五月始。赤河決。壅濟。泗。鄆州城中常苦水患。至是霖雨彌月。積潦益甚。乃遣工部郎中陳若拙經度徙城。若拙請徙於東南十五里

陽鄉之高原。詔可。

大中祥符五年（西曆紀元一千〇二年）正月本州徙城。帝曰。城去決河尚十數里。居民重遷。命使完塞。既成。又決於州東南李氏灣。環城數十里。民舍多壞。又請徙商河。役無踰年。雖扞護完築。裁免決溢。而湍流益暴。壖地益削。河勢高民屋殆踰丈矣。民苦久役。而終憂水患。次年。乃詔徙州於陽信之八方寺。（前條徙城商河據通志此條據吳氏通考相差一年文則吳攷較詳）

大中祥符七年（西曆紀元一千〇〇四年）詔罷葺遙隄。以養民力。八月。河決澶州大吳埽。役徒數千。築新隄亙二百四十步。水乃順道。

大中祥符八年（西曆紀元一千〇〇五年）京西轉運使陳堯佐議開滑州小河分水勢。遣使視利害以聞。及還。請規度自三迎楊村北治之。復開汊河於上游。以洩其壅潰。

報可。

天禧三年（西曆紀元一千〇〇九年）六月乙未夜，滑州河溢，歷澶、濮、曹、鄆，東入於淮。卽遣使賦諸州薪石楗橛芟竹之數千六百萬。發兵夫九萬人治之。（山東通志云：注梁山濼，合清水古汴渠東流入於海云云）

天禧四年（西曆紀元一千〇〇十年）二月河塞。羣臣入賀。上親爲文刻石紀功。初滑州以天臺決口。去水稍遠。聊興葺之。及西南隄成。乃於天臺口旁築月隄。六月望，河復決天臺下。走衞南，浮徐濟，害如三年而益甚。帝以新經賦率，慮殫困民力。卽詔京東西河北路經水災州軍，勿復科調丁夫。其守扞隄防役兵，仍令長吏存恤而番休之。

是年祠部員外郎李垂又言疏河利害。命垂至大名府、滑、衞、德、貝州、通利軍與長吏計度。垂上言、臣所至並稱黃河水入王莽沙河與西河故瀆，注金赤河，必慮水勢浩大，蕩盡民田，難於隄備。臣亦以爲河水所經，不爲無害。今者決河而南，爲害既多，而又陽武埽東、石堰埽西，地形汙下，東河泄水又艱。或者云，今決處槽底坑深，舊渠逆上，若塞之，旁必復壞。如是，則議塞河者誠以爲難。若決河而北，爲害雖少，一旦河水注御河，蕩易水，逕乾寧軍，入獨流口，遂及契丹之境。或者云，因此搖動邊鄙。如是，則議疏河者又益爲難。臣於兩難之間，輒畫一計。請自上流引北載之高地，東至大伾，瀉復於澶淵舊道，使南不至滑州，北不至通利軍界。何以計之。臣請自衞州東界曹公所開運渠東五里，河北岸凸處，就岸實土堅引之，正北稍東十三里，破夏禹古隄，注裴家潭，逕牧馬陂，又正東稍北四十里，鑿大伾西山，釃爲二渠，一逼大伾南足。

決古隄正東八里。復澶淵舊道。一逼通利軍城北曲河口。至大禹所導西河故瀆正北稍東五里。開南北大隄。又東七里入澶淵舊道。與南渠合。夫如是則北載之高地。大伾二山脽股之間。分酌其勢。浚瀉兩渠。匯注東北。不遠三十里。復合於澶淵舊道。而滑州不治自涸矣。臣請以兵夫二萬。自來歲興作。除三伏半功外。至十月而成。其均厚培薄。俟次年可也。疏奏。朝議慮其煩擾。罷之。

築堤疊埽

木龍

天禧五年（西曆紀元一千〇二十一年）正月。知滑州陳堯佐以西北水壞城。無外禦。築大隄。又疊埽於城北。護州中居民。復就鑿橫木。下垂木數條。置水旁以護岸。謂之木龍。當時賴焉。復並舊河開枝流。以分導水勢。詔嘉奬。

信水

桃花水

菜花水麥黃水

瓜蔓水

礬山水豆華水

荻苗水登高水

復槽水蹙凌水

客水

劄岸抹岸塌岸

淪捲水上展下展

是時說者以黃河隨時漲落。故舉物候為水勢之名。自立春之後。東風解凍。河邊人候水。初至凡一寸。則夏秋當至一尺。頗為信驗。故謂之信水。二月三月桃花始開。冰泮雨積。川流猥集。波瀾盛長。謂之桃花水。春末蕪菁華開。謂之菜華水。四月末壟麥結秀。擢芒變色。謂之麥黃水。五月瓜實延蔓。謂之瓜蔓水。朔野之地。深山窮谷。固陰冱寒。冰堅晚泮。逮乎盛夏。消釋方盡。而沃蕩山石。水帶礬腥。併流於河。故六月中旬後。謂之礬山水。七月菽豆方秀。謂之豆華水。八月菼薍華。謂之荻苗水。九月以重陽紀節。謂之登高水。十月水落安流。復其故道。謂之復槽水。十一月十二月斷冰雜流。乘寒復結。謂之蹙凌水。水性有常。率以為準。非時暴漲。謂之客水。其水勢凡移欲橫注。岸如刺毀。謂之劄岸。漲溢踰防。謂之抹岸。埽岸故朽。潛流漱其下。謂之塌岸。浪勢旋激。岸土上潰。謂之淪捲。水侵岸逆漲。謂之上展。順漲謂之下展。或水乍落直流

經碎水 拽白
明灘 薦浪水
春料
芟稍
心索
埽岸

之中。忽屈曲橫射。謂之經碎。水猛驟移。其將澄處。望之明白。謂之拽白。亦謂之。明灘。湍怒略渟。勢稍汨起。行舟值之多溺。謂之薦浪水。水退淤澱。夏則膠土肥腴。初秋則黃滅土。頗爲疏壤。深秋則白滅土。霜降後皆沙也。舊制歲虞河決。有司常以孟秋預調塞之物。稍芟薪柴楗橛竹石茭索。凡千餘萬。謂之春料。詔下瀕河諸州所產之地。仍遣使會河渠官吏。乘農隙率丁夫水工收采備用。凡伐蘆荻。謂之芟。伐山木榆柳枝葉。謂之稍。辮竹糾芟爲索。以竹爲巨索。長十尺至百尺。有數等。先擇寬平之所爲埽場。埽之制。密布芟索。鋪稍。稍芟相重。壓之以土。雜以碎石。以巨竹索橫貫其中。謂之心索。卷而束之。復以大芟索繫其兩端。別以竹索自內旁出。其高至數丈。其長倍之。凡用丁夫數百或千人。雜唱齊挽。積置于卑薄之處。謂之埽岸。既下。以橛臬閡之。復以

長木貫之。其竹索皆埋巨木于岸以維之。遇河之橫決。則復增之。以補其缺。凡埽下非積數疊。亦不能遏其迅湍。又有馬頭鋸牙木岸者。以蹙水勢護隄焉。凡緣河諸州。孟州有河南北凡二埽。開封府有陽武埽。滑州有韓房二村。憑管石堰州西魚池迎陽凡七埽。（舊制七里曲埽今廢）通利軍有齊賈蘇村凡二埽。澶州有濮陽大韓大吳商胡王楚橫隴曹村依仁大北岡孫陳固明公王八凡十三埽。大名府有孫杜侯村二埽。濮州有任村東東西北凡四埽。鄆州有博陵張秋關山子路王陵竹口凡六埽。齊州有采金山史家渦二埽。濱州有平河安定二埽。棣州有聶家梭隄鋸牙陽城四埽。所費皆有司歲計而無闕焉。

仁宗天聖元年（西曆紀元一千〇十三年）以滑州決河未塞。詔募京東北河陝西淮南民輸薪芻。調兵伐瀕河榆柳。賙溺死之家。

天聖二年（西曆紀元一千○十四年）遣使詣滑衛行視河勢。天聖五年（西曆紀元一千○十七年）發丁夫三萬八千卒二萬一千緡錢五十萬塞決河十二月濬魚池歸減水河。天聖八年（西曆紀元一千○二十年）始詔河北轉運司計塞河之備艮山令陳曜請疏鄆滑界糜丘河以分水勢。遂遣使行視遙隄。

河決橫隴東京之故道廢

仁宗景祐四年（西曆紀元一千○二十七年）河決橫隴。遂爲大河經流東京之故道廢。此條據運河工程局調查河套報告書表中所列惟劉氏黃河變遷圖考此事在元年。與此異。

議分河未興工而河流自分

慶歷元年（西曆紀元一千○三十一年）詔權停修決河。自此久不復塞。而議開分水河以殺其暴。未興工而河流自分。有司以聞。遣使特祠之。三月命築隄于澶以扞城。

慶歷八年（西曆紀元一千○三十八年）河決商胡。合永濟渠注乾寧軍入海。是爲北流。

河第三次徙

自王莽三年。至是。歷千有三十七年。爲河第三次徙。

皇祐二年（西曆紀紀一年○四十年）河決館陶之郭固。四年塞之。

至和元年（西曆紀元一千○四十四年）遣使行度故道。且詣銅城鎮海口。約古道高下之勢。

至和二年（西曆紀元一千○四十五年）河自商胡穿六塔渠。引河北流合永濟渠至乾寧軍入海。東流合馬頰至無棣入海。（此據山東通志前條慶曆八年云云據運河工程局報告書實爲一事而年代歧異殆報告書誤也）

李仲昌請穿六塔渠

按史稱河決大名館陶殿中丞李仲昌請自澶州商胡河穿六塔渠。引河歸橫隴故道。以殺其勢。詔發丁夫三十萬修之。翰林學士歐陽修上言。臣伏見

歐陽修力言修六塔渠之非計

朝廷定議。開修六塔河口。回水入橫隴故道。此大事也。中外之臣皆知不便。

而未有爲國家極言其利害者。臣謂河水未始不爲患。今決順已之流。治隄防於恩冀者。其患一。而遲。塞商胡復故道者。其患二。而速。穿六塔以回今河者。其患三。而爲害無涯。自河決橫隴以來。大名金隄埽歲歲增治。及商胡再決。而金隄益又加功。獨恩冀之間。自商胡決後。議者貪建塞河之策。未嘗留意於隄防。則河患可禦。所謂其患一者。十數年。下流壅淤。則上流必有決處。此一患而遲者也。今欲塞商胡口。使歸故道。治隄修埽。功料浩大。勞人費物困弊公私。此一患也。幸而商河可塞。故道復歸。高淤難行。不過一二年間。上流必決。此二患而速者也。今六塔河口雖云已有上下約。然全塞大河正流。爲功不小。又治三千餘里隄防。移一縣兩鎮。計其功費。又大於塞商胡數倍。此一患也。幸而可塞水入六塔。而東橫流散溢濱棣德博與齊州之界。咸被

其害。此二患也。三五年間。河流注溢。久又淤高。流行梗澁。則上流必決。此三患也。所謂爲害無涯者也。今爲國誤計者。本欲除一患。而返就三患。此臣所不喻也。至如六塔不能容大河。橫隴餘道本以高淤難行。而商胡決。今復驅而注之。必橫流而散溢。自澶至海二千。今里隄埽不可卒修。卒修之。雖成必不能捍水。無智愚皆所共知。顧恩冀之人利被水患者。亦知六塔不便。皆願且治恩冀隄防。伏乞聖慈特諭宰臣。使更審利害。速罷六塔之役。差替李仲昌等不用。選一二精幹之臣與河北轉運副使立。恩冀州官吏相度隄防。併力修治。則今河之水必不至爲大患。不必求奇策。省難必之功。以爲小人僥冀恩賞之資也。時宰相富弼主仲昌議。修疏奏。竟不省。先是修上疏曰、朝廷欲俟秋興大役。塞商胡開橫隴。回大河於古道。夫動大衆。必順天時。量人力。

謀于其始而審于其終然後必行計其所利者多乃無可悔比年以來興役動衆勞民費財不精謀慮于厥初輕信利害之偏說舉事之始既已倉皇羣議一搖尋復悔罷不敢遠引他事且如決河商胡是時執政之臣不慎計利害遽謀修塞凡科配稍芟一千八百萬騷動六路一百餘軍州官吏催驅急若星火民庶愁苦盈于道塗或物已輸官或人方在路未及興役尋以罷修虛費民財爲國斂怨舉事輕銳爲害若斯今又聞復有修河之役三十萬人之衆開一千餘里之長河計其所用物力數倍往年當此天災歲旱民困國貧之際不量人力不順天時知其有大不可者五蓋自去秋至春半天下苦旱京東尤甚河北次之國家當務安靜振卹之猶恐民起爲盜況於兩路聚衆興大役乎此其必不可者一也河北自恩州用兵之後繼以凶年人戶流

亡十失八九數年以來人稍歸服然死亡之餘所存者幾瘡痍未斂物力未完又京東自去冬無雨雪麥不生苗將踰暮春粟未布種農心焦勞所向無望若別路差夫又遠者難爲赴役一出諸路則兩路力所不任此其必不可者二也往年議塞滑州決河時公私之力未若今日之貧虛然猶除積物料誘率民財數年之間始能興役今國用方乏民力方疲且合商胡塞大決之洪流此一大役也鑿橫隴開久廢之故道又一大役也自橫隴至海千餘里埽岸久已廢頓須興緝又一大役也往年公私有力之時興一大役尚須數年今猝興三大役於旱災貧虛之際此其必不可者三也就令商胡可塞故道未必可開鯀障洪水九年無功禹得洪範五行之書知水潤下之性乃因水之流疏而就下水患乃息然則以大禹之功不能障塞但能因勢而疏決

僅竟也

爾今欲逆水之性障而塞之奪洪河之正流使人力斡而回注此大禹之所不能此其必不可者四也橫隴湮塞已二十年商胡決又數歲故道已平而難鑿安流已久而難回此其必不可者五也臣伏思國家累歲災譴甚多其於京東變異尤大地貴安靜而有聲巨嵎山摧海水搖蕩如此不止者僅十年天地警戒宜不虛發臣謂變異所起之方尤當過慮防懼今乃欲於凶艱之年聚三十萬之大衆於變異最大之方臣恐災禍自茲而發也況京東赤地千里饑饉之民正苦天災又聞河役將動往往伐桑毀屋無復生計流亡盜賊之患不可不虞宜速止罷用安人心九月詔自商胡之決大河注蝕隄埽爲河北患其故道又以河北京東饑故未興役今河渠司李仲昌議欲納水入六塔河使歸橫隴舊河舒一時之急其令兩制至待制以上臺諫官與河渠司同詳定修又上疏曰伏見學士院集議修河未有定論豈繇賈昌朝欲復故道李仲昌請開六塔互執一說莫知孰是臣愚皆謂不然言故道者未詳利害之原述六塔者近乎欺罔之謬今謂故道可復者但見河北水患而欲還之京東然不思天禧以來河水屢決之因所以未知故道有不可復之勢臣故謂未詳利害之原也若言六塔之利者則不待攻而自破矣今六塔既以開而恩冀之患何爲尚告奔騰之急此則減水未見其利也又開六塔者云可以全回大河使復橫隴故道今六塔止是別流下河已爲濱棣德博之患若全回大河顧其害如何此臣故謂近乎欺罔之謬也且河本泥沙無不淤之理淤常先下流下流淤高水行漸壅乃決上流之低處此勢之常也然避高就下水之本性故河流已棄之道自古難復臣不敢廣述河源且

以今所欲復之故道言天禧以來屢决之因初天禧中河出京東水行於今
所謂故道者水既淤澀乃决天臺埽尋塞而復故道未幾又决于滑州南鐵
狗廟今所謂龍門埽者其後數年又塞而復故道已而又决王楚埽所决差
小與故道分流然而故道之水終以塞淤故又于橫隴大决是則决河非不
能力塞故道非不能力復所復不久終必决于上流者繇故道淤而水不能
行故也及橫隴既决水流就下所以十餘年間河未爲患至慶歷三四年橫
隴之水又自海口先淤凡一百四十餘里其後游金赤三河相次又淤下流
既梗乃决于上流之商胡口然則京東橫隴兩河故道皆下流淤塞河水已
棄之高地京東故道屢復屢决理不可復不待言而易知也昨議者度京東
故道功料但云銅城已上乃特高爾其東北銅城以上則稍低比商胡以上

則實高也若云銅城以東地勢斗下則當日水流宜决銅城以上何緣而頓
淤橫隴之口亦何緣而大决也然兩河故道既皆不可爲則河北水患何爲
而可去臣聞智者之於事有所不能必則較其利害之輕重擇其害少者而
爲之猶愈害多而利少何况有害而無利此三者可較而擇也又商胡初决
之時欲議修塞計用稍芟一千八百萬科配六路一百餘州軍今欲塞者乃
往年之商胡則必用往年之物數至於開鑿故道張奎所計工費甚大其後
李參減損猶用三十萬人然欲以五十步之狹容大河之水此可笑者又欲
增一夫所開三尺之方倍爲六尺且闊厚一尺而長六尺自一倍之功在于
人力已爲勞苦云六尺之方以開方法算之乃八倍之功此豈人力之所勝
是則前功既大而難興後功雖小而不實大抵塞商胡開故道凡二大役皆

困國勞人。所舉如此。而欲開難復屢決已驗之故道。使其虛費。而商胡不可塞。故道不可復。此所謂有害而無利者也。就使幸而暫塞。以舒目前之患。而終於上流必決。如龍門、横壠之比。此所謂利少而害多也。若六塔者。於大河有減水之名。而無減患之實。今下流所散。爲患已多。若全回大河以注之。則濱、棣、德、博。河北所仰之州。不勝其患。而又故道淤塞。上流必有他決之虞。此直有害而無利耳。是皆智者之所不爲也。今若因水所在。增治隄防。疏其下流。浚以入海。則可無決溢散漫之虞。今河所歷數州之地。誠爲患矣。隄防歲用之夫。誠爲勞矣。與其虛費天下之財。虛舉大衆之役。而不能成功。終不免爲數州之患。勞歲用之夫。則此所謂害少者。乃智者之所宜擇也。大約今河勢負三決之虞。復故道。上流必決。開六塔。上流亦決。河之下流若不浚。使入海。則上流亦決。臣請選知水利之臣。就其下流。求入海路而浚之。不然。下流梗澀。則終虞上決。爲患無涯。臣非知水者。但以今事可驗者較之耳。願下臣議。裁取其當焉。預議官翰林學士承旨孫抃等言。開故道誠久利。然功大難成。六塔下流可導而東去。以紓恩、冀、金隄之患。十二月。中書上奏曰、自商胡決爲大名、恩、冀患。先議開銅城道。塞商胡。以功大難卒就。緩之。而憂金隄汎溢不能捍也。願備工費。因六塔水勢入横壠。宜令河北、京東預究隄埽上河水所居民田數。詔下中書奏。

嘉祐元年（西曆紀元一千四○十六年）。六塔河決。

嘉祐四年（西曆紀元一千○四十九年）。塞商胡北流。入六塔河。不能容。是夕又決。

嘉祐五年（西曆紀元一千○五十年）。都轉運使韓贄言。四界首古大河所經。即溝洫志所謂平原金隄開通大河入篤馬河至海五百餘里者也自春以丁壯三千浚之可一月而畢支分河流入金赤河使其深六尺爲利可必商胡決河自魏至於恩冀乾寧入於海令二股河自魏恩東至於德滄入於海分爲二則上流不壅可以無決溢之患乃上四界首二股河圖詔如其策役三千人期月而畢（按運河工程局報告書卷二云北流復決爲二渠自魏恩東至德滄入海是爲東流）

按二股河者商胡決河之別派也以其自決河歧出故曰二股自此商胡決河爲北流二股河爲東流是時直集賢院劉敞奏曰臣聞天有時地有勢民有力聖王之建功謀事者不與天分時不與地分勢不與民分力則功成而事立今朝廷以河決商胡議必塞之臣竊謂過矣乃者霖雨淫溢山谷發泄經川橫潰或衝冒城郭此天時也澶魏之埽如商胡者多矣莫決而商胡獨敗此地勢也淮汝以西關陝以東數千里之間罹于水患者甚則溺死不甚則流亡夫婦愁痛無所控告略計百萬人未聞朝廷有以振業之也而議塞河強疲病之餘以盡其力乘殘耗之後以略其財重爲事而罰所不勝急爲期而誅所不至上則與天爭時下則與地爭勢此臣所謂過也臣聞河之爲患於中國久矣其在前代或塞或不塞塞之爲仁不塞不爲不仁此有時而否者也以堯爲君以舜爲臣以禹爲司空十有三年而後僅能勝水患耳今朝廷之無禹明矣欲以數月之間塞決河不權于時不察于民不亦甚乎議者以爲不塞河則冀州之水可哀甚不然夫河未決之時能使水不病冀州則已矣既決之後縣邑則已沒矣人民則已亡矣府庫則已喪矣雖塞河不能有救也今且縱水之所欲往而利導之其不能救與彼同而可以息民何

嫌而不爲。詩云、民亦勞止。汔可小康。惠此中國。以綏四方。夫中國者。固四方之本也。惟陛下與知道者慮之。

英宗治平元年（西曆紀元一千〇五十四年）始命都水監浚二股五股河。以紓恩冀之患。初都水監言。商胡湮塞。冀州界河淺。房家武邑二埽繇此潰。慮一旦大決。則甚于商胡之患。乃遣判都水監張鞏戶部副使張燾等行視。遂興工役。卒塞之。

神宗熙寧元年（西曆紀元一千〇五十八年）六月河溢恩冀瀛等處。帝憂之。顧問近臣司馬光等。都水監丞李立之請于恩冀深瀛等州創生堤三百六十七里以禦河。而河北都轉運司言當用夫八萬三千餘人。役一月成。今方災傷。願除之。都水監丞宋昌言謂、今二股河門變移。請迎河浹進約。簽入河身。以紓四州水患。遂與屯田都監內侍程昉獻議、開二股以導東流。於是都水監奏。慶歷八年、商河北

流于今二十餘年。自澶州下至乾寧軍。創堤千有餘里。公私勞擾。近歲冀州而下。河道梗澀。致上下埽岸屢充。今棗強抹岸。衝奪故道。雖創新堤。終非久計。願相六塔舊口。幷二股河道。使東流徐塞北流。而提舉河渠王亞、等謂黃御河帶北行入獨流東砦。經乾寧軍滄州等八砦邊界。直入大海。其近大海口闊六七百步。深八九丈。三女砦以西闊三四百步。深五六丈。其勢愈深。其流愈猛。天所以限契丹。議者欲再開二股。漸閉北流。此乃未嘗覩黃河在界河內東流之利也。十一月詔翰林學士司馬光。入內內侍省副都知張茂則乘傳相度四州生隄。回日兼視六塔二股利害。

熙寧二年（西曆紀元一千〇五十九年）從都水監丞宋昌言議。開二股河導水東流。才及六分。而北流閉。河自其南四十里東汜大名恩德滄永靜五州軍境。

北流 東流

按正月司馬光入對請如宋昌言策於二股河之西置上約擗水令東俟東流漸深北流淤淺即塞北流放出御河胡盧河下紓恩冀深瀛以西之患初商胡決自魏之北至恩冀乾寧入於海是謂北流嘉祐八年河流派於渭之第六埽遂爲二股自渭恩東至德滄入於海是謂東流時議者多不同李立之力主生隄帝不聽卒用昌言置上約三月光奏治河當因地勢水形若強用人力引使就高橫立隄防則逆激旁潰不惟無成仍敗舊績臣慮官吏見東流已及四分急於見功遽塞北流而不知二股分流十里之內相去尚近地勢復東高西下若河流併東一遇盛漲水勢復西入北流則東流遂絕或入滄德堤埽未成之處決溢橫流雖除西路之患而害及東路非策也宜專護上約及二股堤岸若今歲東流止添二分則北去河勢自東近者二三年

遠者四五年候及八分以上河流衝刷已闊滄德堤埽已固自然北流日減可以閉塞兩路俱無害矣會北京留守韓琦言今歲兵夫數少而金堤兩埽修上下約甚急深進馬頭欲奪大河緣二股及嫩灘舊闊千一百步是可以容漲水今截去八百步有餘則將束大河於二百餘步之間下流既壅上流蹙遏湍怒又無兵夫修護堤岸其衝決必矣況自德至滄皆二股下流既無堤防必侵民田謂若河門束狹不能容納漲水上下約隨流而脫則二股與北以爲一其患愈大又恩深州所創生堤其東則大河西來其西則西山諸水東注腹背受水兩難扞禦望選近臣速至河所與在外官合議帝在經筵以琦奏諭光命同茂則再往四月光與張鞏李立之宋昌言張問呂大防程昉行視上約及方鋸牙濟河集議于下約光等奏二股河上約並在灘上不

礙河行。但所進方鋸牙已深。致北流河門稍狹。乞減折二十步。令進後仍作蛾眉以裹護。其滄德界有古遥堤。當加葺治。所修二股本欲疏導河水東去。生堤本欲扞禦河水西來。相爲表裏。未可偏廢。帝因謂二府曰、韓琦頗疑修二股。趙抃曰、人多以六塔爲戒。王安石曰。異議者皆不考事實故也。帝又謂程昉宋昌言同修二股。如何。安石以爲可治。帝曰、欲作簽河甚善。安石曰、誠然。若及時作之。往往河可東。北流可閉。因言李立之所築生堤去河遠者至八九十里。本欲以禦漫水。而不可禦河南之向著。臣恐漫水亦不可禦也。帝以爲然。五月丙寅。乃詔立之乘驛赴闕議之。六月戊申。命司馬光都大提舉修二股工役。呂公著言。朝廷遣光相視董役。非可以褒崇近職待遇儒臣也。乃罷光行。七月。二股河通快。北流稍自閉。戊子。張鞏奏上約累經汎漲。并下

約各已無虞。東流勢漸順快。宜塞北流。除恩冀深瀛永静乾寧等州軍水患。又使御河胡盧河下流各還故道。則漕運無遇壅。動傳無滯流。塘泊無淤淺。復於邊防大計不失南北之限。歲減費不可勝數。亦使流移歸復。實無窮之利。且黄河所至。古今未嘗無患。較利害輕重而取舍之可也。惟是東流南北。堤防未立。閉口修堤。工費甚夥。所當預備。望選習知河事者與臣等講求其圖以聞。乃復詔光茂則及都水監官河北轉運使司相度閉塞北流利害。有所不同。各以議上。八月己亥。光入辭。言鞏等欲塞二股河北。臣恐勞費未易勝。幸而可塞。則東流淺狹。隄防未全。必致決溢。是移恩冀深瀛之患於滄德等州也。不若俟二三年。東流益深闊。堤防稍固。北流漸淺。薪芻有備。塞之便。帝曰、東流北流之患孰輕重。光曰、兩地皆王民。無輕重。然北流已殘破。東流

流移謂流亡移徙之人戶也

尙全。帝曰、今不俟東流順快而塞北流。他日河勢改移奈何。光曰、上約固則東流日增。北流日減。何憂改移。若上約流失。其事不可知。惟當併力護上約耳。帝曰、上約安可保。光曰、今歲創修。誠爲難保。然昨經大水而無虞。來歲地脚已牢。復何慮。且上約居河之側。聽河北流猶懼不保。今欲橫截使不行。庸可保乎。帝曰、若河水常分二流。何時當有成功。光曰、上約苟存。東流必增。北流必減。借使分爲二流。於張鞏等不見成功。於國家亦無所害。何則、西北之水。併於山東。故爲害大。分則少矣。鞏等亟於塞北流。皆爲身謀。不顧國力與民患也。帝曰、防扞兩河。何以供億。光曰、併于一則勞費自倍。分二流則勞費減半。今減北流財力之半。以備東流。不亦可乎。帝曰、卿等至彼視之。時二股河東流及六分。鞏等因欲閉斷北流。帝意嚮之。光爲以須及八分乃可。仍待

其自然。不可施功。王安石曰、光議事屢不合。今令視河。後必不從其議。是重使不安職也。庚子、乃獨遣茂則。奏二股河東傾已及八分。北流止二分。張鞏等亦奏、丙午大河東徙。北流淺小。戊申、北流閉。詔獎諭司馬光等。仍賜衣帶馬。時北流既塞。而河自其南四十里許家港東決。汎濫大名恩德滄永靜五州軍境。

熙寧三年（西曆紀元一千〇六十年）二月命茂則鞏相度澶滑州以下至東流河勢堤防利害。時方濬御河。韓琦言事有緩急。工有後先。今御河漕運通駛。至未有害。不宜減大河之役。乃詔輟河夫卒三萬三千專治東流。是時人爭言導河之利。茂則等謂二股河北最下。而舊防可因。今湮塞者纔三十餘里。若度河之湍淺而逆之。又存清水鎭河以折其勢。則悍者可回。決者可塞。帝然之。十二月、令河北轉

潟鹵今俗所謂城地也出史記貨殖傳

鐵龍爪揚泥車法

濬川杷

運司開修二股河上流幷修塞第五埽決口。熙寧五年〇六十二年西曆紀元一千二月甲寅興役四月丁卯二股河成深十一尺廣四百尺方浚河則稍障其決水至是水入于河而決口亦塞六月河溢北京夏津閏七月辛卯帝語執政聞京東調夫修河有壞產者河北調急夫尤多若河復決奈何且河決不過占一河之地或東或西若利害無所較聽其所趨如何王安石曰北流不塞占公私田至多又水散漫久復澱塞昨修二股費至少而公私田皆出向之潟鹵俱爲沃壤庸非利乎況急夫已減於去歲若復葺理堤防則河北歲夫愈減矣帝從之

熙寧六年〇六十三年西曆紀元一千選人李公義獻鐵龍爪揚泥車法以濬河。按其法用鐵數斤爲爪形以繩繫舟尾而沉之水篙工急擢乘流相繼而下一再過水已深數尺宦官黃懷信以爲可用而患其太輕王安石請令懷信公義同議增損乃別制濬川杷其法以巨木長八尺齒長二尺列于木下如杷狀以石壓之兩傍繫大繩兩端矴大船相距八十步如用滑車絞之去來撓蕩泥沙又移船而濬或謂水深則杷不能及底雖數往來無益水淺則齒礙沙泥曳之不動卒乃反齒向上而曳之人皆知不可用惟安石善其法使懷信先試之以濬二股又謀鑿直河數里以觀其效且言于帝曰開直河則水勢分其不可開者以近河每開數尺卽見水不容施功爾今第見水卽以杷濬之水當隨杷改趨直河苟置數千杷則諸河淺澱皆非所患歲可省開濬之費千萬帝曰果爾甚善聞河北小軍壘當起夫五千合境之丁僅及此數一夫至用錢八緡故歐陽修嘗謂開河如放火不開如失火與其勞

人不若勿開安石曰勞人以除害所謂毒天下之民而從之者帝乃許春首興工而賞懷信以度僧牒十五道公義與堂除以杷法下北京令虞部員外郎都大提舉大名府界金堤范子淵與通判知縣共試驗之皆言不可用會子淵以事至京師安石問其故子淵意附會遽曰法誠善第同官議不合耳安石大悅至是乃置濬河司將自衛州濬至海口差子淵都大提舉公義爲之屬許不拘常制舉使臣等入船木鐵工匠皆取之諸埽官吏俸給視都水司監丞司行移與監司敵體當是時北流閉已數年水或橫決散漫常虞遏壅十月外監丞王令圖獻議於北京第四第五埽等處開修直河使大河還二股故道乃命范子淵及朱仲立領其事開直河深八尺又用杷疏濬二股及清水鎮河凡退背魚肋河則塞之王安石乃盛言用杷之功若不輟工雖二股河上流可使行地中

熙寧七年（西曆紀元一千〇六十四年）命都水詰官吏不以災聞者外都水監丞程昉以憂死

都水監丞劉璯言自開直河閉魚肋水勢增漲行流湍急漸塌河岸而許家港清水鎮河極淺慢幾于不流雖二股深快而蒲泊已東下至四界首退出之田略無固護設遇漫水出岸牽迴河頭將復成水患宜候霜降水落閉清水鎮河築縷河堤一道以遏漲水使大河復循故道又退出良田數萬頃俾民耕種而博州界堂邑等退背七埽歲減修護之費公私兩濟從之是秋判大名文彥博言河溢壞民田多者六十村戶至萬七千少者九村戶至四千六百願蠲租稅從之

黃河南北分流之始

熙寧九年（西曆紀元一千〇六十六年）河決澶州曹村。澶淵北流斷絕。河道南徙。東會於梁山張澤濼分爲二渠。一合南清河入淮。一合北清河入海。次年塞之。

按山東通志謂此黃河南北分流之始。南清河爲古泗水。北清河卽大清河。

志又謂凡灌郡縣四十五。而濮齊鄆徐尤甚。遣使修閉。

又按次年文彥博上言。臣正月嘗奏德州河底淤澱。泄水稽滯。上流必至壅遏。又河勢變移。四散漫流。兩岸俱被水患。若不預爲經制。必溢魏博恩澶等州之境。而都水略無施設。止固護東流北岸而已。適累年河流低下。官吏希省費之賞。未嘗增修堤岸。大名諸埽。皆可憂虞。謂如曹村一埽。自熙寧八年至今三年。雖每計春料當培低怯。而有司未嘗如約。其埽兵又皆給他役。實在者十有七八。今者果大決溢。此非天災。實人力不至也。臣前論此并乞審

擇水官。令河朔京東州縣人被患者莫知其數。嗷嗷籲天。上軫聖念。而水官不能自訟。猶汲汲希賞。臣前論所陳。出于至誠。本圖補報。非敢激訐也。初議塞河也。故道堙而高。水不得下。議者欲自夏津縣東開簽河入黃。以護舊河袤七十里九十步。又自張村埽直東築堤至龐家莊古堤。袤五十里二百步。詔樞密都承旨韓縝相視。縝言漲水衝刷。新河已成河道。河勢變移無常。雖開河就堤。河及於身。瓶立生堤。枉費功力。惟增修新河。乃能經久。詔可。

元豐元年（西曆紀元一千〇六十八年）決河塞。新堤成。十一月。都水監言。自曹村決口溢。諸埽無復儲蓄。乞給錢二千萬緡。下諸路以時木稍草封樁。詔給十萬緡。非朝旨及埽岸危急。毋得擅用。

元豐二年（西曆紀元一千〇六十九年）七月。戊子。范子淵言。因護黃河岸畢工。乞中分爲兩

埽。詔以廣武上下埽爲名。

元豐三年（西曆紀元一千〇七十年）七月、庚午、河決澶州北外。監丞陳祐甫謂商胡決三十餘年。所行河道。填淤漸高。堤防歲增。未免汎濫。今當修者有三。商胡一也。橫隴二也。禹舊跡三也。然商胡橫隴故道。地勢高平。土性疏惡。皆不可復。復亦不能持久。惟禹故瀆尚存在大伾太行之間。地卑而勢固。故祕閣校理李垂與今知深州孫民先皆有修復之議。望詔民先同河北漕臣一員。自衞州王供埽按視。訖於海口。從之。

元豐四年（西曆紀元一千〇七十一年）澶州小吳埽復決。自澶注入御河。恩州大水。自大名至瀛州。築隄河復北流。六月、戊午、詔東流已填淤不可復。將來更不修閉小吳決口。候見大河歸納。應合修立隄防。令李立之經畫以聞。

按帝謂輔臣曰。河之爲患久矣。後世以事治水。故嘗有礙。夫水之趨下。乃其性也。以道治水。則無違其性可也。如能順水所向。遷徙城邑以避之。復有何患。雖神禹復生。不過如此。輔臣皆曰。誠如聖訓。河北東路提點刑獄劉定言。王莽河一經水。自大名界下合大流注冀州。及臨清徐曲御河決口恩州趙村壩決口。兩經水亦注冀州城。若遂成河道。卽大流難以西傾。全與李垂孫民先所論違背。望早經制。詔送李立之。八月、壬午、立之言。臣自決口相視河流。至乾寧軍分入東西兩塘。次入界河。於劈地口入海。通流無阻。宜修立東西隄。詔覆計之。而言者又請自王供埽上添修南岸。於小吳口北創修遙隄。候將來礬山水下。決王供埽。使直河注東北滄州界。或南或北。從故道入海。不注。九月、庚子、立之又言。北京南樂館陶宗城魏縣淺口永濟延安鎮瀛洲景城鎮在大河兩隄之間。乞相度遷於隄外。於是用其說。分立東西兩隄五十九埽。定三等、向著河勢正著堤身爲第一。河勢順流堤下爲第二。河離一里內爲第三。退背亦三等、隄去河最遠爲第一。次遠者爲第二。次近一里以上爲第三。立之在熙寧初。已主立隄。今竟行其言。

元豐五年西曆紀元一千〇七十二年 河決鄭州原武埽。入原武溝刁馬河歸納梁山濼。詔大治之。

按正月、己丑詔立之凡爲小吳決口所立隄防。可按視河勢向背應置埽處。毋虛設巡河官。毋橫費工料。六月、詔曰。原武決口已奪大河四分以上。不大治之。將貽朝廷巨憂。其輟修汴河岸隄司兵五千。併力築隄修閉。都水復言兩馬頭墊落水面闊二十五步。天寒。乞候來春施工。至臘月竟塞。九月、河溢

滄州南皮上下埽。又溢清池埽。又溢永靜軍阜城下埽。十月、辛亥、提舉汴河隄岸司言洛口廣武埽大河水漲塌岸。壞下鋪斗門。萬一入汴。人力無以支吾。密邇都城。可不深慮。詔都水監官速往護之。丙辰、廣武上下埽危急。詔救護。尋獲安定。

元豐七年西曆紀元一千〇七十四年 七月、河溢北京。

按臣王拱辰言河水暴至。數十萬衆號叫求救。而錢穀稾轉運。常平歸提舉。軍器工匠隸提刑。埽岸物料兵卒卽屬都水監。逐司在遠。無一得爲。倉卒何以濟民。望許不拘常制。詔事干機速。奏覆牒稾所屬不及者。如所請。戊申、命拯護陽武埽。十月、冀州王令圖奏大河行流散漫。河內殊無緊流。旋生灘磧。宜令澶州相視水勢。使之復故道。會明年春。宮車晏駕。大抵熙寧初。專欲導

宋時治河雖以黨見排擠傾陷無所不至頗爲王蘇輩惜之

東流。閉北流。元豐以後、因河決而北。議者始欲復禹故跡。神宗愛惜民力。思順水性。而水官難其人。王安石力主程昉范子淵故。二人尤以河事自任。帝雖藉其才。然每抑之。其後元裕元年、子淵已改司農少卿。御史呂陶劾其修隄開河。糜費巨萬。護隄壓埽之人。溺死無數。元豐六年興役。至七年功用不成。乞行廢放。於是黜知兗州。尋降知峽州。其制略曰、汝以有限之材。興必不可成之役。驅無辜之民。置之必死之地。中書舍人、蘇軾、詞也。元豐八年（西曆紀元一千〇七十五年）知澶州王令圖建議濬迎陽埽舊河。又於孫村金隄置約。復故道。本路轉運使范子奇仍請於大吳北岸修進鋸牙。擗約河勢。於是回河、東流之議起。

哲宗元祐元年（西曆紀元一千〇七十六年）二月、乙丑、詔未得雨澤。權罷修河。放諸路兵夫。九月、丁丑詔祕書監張問相度河北水事。十月、庚寅、又以王令圖領都水。同問行河。

十一月、丙子、問言臣至滑州決口相視。迎陽埽至大小吳。水勢低下。舊河淤仰。故道難復。請於南樂大名埽開直河。并簽河分引水勢入孫村口。以解北京向下水患。令圖亦以爲然。於是減水河之議復起。既從之矣。會北京留守韓絳奏引河近府非是。詔問別相視。

元祐二年（西曆紀元一千〇七十七年）二月、令圖問欲必行前議。朝廷又從之。三月、令圖死。以王孝先代領都水。亦請如令圖議。

右司諫王覿、言河北人戶轉徙者多。朝廷責郡縣以安集。空倉廩以賑濟。又遣專使察視之。恩德厚矣。然耕耘是時。而流轉於道路者不已。二麥將熟而寓食於四方者未還。其故何也。蓋亦治其本矣。今河之爲患三。汎溢淳滀。漫無涯涘。吞食民田。未見窮已。一也。緣邊漕運。獨賴御河。河既淤澱。轉輸艱梗。二也。塘泊之設。以限南北。濁水所經。即爲平陸。三也。欲治三患。在遴擇都水轉運而責成耳。今轉運使范子奇反覆求合。都水使者王孝先暗繆望。別擇人時知樞密院事安燾深以東流爲是。兩疏言朝廷久議回河。獨憚勞費。不顧大患。蓋自小吳未決以前。河入海之地雖屢變移。而盡在中國。故京師恃以北限強敵。景德澶淵之事可驗也。且河決每西。則河尾每北。河流既益西決。固已北抵境上。若復不止。則南岸遂屬遼界。彼必爲橋梁。守以州郡。如慶曆中因取河南熟戶之地。遂築軍以窺河外。已然之效如此。蓋自河而南。地勢平衍。直抵京師。長慮却顧。可爲寒心。又朝廷指東南之利。半以宿河北重

兵。備預之意深矣。使敵能至河南。則邈不相及。今欲便於治河而緩於設險。非計也。王巖叟亦言、朝廷知河流爲北道之患日深。故遣使命水官相視。便利。欲順而導之。以拯一路生靈於墊溺。甚大惠也。然昔者專使未還。不知何疑而先罷議。專使反命。不知何所取信而議復興。既較都水使者總護役事。調兵起工。有定日矣。已而復罷。數十日間。變議者再三。何以示四方。今有大害七。不可不早爲計。北塞之所恃以爲險者在塘泊。黄河湮之。猝不可濬。浸北塞險固之利。一也。橫遏西山之水。不得順流而下。蹙溢於千里。使百萬生齒居無廬。耕無田。流散而不復。二也。乾寧孤壘。危絶不足道。而大名深冀心腹郡縣。皆有終不自保之勢。三也。滄州扼北敵海道。自河不東流。滄州在河之南。直抵京師。無有限隔。四也。并吞御河。邊城失轉輸之便。五也。河北轉運

司歲耗財用。陷租賦。以百萬計。六也。六七月之間。河流交漲。占沒西路。阻絕遼使。進退不能。朝以爲憂。七也。非此七害。委之可緩。而未治可也。且去歲之患也甚。前歲今歲又甚焉。則奈何。望深詔執政大臣。早決河議。而責成之。太師文彥博、中書侍郎呂大防皆主其議。中書舍人蘇轍謂右僕射呂公著曰、河決而北。先帝不能回。而諸公欲回之。是自謂智勇勢力過先帝也。盍因其舊而修其未備乎。公著唯唯。於是三省奏自河北決。恩冀以下。數州被患。至今未見開修的確利害。致妨興工。乃詔河北轉運使副、限兩月同水官講議奏聞。十一月講議官皆言。令圖問相度開河。取水入孫村口。還復故道。處測量得流分尺寸。取引不過其說。難行。十二月、張景先復以問說爲善。果欲回河。惟北京以上。滑州而下爲宜。仍於孫村濬治橫河舊隄。止用逐埽人兵物

料。并年例客軍春夫。漸爲之可也。朝廷是其說。

元祐三年（西曆紀元一千〇七十八年）六月、戊戌、乃詔黃河未復故道。終爲河北之患。王孝先等所議、已嘗興役。不可中罷。宜接續工料。向去決要回復故道。三省樞密院速與商議施行。

右相范純仁言。聖人有三寶。曰慈。曰儉。曰不敢爲天下先。蓋天下大勢。惟人君所向。羣下競趨。如川流山摧。小失其道。非一言一力可回。故居上者不可不謹也。今聖意已有所向。而爲天下先矣。乞諭執政。前日降出文字。却且進入。免希合之臣。妄測聖意。輕舉大役。尚書王存等亦言使大河決可東回而北流遂斷。何惜勞民費財。以成經久之利。今孝先等自未有必然之論。但僥倖萬一。以冀成功。又預求免責。若遂聽之。將有噬臍之悔。乞望選公正近臣

語本老子道德經

及忠實內侍履行按視。審度可否。興工未晚。庚子、三省樞密院奏事延和殿
文彥博呂大防安燾等謂河不東則失中國之險。爲契丹之利。范純仁王存
胡宗愈則以虛費勞民爲憂。存謂今公私財力困匱。惟朝廷未甚知者。賴先
帝時封樁錢物可用耳。外路往往空乏。奈何起數千萬物料兵夫。圖不可必
成之功。且御契丹得其道。則自景德至今八九十年。通好如一家。設險何禦
焉。不然、如石晉末耶律德先犯闕。豈無黃河爲阻。況今河流未必便衝過北
界耶。太后、曰且熟議。明日純仁又進四不可之說。且曰、北流數年未爲大患。
而議者恐失中國之利。先事回改。正如頃西夏本不爲邊患。而好事者以爲
恐失機會。遂興靈武之師也。臣聞孔子論爲政曰先有司。今水官未嘗保明。
而先示決欲回河之旨。他日敗事。是使之得以藉口也。存宗愈亦奏、昨親聞

結罪謂自具誤甘伏罪結狀

德音。更令熟議。然累日猶有未同。或令建議者結罪任責。臣等本謂建議之
人。思慮有未逮。故乞差官覆按。若但使之結罪。彼所見不過如此。後或誤事。
加罪何益。臣非不知何決北流爲患非一。淤沿邊塘泊。斷御河漕運。失中國
之險。遏西山之流。若能全回大河。使縣孫村故道。豈非上下通願。但恐不能
成功。爲患甚於今日。故欲選近臣按視。若孝先之說決可成。則積聚物料。接
續興役。如不可爲。則令沿河踏行。自恩魏以北塘泊以南。別求可以疏導歸
海去處。不必專主孫村。此亦三省共曾商量。望賜詳酌。存又奏自古惟有導
河并塞河。導河者順水勢自高導令就下。塞河者爲河隄決溢修塞令入河
耳。不聞幹引大河令就高行流也。乞收回戊戌詔書。戶部侍郎蘇轍中書舍
人曾肇各三上疏。轍大略言、黃河西流議復故道。事之經歲役兵二萬聚稍

椿等物三十餘萬方河朔災傷困弊而興必不可成之功吏民竊歎今回河大議雖寢然聞議者固執來歲開河分水之策今小吳決口入地已深而孫村所開丈尺有限不獨不能回河亦必不能分水況黃河之性急則通流緩則淤澱既無東西皆急之勢安有兩河並行之理縱使兩河並行未免各立隄防其費又倍矣今建議者其說有三臣請析之一曰御河湮滅失饋運之利昔大河在東御河自懷衛經北京漸歷邊郡饋運既便商賈通行自河西流御河湮滅失此大利天實使然今河自小吳北行占壓御河故地雖使自北京以南析而東行則御河湮滅已一二百里何緣復見此御河之說不足聽也二曰恩冀以北漲水為害公私損耗臣聞河之所行利害相半蓋水來雖有敗田破稅之害其去亦有淤厚宿麥之利況故道已退之地桑麻千里

賦役全復此漲水之說不足聽也三曰河徙無常萬一自契丹界入海邊防失備按河昔在東自河以西郡縣與契丹接境無山河之限邊臣建為塘水以扞契丹之衝今河既西則西山一帶契丹河行之地無幾邊防之利不言可知然議者尚恐河復北徙則海口出契丹界中造舟為梁便於南牧臣聞契丹之河自北南注以入於海蓋地形北高河無北徙之道而海口深浚勢無徙移此邊防之說不足聽也臣又聞謝卿材到闕昌言黃河自小吳決口乘高注北水勢奔決上流隄防無復決怒之患朝廷若以河事付臣不役一夫不費一金十年保無河患大臣以其異己罷歸而使王孝先俞瑾張景先三人重畫回河之計蓋緣元老大臣重於改過故假契丹不測之憂以取必於朝廷雖遣百祿等出按利害然未敢保其不覩望風旨也願亟回收買稍

草指揮來歲勿調開河役兵。使百祿等明知意所偏係。不至阿附以誤國計。肇之言、曰數年以來。河北京東淮南災傷。今歲河北並邊稍熟。而近南州軍皆旱。京東西淮南饑殍瘡痍。若來年雖未大興河役。止令修治舊隄。開減水河。亦須調發丁夫。本路不足。則及鄰路。鄰路不足。則及淮南。民力果何以堪。民力未堪。則雖有囘河之策。及稍草先具。將安施乎。會百祿等行視東西二河。亦以爲東流高仰。北流順下。決不可囘。卽奏、曰往者王令圖張問欲開引水簽河導水入孫村口。還復故道。議者疑焉。故置官設屬。使之講議。既開撅井筒。折量地形。水面尺寸高下。顧臨王孝先張景先唐義問陳祐之皆謂故道難復。而孝先獨叛其說。初乞先開減水河。俟行流通快。新河勢緩。人工物料豐備。徐議閉塞北流。已而召赴都堂。則又請以二年爲期。及朝廷詰其成功遽。云來年取水入孫村口。若河流順快。工料有備。便可閉塞。囘復故道。是又不竢新河勢緩矣。囘河事大。寧容異同如此。蓋孝先愈瑾等知用物料五千餘萬。未有指擬。見買數計。終、歲未及毫釐。度事理終不可爲。故爲大言。又云若失此時。或河勢移背。豈獨不可減水。卽永無囘河之理。臣等竊謂河流轉徙。迺其常事。水性就下。固無一定。若假以五年。休養數路民力。沿河積材。漸濬故道。葺舊隄。一旦流勢改變。審議事理。釃爲二渠。分派行流。均減漲水之害。則勞費不大。功力易施。安得謂之一失此時。永無囘河之理也。

元祐四年（西曆紀元一千〇七十九年）七月、己巳朔、冀州南宮等五埽危急。詔撥提舉修河司物料百萬與之。

正月、癸未、百祿等使回入對。復言修減水河役過兵夫六萬三千餘人。計五百三十萬工。費錢糧三十九萬二千九百餘貫石四兩。收買物料錢七十五萬三百餘緡。用過物料二百九十餘萬條束。官員使臣軍大將凡一百一十餘員。請給不預焉。願罷有害無利之役。挪移工料繕築西隄。以護南決口。未報。己亥、乃詔罷河及修減水河。四月戊午、尚書省言。大河東流爲中國之要險。自大吳決後。繇界河入海。不惟淤壞塘濼。兼濁水入界河。向去淺澱。則河必北流。若河尾直注北界入海。則中國全失險阻之限。不可不爲深慮。詔范百祿趙君錫條畫以聞。百祿等言。臣等昨按行黃河獨流口至界河。又東至海口。熟觀河流形勢。幷緣界河至海口鋪砦地分使臣各稱。界河未經黃河行流已前。闊一百五十步。下至五十步。深一丈五尺。下至一丈。自黃河行流之後。今闊至五百四十步。次亦三二百步。深者三丈五尺。次亦二丈。乃知水就下行疾。則自刮除成空而稍深。與前漢書大司馬史張戎之論正合。自元豐四年河出大吳。一向就下。衝入界河。行流勢如傾建。經今八年。不舍晝夜。衝刷界河。兩岸日漸開闊。連底成空。趨海之勢甚迅。雖遇元豐七年八年元祐四年汎漲非常。而大吳以上數百里。終無決溢之害。此乃下流歸納處河流深快之驗也。塘濼有限遼之名。無禦遼之實。今之塘水又異昔時。淺足以褰裳而涉。深足以維舟而濟。冬寒冰堅。尤爲坦途。如滄州等處。商胡之決。即已澱淤。今四十二年。迄無邊警。亦無人言以爲深憂。自回河之議起。首以此動煩聖聽。殊不知大吳初決。水未有歸。猶不北去。今入海湍迅。界河益深。尚復何慮。藉令有此。則中國據上游。契丹豈不慮乘流擾之乎。自古胡那蕭關雲中朔方定襄雁門二郡太原右北平之間。南北往來之衝。豈塘濼界河之足限哉。臣等竊謂本朝以來。未有大河安流。合於禹迹。如此之利便者。其界河向去。只有深闊。加以朝夕海潮往來。渲蕩必無淺澱。河尾安得直注北界。中國亦無全失險阻之理。且河遇平壤。慢灘行流。稍遲則泥沙留淤。若趨深走下。湍激奔騰。惟有刮除。無繇淤積。不至上煩聖慮。七月、甲午、都水監言、河爲中國患久矣。自小吳決後。汎濫未著河槽。前後遣官相度非一。終未有定論。以爲北流無患。則前之豐河決南宮下埽。去三年決上埽。今四年決宗城中埽。豈非北流可保無虞。以爲大河臥東。則南宮宗城皆在西岸。以爲臥西則冀州信都恩州清河武邑。或決皆在東岸。要是大河千里。未見歸納經久之計。所以昨相度第三第四鋪。分決漲水。少紓目前之患。繼又宗城決溢。向下包蓄不定。雖欲不爲東流之計。不可得也。河勢未可全奪。故爲二股之策。

今相視新開第一口。水勢湍猛。發洩不及。已不候工畢。更撥沙河隄第一口。泄減漲水。因而二股分行。以紓下流之患。雖未保冬夏常流。已見有可爲之勢。必欲經久。遂作二股。仍較今所修利害孰爲輕重。有司具析保明以聞。八月、丁未、翰林學士蘇轍言、夏秋之交。暑雨頻併。河流暴漲出岸。繇孫村東行。蓋每歲常事。而李偉與河埽使臣因此張皇。以分水爲名。欲發回河之議。都水監從而和之。河事一興。求無不可。況大臣以其符合己說而樂聞乎。臣聞河道西行孫村側左。大約入地二丈以來。今所報漲水出岸。繇新開口地東入孫村。不過六七尺。欲因六七尺漲水。而奪入地二丈河身。雖三尺童子知其難矣。然朝廷遂爲之遣都水使者。興兵功。開河道。進鋸牙。欲約之使東。方河水盛漲。其西行河道若不斷流。則遏之東行。實同兒戲。臣願急命有司。徐觀水勢所向。依累年漲水舊例。因其東溢。引入故道。以紓北京朝夕之憂。故道隄防壞決者。第略加修葺。免其決溢而已。至於開河進約等事。一切毋得興功。俟河勢稍定。然後議。不過一月。漲水既落。則西流之勢。決無移理。兼聞孫村出岸漲水。今已斷流。河上官吏。未肯奏知耳。是時吳安特與李偉力主東流。而謝卿材謂近歲河流稍行地中。無可回之理。上河議一編。召赴政事堂會議。大臣不以爲然。癸丑、三省樞密院言。繼日霖雨。河上之役。恐煩聖慮。太后曰。訪之外議。河水已東復故道矣。乙丑。李偉言已開撥北京南沙河直隄第三鋪。放水入孫村口。故道通行。又言大河已流。既更不須開淘。因昨來一決之後。東流自是順決。渲刷漸成港道。見今已爲二股。約奪大河三分以東。若得夫二萬。於九月興工。至十月寒凍時可畢。因引導河勢。豈止爲二股

通行而已。亦將遂爲回奪大河之計。今來既因擗撥東流。修全鋸牙。當迤邐增進一埽而取一埽之利。比至來年春夏之交。遂可全復故道。朝廷今日當極力必閉北流。乃爲上策。若不明詔有司。即令回河深。恐上下遷延。議終不決。觀望之間。遂失機會。乞復置修河司。從之。

元祐五年西曆紀元一千〇八十年九月。中丞蘇轍乞罷修河司。

按正月丁亥。梁燾言朝廷治河。東流北流。本無一偏之私。今東流未成。邊北之州縣未至受患。其役可緩。北流方悍。邊西之州縣日夕可憂。其備宜急。今傾半天下之力。專言東流。而不加一夫一草於北流之上。得不誤國計乎。去年屢決之害。全繇隄防無備。臣願嚴責水官。修治北流埽岸。使一方均被惻隱之恩。二月、己亥。詔開修減水河。辛丑。乃詔三省樞密院。去冬愆雪。今未得

雨。外路旱暵闊遠。宜權罷修河。戊申、蘇轍言臣去年使契丹。過河北見州縣官吏。訪以河事。皆相視不敢正言。及今年正月。還自契丹。所過吏民方舉手相慶。皆言近有朝旨。罷回河大役。命下之日。北京之人。驩呼鼓舞。惟減水河役。遷延不止。耗蠹之事。十存四五。民間竊議。意大臣業已爲此。勢難遽回。既爲聖鑒所臨。要當迤邐盡罷。今月六日。果蒙聖旨。以旱災爲名。權罷修黃河。候今秋取責大臣覆奏。盡罷黃河東北流及諸河工役。民方憂旱。聞命踊躍。實荷聖恩。然臣竊詳聖旨。上合天意。下合民心。因水之性。功力易就。天語激切。中外聞者。或至泣下。而大臣奉行不得其平。繇此觀之。則是大臣所欲。雖害物而必行。陛下所爲。雖利民而不聽。至於委曲回避。巧爲之說。僅乃得行。君權已奪。國勢倒植。臣所謂君臣之間。逆順之際。大爲不便者。此事是也。黃河既不可復回。則先罷修河司。只令河北轉運司盡將一道兵功。修北流隄岸。罷吳安持、李偉都水監差遣。正其欺罔之罪。使天下曉然知聖意所在。如此施行。不獨河事就緒。天下臣庶。自此不敢以虛誑欺朝廷。弊事庶幾漸去矣。八月甲辰、提舉東流故道李偉言。大河自五月後。日益暴漲。始繇北京南沙隄第七鋪決口。水出於第三第四鋪。并清豐口一併東流。故道河槽深三丈至一丈以上。比去年尤爲深快。頗減北流横溢之患。然今已秋深。水當減落。若不稍加措置。慮致斷絶。即東流遂成淤澱。望下所屬官司。經畫沙隄等口。分水利害。免淤故道。上誤國事。詔吳安持與本路監司。北外丞司及李偉按視。具合措置事。連書以聞。九月、蘇轍言。修河司若不罷。李偉若不去。河水終不得順流。河溯生靈。終不得安居。

元祐六年（西曆紀元一千〇八十一年）四月、庚子、敕竄責李偉。

元祐七年（西曆紀元一千〇八十二年）三月、以吏部郎中趙偁權河北轉運使。

偁素與安持等議不協。嘗上河議。其略曰、自頃有司回河幾三年。功費騷動半天下。復爲分水。又四年矣。故所謂分水者。因河流相地勢導而分之。今乃橫截河流。置埽約以扼之。開濬河門。徙爲淵澤。其狀可見。況故道千里。其間又有高處。故累歲漲落。輒復自斷。夫河流有逆順。地勢有高下。非朝廷可得而見。職在有司。朝廷任之。亦信矣。患有司不自信耳。臣謂當繕大河北流兩隄。復修宗城棄隄。閉宗城口。廢上下約。開闞村河門。使河流湍直。以成深道。聚三河工費以治一河。一二年可以就緒。而河患庶幾息矣。願以河事并都水條例一付轉運司。而總以工部。罷外丞司使。措置歸一。則職事可舉。弊事

可去。四月、詔南北外兩丞司管下河埽。今後令河北京西轉運使副判官府界提點分認界至。內河北仍於銜內帶兼管南北外都水公事。十月、辛酉、以大河東流。賜都水使者吳安持三品服。北都水監丞李偉再任。

元祐八年（西曆紀元一千〇八十三年）二月、乙卯、三省奉旨北流軟堰並依都水監所奏。

門下侍郎蘇轍奏、臣嘗以謂軟堰不可施於北流。利害甚明。蓋東流本人力所開。闊止百餘步。冬日河流斷絕。故軟堰可爲。今北流是大河正流。比之東流。何止數倍。見今河水行流不絕。軟堰何繇能立。蓋水官之意。欲以軟堰爲名。實作硬堰。陰爲回河之計耳。朝廷既以覺其意。則軟堰之請。不宜復從。趙偁亦上議曰、臣竊謂河事大利害有三。而言者互進其說。或見近忘遠。徼幸盜功。或取此捨彼。講張昧理。遂使大利不明。大害不去。上惑朝聽。下滋民患。

橫役枉費。殆無窮已。臣切痛之。所謂大利害者。北流全河。患水不能分也。東流分水。患水不能行也。宗城河決。患水不能閉也。是三者去其患。則爲利。未能去則爲害。今不謀此。而議欲專閉北流。止知一日可閉之利。而不知異日旣塞之患。止知北流伏槽之水易爲力。而不知闞村方漲之勢未可弁以入東流也。夫欲合河以爲利。而不恤上下壅潰之害。是皆見近忘遠。徼倖盜功之事也。有司欲斷北流而不執其咎。乃引分水爲說。姑爲軟堰。知河衝之不可以軟堰禦。則又爲決堰之計。臣恐枉有工費。而以河爲戲也。請俟漲水伏槽。觀大河之勢。以治東流北流、五月。水官卒請進梁村上下約。東狹河門。旣涉漲水。遂壅而潰。南犯德淸。西決內黃。東淤梁村。北出闞村。宗城決口復行魏店。北流因淤遂斷。河水四出。壞東郡浮梁、十二月丙寅。監察御史郭知章

言。臣比緣使事至河北。自澶州入北京。渡孫村口。見水趨東者。河甚闊而深。又自北京往洺州。過楊家淺口。復渡見水之趨北者。纔十之二三。然後知大河宜閉北行東。乞下都水監相度。於是吳安持復兼領都水。即建言近準朝旨。已堰斷魏店刺子向下北流一股。斷絕。然東西未有堤岸。若漲水稍大。必被灘漫出。則平流在北京恩州界。爲害愈甚。乞塞梁村口。縷張包口。開淸豐口以東雞爪河。分殺水勢。呂大防以其與己意合。向之。詔同北京留守相視。范純仁復爲右相。與蘇轍力以爲不可。遂降旨令都水監與本路安撫轉運提刑司共議。可則行之。有異議。速以聞。是時轉運使趙偁深不以爲然。提刑上官均頗助之。

紹聖元年（西曆紀元一千〇八十四年）都水使者王宗望奏。築金隄七十里。障北流使東還

文彥博呂大防拔吳安持爲都水使者委以東流之事

故道。

按正月趙偁爲轉運使上言曰、河自孟津初行平地。必須全流。乃成河道。禹之治水。自冀北抵滄棣。始播爲九河。以其近海。無患也。今河自橫隴六塔商胡小吳。百年之間。皆從西決。蓋河徙之常勢。而有司置埽創約。橫截河流。回河不成。因爲分水。初決南京。再決宗城。三決內黃。亦皆西決。則地勢西下。較然可見。今欲弭息河患。而逆地勢。戾水性。臣未見其能就功也。請開闞村河門。修平鄉鉅鹿埽。焦家等隄。濬澶淵故道。以備漲水。大名安撫使許將言、度今之利。若舍故道。止從北流。則慮河下流已湮。而上流橫潰。爲害益廣。若直閉北流。東徙故道。則復慮受水不盡。而被隄爲患。竊宜因梁村之口以行東。因內黃之口以行北。而盡閉諸口。以絕大名諸州之患。使春夏水大至。乃觀故道足以受之。則內黃之口可塞。不足以受之。則梁村之役可止。定其成議。則民心固而河之順復有時。可以保其無害。詔令吳安持同都水監丞鄭佑與本路安撫轉運提刑司官具圖狀保明聞奏。即有未便。亦具利害來上。三、月癸酉、監察御史郭知章言河復故道。水之趨東。已不可遏。近日遣使按視。巡司議論未一。臣謂水官朝夕從事河上。望專之。乙亥、呂大防罷相。六月、右正言張商英奏言。元豐間河決南宮口。講議累年。先帝歎曰。神禹復生。不能回此河矣。乃敕自今後不得復議回河閉口。蓋採用漢人之論。俟其汎濫自定也。元祐初文彥博呂大防以前敕非是。拔吳安持爲都水使者。委以東流之事。京東河北五百里外。出錢雇夫。及支借常平倉司錢買稍草。斬伐榆柳。凡八年而無寸尺之效。乃遷安持太僕卿。王宗望代之。宗望至則劉奉世猶以彥博大防餘意。力主東流。以梁村口吞納大河。今則梁村口淤澱。而開沙隄兩處決口以泄水矣。前議罷七十里隄以障北流。今則云俟霜降水落興工矣。朝廷咫尺。不應九年爲水官欺蔽如此。九年之內。年年礬山水漲。霜降水落。豈獨今年始有漲水。而待水落乃可以興工耶。乞還使按驗虛實。詔曰可。

宋史河渠志十月丁酉。王宗望言。大河自元豐潰決以來。東北兩流。利害極大。頻年紛爭。國論不決。水官無所適從。伏自奉詔。凡九月。上稟成算自闞村下至栲栳隄。七節河門。並皆閉塞。築金隄七十里。盡障北流。使全河通還故道。以除河患。又自闞村下至海口。補築新舊隄防。增修疏濬河道之淤淺者。雖盛夏漲潦。不至壅決。望付史官。紀紹聖已來。聖明獨斷。致此成績。詔宗望等具析修閉北流部役官等功力第以聞。然是時東流隄防未幾固繕。瀕河多被水患。流民入京師。往往泊御廊及僧舍。詔給券諭令還本土以就賑濟。己酉、安持又言準朝旨相度開濬澶州故道。分減漲水。按澶州本是河行舊道。頃年曾乞開修。時以東西地形高仰。未可興工。欲乞且行疏導燕家河。仍令所屬先次計度。合增修一十一埽。所用工料。詔令都水監候來年將及漲水月分。先具利害以聞。癸丑、三省樞密院言、元豐八年、知澶州王令圖議乞修復大河故道。元祐四年都水使者吳安持因紓南宮等埽危急。遂就孫村口爲回河之策。及梁村進約東流。孫村口窄狹。德清軍等處皆被水患。今春王宗望等雖於內黃下埽閉斷北流。然至漲水之時。猶有三分水勢。而上流諸埽已多危急。下至將陵埽決壞民田。近又據宗望等奏、大河自閉塞闞村

事出國語

而下。及創築新隄七十餘里。盡閉北流。全河之水。東還故道。今訪聞東流向西。地形已高。水行不快。既閉斷北流。將來盛夏大河漲水。全歸故道。不惟舊隄損缺怯薄。而闞村新隄。亦恐未易枝梧。兼京城上流諸處埽岸。慮有壅滯衝決之患。不可不預爲經畫。詔權工部侍郎吳安持都水使者王宗望監丞郭佑同北外監丞司、自闞村而下直至海口。逐一相視。增修疏濬。不致壅滯衝決。丙辰。張商英又言今年已閉北流。都水監長貳交章稱賀。或乞付史官。則是河水已歸故道。止宜修葺隄埽。防將來衝決而已。近聞王宗望李仲却欲開澶州故道。以分水。吳安持乞候漲水相度。緣開澶州故道。若不與今東流底平。則纔經水落。立見淤塞。若與底平。則從初自合閉口回河。何用九年費財動衆。安持稱候漲水相度。乃是悠悠之談。前來漲水。幷今來漲水。各至澶州德清軍界。安持首尾九年。豈得不見。更欲延至明年。乃是狡兔三穴。自爲潛身之計。非公心爲國事也。況立春漸近。調夫如是時不早定議。又留後說。邦財民力。何以支持。訪聞先朝水官孫民先元祐六年水官賈權民各有河議。乞取索照會。召前後本路監司及經歷河事之人。與水官詰都堂反覆詰難。務取至當。經久可行。朱光庭上疏曰、河之所以可治。朝廷難以遙度。責在水官任職而已。其所用物料。所役兵夫。水官既任責。則朝廷自合應副。將來成功。則當不惜重賞。設或敗事。亦當必行重責。伏乞朝廷指揮下修河司取責水官委實可以迴復大河結罪狀。庶使身任其責。以實從事。不至朝廷有所過舉。范祖禹上疏曰、臣聞周靈王之時。穀洛水鬬。將毀王宮。王欲壅之。太子晉諫以爲不可。今大河豈穀洛之比。又無王宮之害、以何理而欲塞之事出史記河渠書。但秦用鄭計益以富饒。韓亡更速其計。至愚疲秦之說。毫無徵效。此文不過借以爲說耳。

也。韓聞秦之好事。欲疲之。無令東伐。乃使水工鄭國爲之間。以說秦令鑿經水爲渠。溉田。夫一水猶能疲秦。使無東伐。今回河之役。不知幾渠而自困民力。自竭國用。又多殺人命。不可勝言之害。此乃西北二虜所喜也。今之河流方稍復大禹舊跡。入界河。趨海。初無壅底。萬壑所聚。其來遠大。必無可塞之理。自古無有容易塞河之事。乞以數路生民爲念。以國家安危。朝廷輕重爲急。速賜指揮。停罷修河。今將大冬。盛寒。宜早降德澤。免生民飢凍死亡。正李偉等欺罔之罪。時閉第三第四鋪。而第七鋪潰決。殆非人意所料。恐將來閉塞。必有不測之患。范純仁上疏曰。臣聞堯舜之治。不過知人安民。知人則不輕信。安民則不妄動。情希好進。行險生事。於聖明無事之朝。則必妄說利害。覬朝廷舉事。以求爵賞。朝廷若輕信其言。則民不安矣。百姓久勞。方賴陛下

安養。不急之務。不可遽興。蒙陛下專遣范百祿趙君錫相度。歸陳回河之害甚明。尋蒙宸斷。復詔大臣令速罷修河司。臣預奉行詔旨。深以復見堯舜知人安民爲慶。三兩月來。却聞孫村有溢岸水。自然東行。議者以謂可因水勢以成大利。朝廷遂捨向來范百祿趙君錫之議。而復興回河之役。臣觀今之舉動次第。是用時不可失之說。而欲竭力必成。臣更不敢以難成。雖成三五年間必有溢爲慮。只且以河水東流之後。增添兩岸隄防鋪分。大設數多。逐年防守之費。所加數倍。財用之耗蠹。與生民之勞擾。無有已時。更望聖慈特降睿旨。再下有司預計回河之役。逐年兩岸埽鋪防扞工費。比之今日所增幾何。及逐年致物於甚處辦。則利害灼然可見。利多害少。尚覬稔圖。苟利少害多。尤宜安靜定議。歸一。庶免以有限之財。事無涯之功。

甚者即俗語甚麽也。宋史多雜俚語。

和協也

河決內黃口東流遂斷絕

王祖道請正吳安持鄭祐李仲李偉主持東流之罪

紹聖二年（西曆紀元一千〇八十五年）七月戊午、詔沿黃河州軍河防決溢並即申奏。元符二年（西曆紀元一千〇八十九年）二月乙亥、北外都水丞李偉言相度大小河門。乘此水勢衰弱。並先修閉各立蛾眉埽鎮壓。乞次於河北京東西路差正夫三萬人。其他夫數令修河官和雇。三月丁巳、偉又乞於澶州之南大河身內開小河一道以待漲水。紓解大吳口下注北京一帶向著之患。並從之。六月末、河決內黃口。東流遂斷絕。八月甲戌、詔大河水勢十分北流。其以河事付轉運司責州縣共力救護隄岸。辛丑、左司諫王祖道請正吳安持鄭祐李仲李偉之罪。投之遠方。以明先帝北流之志。詔曰可。

元符三年（西曆紀元一千〇九十年）正月、乙卯、徽宗即位。鄭祐吳安持輩皆用登極大赦次第復。中書舍人張商英繳奏祐等昨主回河。皆違神宗北流之意。不聽。商英又嘗論水官非其人。治河當行其所無事。一用隄障。猶塞兒口止其啼也。三月、商英復陳五事。一曰行古沙河口。二曰復平恩四埽。三曰引大河自古漳河浮河入海。四曰築御河西隄而開東隄之積。五曰開水門口泄徒駭河東流。大要欲隨地勢疏濬入海。

山東通志曰、宋自橫隴埽已修復決。橫隴遂爲大河之經流。自濮州東東平西苑縣東陽穀東南東阿長清北皆橫隴決河之所行也。自長清而下則與京東之故道合矣。至二股河之故瀆、是爲東流。即唐之馬頰河故道也。二股合馬頰東北至德平合篤馬河。又東北經樂陵合鬲津至海豐入海。商胡決河之故瀆、是爲北流。今自冠縣館陶邱縣夏津武城恩縣德州之間。皆宋時北流之所經也。盡自熙寧十年決澶州。河分二股。迨南渡後金人塞北流以

病宋河遂南徙齊兗之間無河患矣自仁宗戊子訖金章宗甲寅河南北分流入海凡一百四十六年

徽宗建中靖國元年（西曆紀元一千〇九十一年）春尚書省言自去夏蘇村漲水後來全河漫流今已淤高三四尺宜立西隄詔都水使者魯君貺同北外丞司經度之

按是年左正言任伯雨奏河爲中國患二千歲矣自古竭天下之力以事河者莫如本朝而徇衆人偏見欲屈大河之勢以從人者莫甚於近世臣不敢遠引祇於元祐末年小吳決溢議者乃譎謀奇計欲立奇功以邀厚賞不顧地勢不念民力不惜國用力建東流之議當洪流中立馬頭設鋸齒薪芻材木耗費百倍力過水勢使之東注淩虛駕空非特行地上而已益增堤防惴惴恐決澄沙淤泥久益高仰一旦決潰又復北流此非防之不固亦理勢之所必至也昔禹之治水不獨行其所無事亦未嘗不因其變以導之蓋河流混濁淤沙相半流行既久迤邐淤澱則久而必決者勢不能變也或北而東或東而北亦安可以人力制哉爲今之策正宜因其所向寬立防隄約攔水勢使不至大段漫流若恐北流淤澱塘泊亦祇宜因塘泊之岸增設隄防乃爲長策風聞近日又有議者獻東流之計不獨比年災傷居民流散公私匱竭百無一有事勢窘急固不可爲抑以自高注下湍流奔猛潰決未久勢不可改設若興工公私徒耗殆非利民之舉實自困之道也

崇寧三年（西曆紀元一千〇九十四年）十月詔開修直河以殺水勢

按臣僚言昨奉詔措置大河即緣西路歷沿邊州軍回至武強縣循河隄至深州又北下衡水縣乃達於冀又北渡河過遠來鎮及分遣屬僚相視恩州

之北河流次第大抵水性無有不下引之就高決不可得況西山積水勢必欲下各因其勢而順導之則無壅遏之患

崇寧四年（西曆紀元一千〇九十五年）閏二月詔增二埽隄及儲蓄以備漲水是歲大河安流

按二月工部言乞修蘇村等處運糧河隄爲正隄以支漲水較修棄隄直隄可減工四十四萬料七十一萬有奇從之閏二月尙書省言大河北流合西山諸水在深州武強瀛州樂壽埽俯瞰雄霸莫州（按莫亦作鄚音茂今屬直隸省任邱縣地）及沿邊塘濼萬一決溢爲害甚大

崇寧五年（西曆紀元一千〇九十六年）二月詔滑州繫浮橋於北岸仍築城壘置官兵守護之八月葺陽武副隄

大觀元年（西曆紀元一千〇九十七年）二月詔於陽武上埽第五鋪開修直河至第十五鋪以分減水勢

按有司言河身當長三千四百四十步面闊八十尺底闊五丈深七尺計役十萬七千餘工用人夫三千五百八十二凡一月畢從之十二月工部員外郎趙霆言南北兩丞司合開直河者凡爲里八十有七用緡錢八九萬畢時成功可免河防之憂而省久遠之費詔從之

大觀二年（西曆紀元一千〇九十八年）五月丙申邢州言河決陷鉅鹿縣詔遷縣於高地又以趙州隆平下濕亦遷之

是月霆上免夫之議略謂黃河調發人夫修築埽岸每歲春首騷動數路常至敗家破產今春滑州魚池埽合起夫役嘗令送免夫之直用以買土增貼

埽岸。比之調夫。反有贏餘。乞詔有司應隄埽合調春夫。並依此例。立爲永法。詔曰、河防夫工。歲役十萬。濱河之民。困於調發。可上戶出錢免夫。下戶出力充役。其相度條畫以聞。六月己卯、都水使者吳玠言、自元豐間小吳口決。北流入御河。下合西山諸水。至青州獨流砦三叉口入海。雖深得保固形勝之策。而歲月浸久。侵犯塘隄。衝壞道路。齧損城砦。臣奉詔修治隄防。禦扞漲溢。然築八尺之隄。當九河之尾。恐不能敵。若不遇有損缺。逐旋增修。即又至隳壞。使與塘水相通。於邊防非計也。乞降旨修葺。從之。

大觀三年西曆紀元一千〇九十九年八月、詔沈純誠開撩兎源。在廣武埽對岸。分減埽下漲水也。

政和四年西曆紀元一千一百〇四年十一月、都水使者孟昌齡言今歲夏秋漲水。河流上

下。並行中道。滑州浮橋。不勞解拆。大省歲費。詔許稱賀。官吏推恩有差。孟昌齡又獻議導河大伾。可置永遠浮橋。設河流自大伾之東而來。直大伾山西而止。數里方回南東轉而過。復折北而東。則又直至大伾山之東。亦止不過十里耳。視地形水勢。東西相直。徑易。曾不十里餘間。且地勢低下。可以成河。倚山可爲馬頭。又有中潬。正如河陽。若引使穿大伾大山及東北二小山。分爲兩股而合。過於下流。因是三山爲趾。以繫浮梁。省費數十百倍。可寬河朔諸路之役。朝廷喜而從之。

政和五年西曆紀元一千一百〇五年六月、癸丑、降德音於河北京東京西路。其略曰。鑿山釃渠。循九河既道之迹。爲梁跨趾。成萬世永賴之功。役不踰時。慮無愆素。人絶往來之阻。地無南北之殊。靈祇懷柔。黎庶呼舞。眷言朔野。爰

宗尊也

暨近畿畚鍤繁興薪芻轉徙民亦勞止朕甚憫之宜推在宥之恩仍廣蠲除之惠又詔居山至大伾山浮橋屬濬州者賜名天成橋大伾山至汶子山浮橋屬滑州者賜名榮光橋俄改榮光曰聖功七月庚辰御製橋銘磨崖以刻之方河之開也水流雖通然湍激猛暴遏山稍隘往往泛溢近砦民夫多被漂溺因亦及通利軍其後遂注成巨濼云八月乙亥都水監言大河以就三山通流正在通利之東慮水溢爲患乞移軍城於大伾山居山之間以就高仰從之十月丙寅都水使者孟揆言大河連經漲淤灘面已高致河流傾側東岸今若修閉棗強上埽決口其費不貲兼冬深難施人力縱使極力修閉東隄上下二百餘里必須盡行增築與水爭力未能全免決溢之患今漫水行流多鹹鹵及積水之地又不犯州軍止經數縣地分迤邐纏御河歸納黃河欲自決口上恩州之地水隄爲始增補舊隄接續御河東岸簽合大河從之乙亥臣僚言禹跡湮沒於數千載之遠陛下神智獨運一旦興復導河三山長隄盤固橫截巨漫依山爲梁天造地設威宗南北度越前古歲無解繫之費人無病涉之患大功既成願申飭有司隨爲隄防每過漲水不輟巡視

又按蔡氏廣治平略謂大河浮橋歲一造舟京西之民尤憚其役而昌齡首建三山之策回大河之勢取其費僅爲數歲行路之觀漂泊生靈無慮萬計

又官吏聚斂相繼領職乾沒無數至靖康雖罷黜而國已南矣

政和七年西曆紀元一千一百〇七年五月丁巳臣僚言恩州寧化鎮大河之側地勢低下正當灣流衝激之處歲久隄岸怯薄沁水透隄甚多近鎮居民例皆移避方秋夏之交時雨沛然一失隄防則不惟東流莫測所向一隅生靈所係甚大亦恐

妨阻大名河間諸州往來邊路。乞付有司貼築固護。從之。六月、癸酉、都水使者孟揚言舊河陽南北分流。立中潬繫浮梁。頃緣北河淤澱。一橋因此河頃窄狹。水勢衝激。每遇漲水。多致損壞。欲措置開修北河。如舊修繫南北兩橋。從之。

重和元年（西曆紀元一千一百〇八年）三月、己亥、詔滑州濬州界萬年隄。全藉林木固護隄岸。其廣行種植以壯地勢。五月、甲辰、詔孟州河陽縣第一埽。自春以來。河勢湍猛。侵囓民田。迫近州城。止二三里。其令都水使者同漕臣河陽守臣措置固護。是秋。雨。廣武埽危急。詔內侍王仍相度措置。

宣和元年（西曆紀元一千一百〇九年）十二月、開修兔源河幷直河畢工。詔獎諭。欽宗靖康元年（西曆紀元一千一百十六年）三月、丁丑、京西轉運司言本路歲科河防夫三萬。溝河夫一萬八千。緣連年不稔。羣盜劫掠。民力困弊。乞量數減放。詔減八千人。

歷代治黃史卷三

金

世宗大定　年○按此事不見金史范成大北使錄濬州城內有積水若河蓋黃河剩水也朱子語錄元豐間河北徙自是中原多事後來南流金人亦多事近來又北流見歸正人說蓋是年河嘗南流尋復北流也。（此條錄運河工程局報告書表）

原文

大定八年（西曆紀元一千一百五十八年）河決李固渡。潰曹州城分流單州都水監梁肅請於李固南築隄。從之。

大定二十九年（西曆紀元一千一百七十九年）河決曹州小隄之北

章宗明昌五年（西曆紀元一千一百八十四年）河決陽武故隄灌封邱而東歷曹濮鄆范諸州縣界。至壽張注梁山濼分爲二派。北派由北清河入海南派由南清河入淮吸胙之流遂空。（此條據運河工程局報告書表原文按山東通志表則謂由泗入淮於是南流不復塞北流仍復東流）

河決陽武至壽張梁山濼分爲二派北派由北清河入海南派由南清河入海

按山東通志曰北清河者大清河也自東平歷東阿平陰長清齊河歷城濟陽齊東惠民青城濱州蒲台至利津（按即今黃河奪濟入海之道）南清河者會通河也自東平歷汶上嘉祥濟寧會泗水至清河○自宋仁宗慶曆八年至是歷一百四十六年河第四次徙

河第四徙

元

世祖至元九年（西曆紀元一千二百七十二年）七月衞輝河決。（按山東通志曰河決新鄉廣盈倉徙自原武出陽武南而新鄉之流遂絕）委都水監丞馬良弼與本路官同詣相視。差水夫併力修完之

至元十七年（西曆紀元一千二百七十年）遣使窮河源。

成宗大德元年（西曆紀元一千二百九十七年）河決杞縣蒲口。旋徙而北。自陳留入蘭陽儀封。

按時命河北河南廉訪使尚文相度形勢。爲久利之策。文言長河萬里西來。其勢湍猛。至孟津而下。地平土疏。移徙不常。失禹故道。爲中國患。不知幾千百年矣。自古治河。處得其當。則用力少而患遲。事失其宜。則用力多而患速。此不易之定論也。今陳留抵睢。東西百有餘里。南岸舊河口十一。已塞者二。自涸者六。通川者三。岸高於水。計六七尺。或四五尺。北岸故堤。其水比田高三四尺。或高下等。大概南高於北。約八九尺。堤安得不壞。水安得不北也。蒲口今決。千有餘步。迅速東行。得河舊瀆。行二百里。至歸德橫堤之下。復合正流。或強湮遏。上決下潰。功不可成。揆今之計。河西郡縣。順水之性。遠築長堤。以禦汎溢。歸德徐邳。民避衝潰。聽從安便。被患之家。宜于河南退灘地內給付頃畝。以爲永業。異時河決他所者。亦如之。亦一時救荒之良策也。蒲口不塞便。朝廷從之。會河朔郡縣山東憲部爭言、不塞則河北桑田盡爲魚鼈之區。塞之便。復從之。明年蒲口復決。塞河之役。無歲無之。是後水北入河。復故道。竟如文言。

又按明丘濬大學衍義補曰。河爲中原大害。自古治之者。未有能得上策者也。蓋以河自星宿海發源。東入中國。踰萬里。凡九折焉。合華夷之水。千流萬派。以趨於海。其源之來也遠矣。其水之聚也衆矣。夫以萬川而歸於一壑。所來之路孔多。所收之門東隘。而欲其不汎濫難矣。況孟津以下。地平土疏。易爲衝決。而移徙不常也哉。漢唐以來。賈讓諸人言治河者。多隨時制宜之策。在當時雖或可行。而今日未必皆便。元時去今未遠。地勢物力大段相似。尚文所建之策。雖非百世經久之長計。然亦一時救弊之良方。宜令河南藩憲每年循行並河郡縣。如文所言者。相地所宜。或築長隄以禦汎溢。或開淤塞以通束隘。從民所便。或遷村落以避衝潰。或給退灘以償所失。如此雖不能使並河州郡百年無害。而被患居民亦可暫時蘇息矣。

大德二年西曆紀元一千二百八十八年七月大雨河決。漂歸德屬縣。詔免田租一年。

大德三年西曆紀元一千二百八十九年五月、河南省言、河決蒲口等處。差官修築。計料合修土隄二十五處。共長三萬九千九十二步。總用葦四十萬四千束。徑尺樁二萬四千七百二十株。役夫七千九百二人。

武宗至大三年西曆紀元一千三百年十一月、河北河南道廉訪司上言。

按略謂黃河決溢。千里蒙害。浸城郭。湮室廬。壞禾稼。百姓已罹其毒。然後訪求修治之方。而衆議紛紜。互陳利害。當事者疑惑不決。必須上請朝省。比至議定。其害滋大。所謂不預已然之弊。大抵黃河伏槽之時。水勢似緩。觀之不足爲害。一遇霖潦。湍浪迅猛。自孟津以東。土性疏薄。兼帶沙鹵。又失導洩之方。崩潰決溢。可翹足而待。近歲亳潁之民。幸河北徙。有司不能遠慮。失于規畫。使陂灤悉爲陸地。東至杞縣三义口。播河爲三。分殺其勢。蓋亦有年。往歲歸德太康建言。相次湮塞南北二义。遂使三河之水。合而爲一。下流既不通暢。自然上溢爲災。繇是觀之。是自奪分泄之利。故其上下決溢。至今莫除。度今水勢趨下。有復鉅野梁山之意。蓋河性遷徙無常。苟不爲遠計預防。不出數年。曹濮濟鄆。蒙害必矣。今之所謂治水者。徒而議論紛紜。咸無良策。水監之官。既非精選。知河之利害者。百無一二。雖每年累驛而至。名爲巡河。徒應故事。問地形之高下。則懵不知。訪水勢之利病。則非所習。既無實才。又不經練。乃或妄興事端。勞民動衆。阻逆水性。翻為後患。為今之計。莫若於汴梁置都水分監。妙選廉幹深知水利之人。專職其任。量存員數。頻為巡視。謹其防護。可疏者疏之。可堙者堙之。可防者防之。職掌既專。則事功可立。較之河已決溢。民已被害。然後鹵莽修治以勞民者。烏可同日語哉。

仁宗延祐元年（西曆紀元一千三百零四年）八月。河南等處行中書省上言。

按略謂黃河涸露舊水泊汙池。多為勢家所據。忽遇汎溢。水無所歸。遂致為害。繇此觀之。非河犯人。人自犯之。擬差知水利都水監官。與行省廉訪司同相視。可以疏闢隄障。比至汎溢。先加修治。用力少而成功多。又汴梁路睢州諸處。決破河口數十。內開封府小黃村計會月隄一道。都水分監修築障水隄堰。所擬不一。宜委請行省官與本道憲司汴梁路都水分監官及州縣正官。親歷按驗。從長講議。上自河陰。下至陳州。與詢該州縣官。同沿河相視。開封縣小黃村河口。測量比舊淺減六尺。陳留通許太康舊有蒲葦之地。後因閉塞西河塔河諸水口。以便種蒔。故他處連年潰決。各官公議。治水之道。惟當順其性之自然。嘗聞大河自陽武胙城。繇白馬河間。東北入海。歷年既久。遷徙不常。每歲汎溢兩岸。時有衝決。強為閉塞。正及農忙。科樁稍。發丁夫。動至數萬。所費不可勝紀。其弊多端。郡縣嗷嗷。民不聊生。蓋黃河善遷徙。惟宜順下疏泄。今相視上自河陰。下抵歸德。經夏水漲。甚於常年。以小黃口分洩之故。並無衝決。此其明驗也。詳視陳州。最為低窪瀕河之地。今歲麥禾不收。民饑特甚。欲為拯救。奈下流無可疏之處。若將小高村河口閉塞。必移患鄰郡。決上流南岸。則汴梁被害。決下流北岸。則山東可憂。事難兩全。當以小就大。如免陳州差稅。賑其饑民。陳留通許太康縣被災之家。依例取勘賑恤。其小黃村河口。仍舊疏通。外據修築月隄幷障水隄。閉河口。別難議擬。於是凡汴梁所轄州縣河隄。或已修治及當疏通與補築者。條例具備。

延祐五年（西曆紀元一千三百〇八年）正月、河北河南道廉訪副使奧屯上言。

按略謂近年河決杞縣小黃村口。滔滔南流。莫能禦遏。陳潁瀕河膏腴之地。浸沒。百姓流散。今水道汴城遠無數里。倘值霖雨水溢。倉卒何以防禦。方今農隙。宜爲講究。使水歸故道。達於江淮。不惟陳潁之民得遂其生。竊恐將來浸灌汴城。其害匪輕。於是大司農下都水監移文汴梁分監修治。自次年二月十一日興工。至三月九日工畢。總計北至槐疙疸兩舊隄。下廣十六步。上

廣四步。高一丈六尺。爲一工。隄南至窰務汴隄。通長二十里二百四十三步。剏修護城隄一道。長七千四百四十三步。下地修隄。東二十步。外取土。內河溝七處。深淺高下闊狹不一。計工二十五萬三千六百八十。用夫八千四百五十三。除風雨妨工。三十日畢。內疏水河溝。南北闊二十步。水深五尺。河內修隄。底闊二十四步。上廣八步。高一丈五尺。積十二萬尺。取土稍遠。四十尺爲一工。計三萬工。用夫百人。每步用大樁二。計四十。各長一丈二尺。經四寸。每步雜草千束。計二萬。每步簽樁四。計八十。各長八尺。經三寸。水手二十。木匠二。大船二艘。梯鑊一副。繩索畢備。

延祐七年（西曆紀元一千三百十年）七月、河決塔海莊東隄蘇村及七里寺等處。本省平章站馬赤親率本路及都水監官併工修築。於明年正月興工。修隄岸四十六處。

該役一百二十五萬六千四百九十四工。凡用夫二萬一千四百一十三人。
泰定帝泰定元年（西曆紀元一千三百十四年）河決開封。由汴渠東入徐。合淮泗入海。是年
曹州楚丘開州濮陽河溢。
泰定二年（西曆紀元一千三百十五年）修曹州濟陰河隄。
文宗至順元年（西曆紀元一千三百二十年）河決大名路。濟陰新舊隄俱決。
六月曹州濟陰縣言、魏家道口決。卒未易修。先差補築磨子口朱從馬頭西
舊隄。工畢。郝承務又言魏家道口塼堌等村缺破隄堰。累下椿土。衝洗不存。
若復閉築。緣缺隄周回皆泥淖。人不可居。兼無取土之處。又沛郡安樂等保
去歲旱災缺食。難於差倩。其不經水害民人。先已遍差。似難重役。如候秋涼
水退。倩夫修理。庶蘇民力。今衡破新舊隄七處。共計用夫六千三百四人。椿

倩雇也

九百九十。葦箔一千三百二十。草一萬六千五束。六十尺爲一工。度五十日
可畢。九月三日興工。新馬頭孫家道口障水隄堰。又壞。添差二千人。與武城

按武城似城武之誤

定陶二縣分築。又於本處剏築月隄一道。外有元料堌頭魏家道口外隄。未
築。候來春併工修理。
至順三年（西曆紀元一千三百三十二年）修楚丘河隄。
順帝至正四年（西曆紀元一千三百三十四年）河決金隄。北侵安山。沼入會通運河。延袤於濟
南河間。（山東通志云是年河決曹州發丁夫塞之）
至正五年（西曆紀元一千三百三十五年）河決濟陰。
至正六年（西曆紀元一千三百三十六年）河決。尚書李絅請躬祀郊廟。近正人。遠邪佞。以崇陽
抑陰。不聽。

至正八年（西曆紀元一千三百三十八年）河決濟寧路。

賈魯治河

至正九年（西曆紀元一千三百三十九年）賈魯議治河。

是年冬。脫脫既復爲丞相。慨然有志於事功。論及河決。卽言於帝。請躬任其事。帝嘉納之。及命集羣臣議廷中。而言人人殊。惟都漕運使賈魯昌言必當治。先是魯嘗爲山東道奉使宣撫首領官。循行被水郡邑。具得修捍成策。後又爲都水使者。奉旨詣河上相視。驗狀爲圖。以二策進獻。一議修築北隄以制橫潰。其用工省。一議疏塞並舉。挽河使東行以復故道。其工費甚大。及是復以二策對。脫脫韙其後策。於是遣工部尚書成遵與大司農秃魯行視河。議其疏塞之方。以聞。遵等自濟濮汴梁大名行數千里。掘井以量地之高下。測岸以究水之淺深。博采輿論。以爲河之故道。斷不可復。且曰山東連歉。民

不聊生。若聚二十萬衆於此地。恐他日之憂。又有重於河患者。時脫脫先入魯言。及聞遵等議。怒曰。汝謂民將反耶。自辰至酉。論辯終莫能入。明日執政謂遵曰。修河之役。丞相意已定。且有人任其責。公勿多言。幸爲兩可之議。遵曰。腕可斷。議不可易。遂出遵河間鹽運使。議定。乃薦魯於帝。大稱旨。

歐陽玄製河平碑又作至正河防記

至正十一年（西曆紀元一千三百四十一年）四月。命賈魯以工部尚書充河防使。是月二十二日鳩工。七月疏鑿成。八月決水故河。九月舟楫通行。十一月水土工畢。諸埽諸隄成。河乃復故道。南匯於淮。東入於海。帝遣貴臣報祭河伯。召魯還京師。論功超拜榮祿大夫集賢大學士。其宣力諸臣。遷賞有差。賜丞相脫脫世襲答剌罕之號。特命翰林學士承旨歐陽玄製河平碑文。以旌勞績。既成。玄又自以爲司馬遷班固記河渠溝洫。僅載治水之道。不言其方。使後世任斯事者無所考。則

乃從魯訪問方略及詢過客質吏牘作至正河防記欲使來世罹河患者按而求之

按記曰治河一也有疏有濬有塞三者異焉釃河之流因而導之謂之疏去河之淤因而深之謂之濬抑河之暴因而扼之謂之塞疏濬之別有四曰生地曰故道曰河身曰減水河生地有直有紆因直而鑿之可就故道故道有高有卑高者平之以趨卑高卑相就則高不壅卑不潴慮夫壅生潰潴生堙也河身者水雖通行身有廣狹狹難受水水溢悍故狹者以計闢之廣難爲岸岸善崩故廣者以計禦之減水河者水放曠則以制其狂水隳突則以殺其怒治隄一也有剏築修築補築之名有刺水隄有截河隄有護岸隄有縷水隄有石船隄治埽一也有岸埽水埽有龍尾攔頭馬頭等埽其爲埽臺及

推捲牽制薶掛之法有用土用石用鐵用草用木用杙用經之方塞河一也有缺口有豁口有龍口缺口者已成川豁口者舊常爲水所豁水退則口下於隄水漲則溢出於口龍口者水之所會自新河入故道之源也此外不能悉書因其用工之次第而就述於其下焉其濬故道深廣不等通長二百八十里百五十四步而強功始自白茅長百八十里繼自黃陵岡至南白茅闢生地十里口初受廣百八十步深二丈有二尺已下停廣百步高下不等相折深二丈及泉曰停曰折者用古算法因此推彼知其勢之低昂相準折而取勻停也南白茅至劉莊村接入故道十里通折墾廣八十步深九尺劉莊至專固百有二里二百八十步通折停廣六十步深五尺專固至黃固墾生地八里面廣百步底廣九十步高下相折深丈有五尺黃固至哈只口長五

十一里八十步相折停廣墾十步深五尺乃濬凹里減水河通長九十八里百五十四步凹里村缺河口生地長三里四十步面廣六十步底廣四十步深一丈四尺凹里生地以下舊河身至張贊店長八十二里五十四步上三十六里墾廣五十步深五尺中三十五里墾廣二十八步深五尺下十里二百四十步墾廣二十六步深五尺張贊店至楊青村接入故道墾生地十有三里六十步面廣六十步底廣四十步深一丈四尺其塞專固缺口修隄三重并補築凹里減水河南岸豁口通長二十里三百十有七步其剏築河口前第一重西隄南北長三百三十步面廣二十五步底廣三十三步樹置椿橛實以土牛草葦雜稍相兼高丈有三尺隄前置龍尾大埽言龍尾者伐大樹連稍繫之隄旁隨水上下以破齧岸浪者也築第二重正隄并補兩端舊

隄通長十有一里三百步缺口正隄長四里兩隄相接舊隄置椿諸閉河身長百四十五步用土牛草葦稍土相兼修築底廣三十步修高二丈其岸上土工修築者長三里二百十有五步有奇廣狹不等通高一丈五尺補築舊隄者長七里三百步表裏倍薄七步增卑六尺計高一丈築第三重東後隄并接修舊隄高廣不等通長八里補築凹里減水河南岸豁口四處置椿木草相兼長四十七步於是隄塞黃陵全河水中及岸上修隄長三十六里百三十八步其修大隄刺水者二長十有四里七十步其西復作大隄刺水者一長十有二里百三十步內剏築岸上土隄西北起李八宅西隄東南至舊河岸長十里百五十步顛廣四步趾廣三尺高丈有五尺仍築舊河岸至入水隄長四百三十步趾廣三十步顛殺其六之一接修入水兩岸埽隄並行

作西埽者夏人水工徵自靈武作東埽者漢人水工徵自近畿其法以竹絡實以小石每埽不等以蒲葦綿腰索徑寸許者縱鋪廣可一二十步長可二三十步又以曳埽索綯徑三寸或四寸長二百餘尺者衡鋪之相間復以竹葦麻檾大繂長百尺者爲管心索就繫綿腰索之端於其上以草數千束多至萬餘勻布厚鋪於綿腰索之上橐而納之丁夫數千以足踏實推捲稍高卽以水工二人立其上而號於衆衆聲力舉用大小推梯推捲成埽高下長短不等大者高二丈小者不下丈餘又用大索或五爲腰索轉致河濱選健丁操管心索順埽臺立踏或掛之臺中鐵猫大橛之上以漸縋之下水埽後掘地爲渠陷管心索渠中以散草厚覆築之以土其上復以土牛雜草小埽稍土多寡厚薄先後隨宜修疊爲埽臺務使牽制上下縝密堅壯互爲犄角

埽不動搖日力不足火以繼之積累既畢復施前法捲埽以壓先下之埽量水淺深制埽厚薄疊之多至四埽而止兩埽之間置竹絡高二丈或三丈圍四丈五尺實以小石土牛既滿繫以竹纜其兩旁並埽密下大樁就以竹絡上大竹腰索繫於樁上東西兩埽及其中竹絡之上以草土等物築爲埽臺約長五十步或百步再下埽卽以竹索或麻索長八百尺或五百尺者一二雜廁其餘管心索之間候埽入水之後其餘管心索如前薶掛隨以管心長索遠置五七十步之外或鐵猫或大樁曳而繫之通管束累日所下之埽再以草土等物通修成隄又以龍尾大埽密掛於護隄大樁分折水勢其隄長二百七十步北廣四十二步中廣五十五步南廣四十二步自顛至趾通高三丈八尺其截河大隄高廣不等長十有九里百七十七步其在黃陵北岸

賈魯排船塡河

者。長十里四十一步。築岸上土隄。西北起東西故隄。東南至河口。長七里九十七步。顛廣六步。趾倍之而強。二步高丈有五尺。接修入水。施土宇小埽。稍草雜土。多寡厚薄。隨宜修疊。及下竹絡安大椿繫龍尾埽。如前兩隄法。惟修疊埽臺。增用白闌小石。并埽上及前洊修埽隄一。長百餘步。直抵龍口稍北攔頭。三埽並行。埽大隄廣與刺水三隄不同。通前列四埽。間以竹絡。成一大隄。長二百八十步。北廣百一十步。其顛至水面高丈有五尺。水面至澤復高二丈五尺。通高三丈五尺。中流廣八十步。其顛至水面高丈有五尺。水面至澤復高五丈五尺。通高七丈。並刱築縷水橫隄一。東起北截河大隄。西抵西刺水大隄。又一隄東起中刺水大隄。西抵西刺水大隄。通長二里四十二步。亦顛廣四步。趾二之。高丈有三尺。修黃陵南岸。長九里百六十步。內刱岸土隄。東北起新補白茅故隄。西南至舊河口。高廣不等。長八里三百五十步。乃入水作石船大隄。蓋鯀是秋八月二十九日乙巳。道故河流。先所修北岸西中刺水及截河三隄。猶短。約水尚少。力未足恃。決河勢大。南北廣四百餘步。中流深三丈餘。益以秋漲。水多故河十之有八。兩河爭流。近故河口。水刷岸北行。洄淤湍激。難以下埽。且埽行或遲。恐水盡湧入決河。因淤故河。前功遂隳。魯乃精思障水入故河之方。以九月七日癸丑。逆流排大船二十七艘。前後連以大桅或長椿。用大麻索竹絙絞縛。綴爲方舟。又用大麻索竹絙用船身繳繞上下。令牢不可破。乃以鐵猫於上流硾之水中。又以竹絙絕長七八百尺者。繫兩岸大橛上。每絙或硾二舟或三舟。使不得下。船復略鋪散草。滿貯小石。以合子板釘合之。復以埽密布合子板上。或二重或三重。以大麻索

轆軸亦作碌碡

縛之。急腹橫木三道於頭楗。皆以索維之。用竹編笆。夾以草石。立之楗前。約長丈餘。名曰水簾。楗復以木楮柱。使簾不偃仆。然後選水工便捷者。每船各二人。執斧鑿立船首尾。岸上槌鼓爲號。鼓鳴一時齊鑿。須臾舟穴水入。舟沈過決河。水怒溢。故河水暴增。卽重樹水簾。令後復布小埽土牛白闌長稍。雜以草土等物。隨宜填垛以繼之。石船下。諸寔地出水。基趾漸高。復卷大埽以壓之。前船勢略定。尋用前法。沈餘船以竟後功。昏曉百刻。役夫分番甚勞。無少間斷。船隄之後。草埽三道並舉。中置竹絡盛石。並埽置樁繫纜。四埽及絡。一如修北截水隄之法。第以中流水深數丈。用物之多。施工之大。數倍他隄。船隄距北岸纔四五十步。勢迫東河流峻。若自天降。深淺叵測。於是先卷下大埽約高二丈者。或四或五。始出水面。修至河口一二十步。用功尤難。薄龍

口喧豗猛疾。勢撼埽基。陷裂欹傾。俄遠故所。觀者股弁。衆議騰沸。以爲難合。然勢不容已。魯神色不動。機解捷出。進官吏工徒十餘萬人。日加獎諭。辭旨懇至。衆皆感激赴功。十一月十一日丁巳。龍口遂合。決河絕流。故道復通。又於隄前通卷攔頭埽各一道。多者或三或四。前埽出水。管心大索繫前埽硾後攔頭埽之後。後埽管心大索亦繫小埽硾前攔頭埽之前。後先羈縻以錮其勢。又於所交索上及兩埽之間。壓以小石白闌土牛。草土相半。厚薄多寡。相勢措置。埽隄之後。自南岸復修一隄。抵已閉之龍口。長二百七十步。船隄四道成隄。用農家場圃之具曰轆軸者。穴石立木。如比櫛𦐜前埽之旁。每步置一轆軸。以橫木貫其後。又穴石以徑二寸餘麻索貫之。繫橫木上。密掛龍尾大埽。使夏秋潦水。冬春凌薄。不得肆力於岸。此隄接北岸截河大隄。長二

百七十步。南廣百二十步。顛至水面高丈有七尺。水面至澤復高四丈二尺。中流廣八十步。顛至水面高丈有五尺、水面至澤復高五丈五尺。通高七丈。仍治南岸護埽隄一道。通長百三十步。南岸護岸馬頭埽三道。通長九十五步。修築北岸隄防高廣不等。通長二百五十四里七十一步。白茅河口至板城。補築舊隄長二十五里二百八十五步。曹州板城至英賢村等處高廣不等。長一百三十三里二百步。稍岡至碭山縣。增培舊隄長八十五里二十步。歸德府哈只口至徐州路三百餘里。修完缺口一百七處。高廣不等。積修計三里二百五十六步。亦思剌店縷水月隄高廣不等。長六里三十步。其用物之凡。椿木大者二萬七千。榆柳雜稍六十六萬六千。帶稍連根株者三千六百。藁秸蒲葦雜草以束計者七百三十三萬五千有奇。竹竿六十二萬五千。葦席十有七萬二千。小石二十艘。繩索小大不等五萬七千。所沈大船百有二十。鐵纜三十有二。鐵猫三百三十有四。竹筏以斤計者千有五萬。硾石三千塊。鐵鑽萬四千二百有奇。大釘三萬三千二百三十有二。其餘若水龍甏椽木麥稭扶椿鐵义鐵弔枝麻搭火鉤汲水貯水等具皆有成數。官吏俸給。軍民衣糧工錢。醫藥祭祀賑恤。驛置馬乘及運竹木沈船渡船下椿等工。鐵石竹木繩素等匠傭貲。兼以和買民地爲河。併應用雜物等價。通計中統鈔百八十四萬五千六百三十六錠有奇。魯嘗有言。水工之功視土工之功爲難。中流之功視河濱之功爲難。決河口視中流又難。北岸之功視南岸爲難。用物之効。草雖至柔。柔能狎水。水漬之生泥。泥與草并力重如碇。然維持夾輔。纜索之功實多。蓋由魯習知河事。故其功之所就如此。

和買謂協議價值買之不用强制

山東通志曰賈魯之治河也用沈舟之法自受命以及還朝僅逾半載昏曉百刻夫役分番無少間斷其強敏果敢之才近古以來未嘗有也

至正十六年（西曆紀元一千三百四十六年）濟州任城河決

至正二十三年（西曆紀元一千三百五十三年）東平壽張河決

至正二十五年（西曆紀元一千三百五十五年）東平河決小流口達於清河

至正二十六年（西曆紀元一千三百五十六年）河泛東明曹濮下及濟寧

山東通志曰自金明昌五年徙河大半入淮而北清河之流猶未絕也至元世祖至元二十六年會通河成於是始以淮受全河之水凡九十五年有明之世南漕必由山東故於河之外復有運河洪武初徐達方北征乃開塌場口引河入泗以濟運而徙曹州治於安陵塌場者濟寧以西耐勞坡以南直

抵魚台南陽河道願利之所在害即隨之治河必兼治運而運河之患則仍在也

河決原武賈魯河淤

宋禮督開會通河

用白英老人計築戴村壩南北分流

歷代治黄史卷四

明

太祖洪武元年（西曆紀元一千三百五十八年）河決曹州。從雙河口入魚台。

洪武八年（西曆紀元一千三百六十五年）大河南決。挾潁入淮。蔡河之下流斷絶。

洪武二十四年（西曆紀元一千三百八十一年）河決原武之黑陽山。東經開封城北。又南行至項城。經潁州。壽州。全入於淮。而故道遂淤。（山東通志曰。河決原武賈魯河故道淤。又由曹州漫東平之安山。元會通河亦淤。明年詔發民丁及十七衛軍修築。河陽會其冬大寒役遂罷）

成祖永樂九年（西曆紀元一千四百十一年）工部尚書宋禮督開會通河。用老人白英策。於東平戴村築壩。遏汶水使西流。盡出南旺。四分往南接徐吕二洪。六分往北達臨清。時侍郎金純從汴城荆隆口下達塌陽口。築隄導河。一入會通北流。一入淮泗南流。

永樂十四年（西曆紀元一千四百零六年）河決開封。經懷遠縣。由渦河入淮。

英宗正統二年（西曆紀元一千四百二十七年）濮州范縣河溢。

正統三年（西曆紀元一千四百二十八年）邳州河決。魚台。金鄉。嘉祥大水。濟寧。東平俱溢。

正統十年（西曆紀元一千四百三十五年）河決荆隆口陽穀隄。詔山東三司亟修完之。（按荆隆口亦作金龍口音近而歧也○三司者布政司按察司都司也布牧民按司法都治軍一省之中儼然三權鼎立彼時巡撫巡按等皆臨時特派職司監察風紀而已）

正統十二年（西曆紀元一千四百三十七年）河決張秋沙灣。合大清河入海。尋決滎澤入淮。命工部尚書石璞治之。

正統十三年（西曆紀元一千四百三十八年）河徙開封而北。入汴。至壽州入淮。又決滎陽。東至開封而南。經陳留。自亳入渦口。經蒙城至懷遠入淮。（山東通志曰。河再決入柳樹口漫流曹州濮州抵東）

河決張秋徐有貞治之

昌壞沙灣等隄命侍郎王永和視修築〇吳氏通攷曰河溢滎陽縣自開封府城北經曹濮二州陽穀縣以入運河至兗州府沙灣之東決大洪口諸水從之入海景泰四年命官塞之乃更作九堰八閘以制水勢復於開封府金龍口筒瓦廂等處開渠二十里引河水東北入運河

景帝景泰四年西曆紀元一千四百四十三年河決張秋以沙灣久不治令左僉都御史徐有貞治之有貞治渠起張秋金隄之首引而西南百里踰范暨濮又上而西北經澶淵以接河沁內倚古金隄爲固外特梁山濼爲泄又置上下二牐以節宣之凡河流旁出者築九堰以障之堰長袤皆萬丈更出北以濟漕渠之涸阿西鄄東曹南鄆北之水出沮洳而資灌漑者爲頃百數十萬堰之上楗以水門下繚以虹隄架濤截流柵木絡竹實之石而楗之鐵凡五百五十餘日而工成賜其渠名曰廬濟由是水通古河入海不衝沙灣而運道復完

治水三要

明初洪武中河決陽武東經開封城北五里又南行至項城經潁上東至壽州正陽鎮而全入於淮之會通河故道遂淤自是至永樂歲爲決徙不常修築隄岸民用困弊至九年決益甚時議濬黃河故道工部侍郎張信言祥符縣有舊黃河岸與今河面平宜可濬大發卒濬之而主事藺芳今於中灣分導河流使復故道城萬世利乃汶上袁家口左徙二十里至壽州張之沙灣接舊河又從汴誠荊隆口下達塌場口南入淮九閱月而底績正統十三年決張秋河灣東流入於海又決滎陽東過開封歷睢陽自亳入於淮景泰中又決張秋治久無功乃遣都御史徐有貞治之有貞行汶濟踰衛及沁循河道濮范往來相度者久之上疏言臣聞治水有三要在知天時地利人事而已蓋河自雍而豫出險卽夷水勢既肆又由豫而兗土疎而水益橫流於是決而奪濟汶入海之路以去諸水從之故隄潰渠淤澇溢旱涸此漕途之所

徐有貞以壺喻河

渠名廣濟閘名通源

由阻也。今欲驟堙之。則潰者益潰。淤者益淤。請先疏其水。水勢平。乃治決。決止。多方建閘壩。以時節宣。無溢涸。而後河可得而安。時有撓其議者、曰。不能塞河。令不爲患。顧開之。令爲患耶。上遣中使就問。有貞出二壺。一竅五竅者各一。均注水而並瀉之。五竅者先涸。於是使者曉然知策之爲良也。歸報命而議決。於是有貞作治水閘。疏水渠。渠起張秋金隄。西南行九里。至濮陽濼。經博陵。壽張沙河。至東西影塘。又沿至蓮花池。大猪潭。乃踰范暨濮。又上而西數百里。經澶淵。接河沁。矣有貞曰、河水過則害。微則利。乃節其過而導其微。趨於平。既成。賜渠名廣濟。閘名通源。凡河流之旁。有不順者堰之。堰有九。又作放水閘於東昌龍灣魏灣。閘有八。度水盈過丈則洩。皆通古河以入海。上制其源。下放其流。既節且宣。用平水道。當是時。蠲瀕河民牧馬庸役。以專力河防。役丁夫五萬八千。又事不中制。役以有成也。

天順五年（西曆紀元一千四百五十一年）河自武陟徙原武。而獲嘉之流絕。

孝宗弘治二年（西曆紀元一千四百七十八年）河決原武。支流爲三。一自封邱荆隆口。漫祥符下曹濮。入張秋運河。一出中牟下尉氏。一從儀封考城歸德由徐邳入淮。是年九月。命侍郎白昂治河道。遂塞荆隆口。於滎澤開渠道河入淮。又築堰於徐兗瀛滄之間。以殺河勢。（吳氏通攷曰。復決金龍口。東北至張秋鎮入運河。而紅荆口幷陳流通許二縣水俱淤淺。復阻糧道。命官治之）

弘治五年（西曆紀元一千四百八十二年）荆隆河口復決。潰黃陵岡。泛張秋戴家廟。掣漕河與汶水合而北行。命侍郎陳政治之。弗績。（吳氏通攷曰。復決未幾。又決張秋運河。水從以入海。運舟甚艱。命內臣及文武官往治。發丁夫數萬。于黃陵岡南浚賈魯河。一帶分殺水勢。下由梁進口至丁家道口。會黃河出徐州。流入運河。又從黃河南浚孫家渡口。別開新河一道。導水南行。由中牟至潁州東入於淮。又浚四府營淤河。由陳留至歸德。分爲二派。一由宿遷小河口。一由亳渦河會於淮。又從黃陵岡至揚家口。築斷堰十餘。幷築大名三尖口等處長隄二百餘里及修南岸於家店筒瓦廂等處隄一百六十里始塞張秋決口更名安平鎮又於河東置減水石壩下分五洞以洩水勢遇有淤塞損壞令管河官隨時修治

參後段按語此據山東通志

劉大夏治決河

弘治六年西曆紀元一千四百八十三年以劉大夏爲副都御史治之。於決口西南開月河三里許。屬之舊河。使通漕。乃復黃陵岡南賈魯舊河。又濬孫家渡口。別鑿新河。導使南行。由中牟潁川東入淮。然後沿張秋兩岸。立表貫索。綱連巨艦。穴而窒之。實以土。至決口。去窒沉艦。壓以大埽。合且復決。隨決隨塞。連晝夜不息。八年二月工成。詔改張秋爲安平鎮。既塞。繚以石堤。隱如長虹。

劉大夏築太行堤

弘治七年西曆紀元一千四百八十四年劉大夏又起河南胙城。經滑長垣東明曹單諸縣。下盡徐州。作長堤亘三百六十里。即今太行堤也。而漕道復通。北流遂絕。遂以一淮受全河之水。

河第五徙

按自金章宗明昌五年至是歷三百年。河第五次徙。

此條據運河工程局報告書表而劉氏黃河變遷圖考、於宋二股河圖下即接南河故道圖。顯欠接貫。通志所記亦不詳晰。幸蔡九霞所著廣治平略尚有記載。今即據爲資料。

弘治十三年西曆紀元一千四百九十年 河決李家橋河南。楊家口淤塞。馬水河橫流曹單。時河南議挑馬水河。使下濟運河。曹縣知縣鄒魯請修長隄捍水。起武家口訖馬良集。凡一百五十里。

弘治十八年西曆紀元一千四百九十五年河北徙三百里。至宿遷縣小口入漕河。

武宗正德二年西曆紀元一千四百九十七年河徙入泡河。大水壞民居。

正德四年西曆紀元一千四百九十九年河溢皮狐營。決曹縣之溫家口。馮家口。又決衝黃陵岡埽溢入賈魯河下游淤墊合而南注遂決楊家口逕曹單二城下直趨豐沛命侍郎李鐘治之吳氏通攷曰溢皮孤營決曹縣之溫家口馮家口等處又北徙至儀封縣小宋集而決衝黃陵岡埽壩溢入賈魯河敗張家口等處纔水小隄循運河大隄東南行而賈魯河下流淤塞亦出張家口合而南注遂決楊家口道賈單二縣城下直趨豐沛命官塞之

按運河工程局報告書表云河北徙百二十里至沛縣飛雲橋入漕河

正德五年西曆紀元一千五百年 河北徙儀封縣小宋集沖黃陵岡溢入賈魯河此條與前條爲一事亦據運河工程局報告書

正德八年西曆紀元一千五百〇三年 決曹縣天仙廟孫家口從城北東行

正德十年西曆紀元一千五百零五年 決曹縣之焦家潭

正德十二年西曆紀元一千五百零七年 溢城武壞城郭田廬命河官修浚

正德十四年西曆紀元一千五百零九年 巡按朱裳奏城武單縣二城爲河所圮乞相地改遷從之

世宗嘉靖五年西曆紀元一千五百一十六年 上流驟溢東北至沛縣廟道口截運河注雞鳴臺口入昭陽湖汶泗南下之水從而東而河之出飛雲橋者漫而北泥沙填淤亘數十里管河官力濬之僅通舟楫此本吳攷

嘉靖六年西曆紀元一千五百一十七年 決曹單城武楊家口梁靖口廷臣請修城武以南廢堤至曹單之黃德詔會議舉行吳氏通攷曰復塞老和尚寺八里屯張家莊等處命官發丁夫數萬於昭陽湖東北起汪家口南抵留城口改鑿新河以避黃河衝塞之患尋以災異罷役命官卽故道濬之修築單縣林臺至沛縣舊城堤百四十餘里以塞入湖之道又濬趙皮寨孫家渡口殺上流之勢沛漕復通

嘉靖七年西曆紀元一千五百一十八年 廟道口淤河道御史戚應期奏塞白河以殺水勢導之入淮別開昭陽湖左新河一百四十餘里以通漕功垂成罷役

嘉靖八年（西曆紀元一千五百二十九年）河出飛雲橋北。徙魚台。出穀亭口。

嘉靖九年（西曆紀元一千五百三十年）決曹縣胡村寺。分道入運。（吳氏通攷曰自沛北徙橫流金鄉魚台出穀亭口命官濬趙皮寨抵寧陵故道及築睢州張見口至歸德州長隄百餘里以禦汎漲尋以河流改遷罷役）

嘉靖十三年（西曆紀元一千五百三十四年）河復淤廟道口。命都御史劉天和治之。天和議於曹縣梁靖口東岔河口。添築縷水隄。上自河南原武。下迄曹單。接築長堤各一道。均有堅厚重堤。苟非異常之水。北岸可保無虞。從之。

按運河工程局報告書表云、是年河決趙坡寨南向亳泗東出穀亭之流絶。

劉天和問水集嘉靖甲午冬十月。趙皮寨河南向亳泗歸宿之流驟盛。東向梁靖之之流漸微。梁靖岔河口東出穀亭之流遂絶。自濟寧南至徐沛數百里間。運河悉淤。閘面有沒泥底者。運道阻絶。朝野憂虞。於是有引黃河濬漕河二議。莫能決。總理河道右副都御史劉天和乃博採羣議。躬行相度。自趙皮寨東流故道凡百二十餘里。而至梁靖河底。視南流高丈有五尺。自梁靖岔河口東流故道凡二百七十餘里。而始至穀亭。已悉爲平陸。曰道遠費廣。河不可復導矣。兼慮如歐陽修所謂故道雖復。旋復淤塞。是捐費財力。而且以其勞貽後人也。况孫渡新河之覆轍當鑒耶。迺議惟濬淤修閘。以復先朝成憲。爲便。而時已寒凍。入春運舟且至。期限逼甚。迺測淤淺深。度河廣狹。以尺計工。以日計定。定番休以節夫勞。兼顧役以省民力。復議濬南旺淤淺。以免盤剝。築曹單長堤。以防衝決。復沽頭管閘部屬及諸閘官胥役夫。天和手自籌算。甫旬日而議定。纖悉詳備。區畫程度。先後條列以聞。上深用嘉納。賜敕竭誠體國等語。南北畿輔。山東河南文武監司而下。悉聽節制。許一切便

自古治河非任事信堅不能期最後之成功

宜從事。迺申令戒期。分土畫地。植廬舍以便居處。給醫藥以療疾病。用是大小臣工。罔敢弗協。淤深泥陷不能著足之工。則雜施土草。截河築壩。縱橫填路。下施新制兜杓方杓杏葉杓。魚貫以濬之。泥最稀陷最深者。則用木梢柳斗下取。猿臂傳遞登岸。瓦礫之工。則用鍬钁。溜沙之工。則用兜杓。沙姜石之工。則製鋸齒鐵叉。尺寸鑿之。濬深泉湧之工。則先擇泉稍淺者。分番役夫。車戽併力急濬。而後將泉深者倒水施工。濬已既深。工已垂就。而河廣淤深所在。隨浚隨墮者。則倍給夫值。增顧夫役。以重浚之。凡閘座之頹廢者。悉增葺而修復之。蓋合木土金石之工。而為工甚巨。為力甚難。若河之廣狹。視上流之南旺。慮過廣則水易散也。培閘面之低者。以齊高下。俾水不易洩也。用平準以測濬之淺深。俾舟行無滯也。復施植柳六法。（一臥柳一低柳一編柳一深柳一漫柳一高柳）以

護隄岸。濬月河以備霖潦。建減水閘以司蓄洩。築縷水隄以防衝決。罡順水壩以束漫流。且禁鞭撻。問疾苦。躬撫慰勞。宣諭上德。曉以國計至重。役民為不得已之故。於是衆心和悅。羣力畢効。徹水夜以繼日。重浚者至再至三。咸忘其勞。百工告成。運道復通。萬艘畢達。績聞。天子嘉悅。晉為工部右侍郎兼左僉都御史。仍理河道。部屬方面而下。勞最者遷官晉秩。賞賚有差。方役之初興也。內外遠近。咸以為難就。京師百貨騰貴。餽餉不至。至有議復海運者。幸賴朝廷專任專成。以故天和及屬僚之感激思奮。攄忠報國。身親督理。野處河濱。隨事經畫。博採羣策。竭其心、思、智、力。以期於必成。蓋惟計工以定役。故為力甚簡。視徭役之成數以調役。吏胥無所容其奸。故民不擾。顧值惟計工不計日。故為費甚省。畫地分工。完即散遣。故人自為力。廬舍飲食器具醫

築。勞勉周至。故民不知勞。更幸雨暘時若。疾疫不作。民命獲全。咸前所未有也。是役也。凡濬河三萬四千七百九十丈。築長隄縷水隄一萬二千四百丈。修閘座一十有五。順水壩八。植柳二百八十餘萬株。役夫一十四萬有奇。白金七萬八千餘。緡木以根計一萬七千四百餘。稍草以束計一十九萬五千餘。鐵以斤計六萬五千九百餘。麻灰磚石之類稱是。役始於乙未春正月中旬。迄於夏四月初旬。財力不多費。而功倍於昔人。時日不久曠。而效收於三月。亦前所未有也。

嘉靖十九年（西曆紀元一千五百三十年）決野雞岡。由渦河入淮。

嘉靖二十五年（西曆紀元一千五百三十六年）決曹縣。溢入城武單縣金鄉魚台等縣。

嘉靖二十六年（西曆紀元一千五百三十七年）決曹縣。漫金鄉魚台定陶城武衡轂亭。

嘉靖三十六年（西曆紀元一千五百四十七年）決原武。堙曹縣城。決北大隄。泛城武金鄉。

嘉靖三十七年（西曆紀元一千五百四十八年）河北徙新集。淤而爲陸二百五十餘里。視故道高三丈有奇。

嘉靖三十八年（西曆紀元一千五百四十九年）決曹縣舊老堤南長堤。

嘉靖四十四年（西曆紀元一千五百五十五年）決曹縣。

嘉靖四十五年（西曆紀元一千五百五十六年）決沛縣飛雲橋。分爲十數股。潰入南陽湖。運道淤塞。議者言欲徙閘夏鎮。從南陽至留城。出城口。就高卬。避漫流。帝以爲然。命大司空朱衡督理。以潘季馴副。季馴分工受事。躬行畚鍤。閱十旬竣事。省原估三之一。河工成。晉季馴右副都御史。

穆宗隆慶二年（西曆紀元一千五百五十八年）決沛縣。泛曹單。尚書朱衡疏請開泇河。報可。

隆慶三年（西曆紀元一千五百五十九年）河復溢。自清河抵淮安城西淤塞三十餘里。決方許二壩。出海平地水深丈餘。寶應湖堤往往崩潰。山東莒州郯城皆溢。從直河入邳州。溺死人民無算。

按時總河翁大立繪圖以獻。且言權宜之計在棄故道而就新衝。經久之策在開泇河以避洪水。廷議以爲往者劉大夏設官布夫。而河南之患息。近日改成新河。而豐沛之害平。非必河自順軌。由人力勝也。今既不能引他水以濟漕。而新衝之渠。卒未可就。惟築決口。如曩時房村方略。則故道宜可通。至如泇口之議。雖工費不貲。而一勞永佚。比歲疏鑿。費亦自省。於是復以衝往泄之衝。言自景泰間。奪河爲漕。而今徐邳之漕河。卽黃河也。往河趨濟博。則決曹單魚沛。而沽頭上下諸閘盡廢。後趨邳遷。則決野雞岡口。下亳河而徐呂二洪頓涸。今新河雖築。而茶城以南。猶屬黃河。非盡斥遠之。無以善後。宜將議者開泇口之說。下廷臣詳議。報可。

神宗萬歷五年（西曆紀元一千五百六十七年）決曹單。溢金鄉魚台。次年潘季馴條陳六事。一塞決口以挽正河。二築堤防以杜潰決。三浚閘坎以防外河。四創滾水壩以固隄岸。五止浚海工程以節糜費。六寢老黃河之議。以仍利涉。詔如議行。

按南河全考。先是萬歷三年。黃決桃源崔鎮。淮決高堰寶應。而山陽高寶興鹽等處。匯爲巨浸。桃源一帶運道梗阻。是時議者謂諸決口當毋塞。開支河以殺水。而濬海口以通之。至是總河侍郎潘季馴行相視。以爲海口固潮汐之所從來往也。隨濬隨淤。何可濬。惟導河歸之海。則以水治水。導河卽以濬海也。然河未易以人力導。唯繕固隄防。使無旁決。水入地益深。則治防卽以

假潘季馴便宜乃得行一意集羣策三年畢工

導治河也今河决上流固宜疏今下流决也欲疾赴海而害祛定必疏哉於是築高堰起武家墩經大小澗至阜寧湖川捍淮東侵築堤起清江浦沿鉢池山柳浦灣迤東以制河南溢慮河內衝閘而蝕漕也嚴五閘啓閉獨以待漕艘六月運盡築壩官民船隻由壩車盤沙無內灌自徐抵淮亘六百餘里築南北兩堤蜿蜒相望於是淮畢趨清口會大河入於海海口不濬而通〇按當時策河事者以百數言人人殊其言海口當疏者近是季馴獨謂海口不可以人力疏而可以水勢衝决計莫如築堰塞崔鎮東河淮正流使並趨入海且言天下之事不難治河而難衆口天子下其議大司空幼孜對如季馴策仍假季馴便宜不中制季馴乃得行一意集羣力三年畢工凡築土隄丈以億計石隄以數千計塞决口以百計浚運河以萬計閘壩涵洞之屬創

以數十計而高堰之工最鉅

萬曆十五年（西曆紀元一千五百七十七年）決荆隆口潰曹縣白茅村長隄挾陶北沙河泛長垣東明二縣尋塞之

萬曆十六年（西曆紀元一千五百七十八年）河大潰復起原任刑部尚書潘季馴總河時季馴已鐫職爲民而科臣謂其向在河上有築濬功會梅國樓季楝董子行蔡宗周常居敬先後薦之故部覆起都察院右都御史總督河道兼理軍務

按季馴治河與役夫雜處畚鍤葦蕭間沐風雨裹霜露髮白面黧而後兩河合軌數萬艘轉運無害緣河之民始復見室廬丘隴生平主持運漕於河則治河卽以治漕會河於淮則治淮卽以治河合河淮而同入於海則治河淮卽以治海故始終以築堤束水借水攻沙爲萬全第一義

又按萬曆初。河決崔鎮。奪淮入海。淮水不敵。遂決高家堰。於是河淮分決。流沙淤墊。雲梯關入海之路大阻。淮揚諸郡。悉爲巨浸。議者主濬海口以通之。督漕右都御史潘季馴相視。於是築堰以捍淮東浸。築堤以制河南溢。自徐抵淮。亘六百餘里。皆埴土膠泥。築南北兩堤。諸縷隄迫河者。畢展築兩厓地窪下者。各增築原堤。短蹙防護未周者。連接築培。薄增高。譬重門以待暴增。纘以禦寒。卽有異常泛濫之水。縷隄不支。至邊堤而極。勢固不能潰而出也。於是淮必趨清口。會大河入於海。海口不濬而深通。然堰隄雖堅。而疏濬無法。以致流沙日壅。清口日淤。二十一年。河復決汶上。決魚台。決濟寧。決鉅野。決邳州宿遷。高郵。泛漲泗州。幾成魚鼈之鄉。時河臣力主分黃。開桃源之黃家壩。三十里下五巷口入海。漕臣議請廣疏入海之途。盡闢清口之沙。以導淮正流。其說又無事過爲分黃者。而河臣必欲分之。乃黃不之所分之路。而之黃堌。數十萬金錢枉置烏有。徐邳之流幾斷。幸天心效順。無大變云。

萬曆二十四年西曆紀元一千五百八十六年黃堌口河復決。按黃堌口乃賈魯舊開處

萬曆二十五年西曆紀元一千五百八十七年又大決黃堌口。泛河南夏邑永城江南宿州界。出宿遷新河口入大河。半由徐州入舊河濟運。而二洪告涸。

萬曆三十年西曆紀元一千五百九十二年決蒙牆寺。入歸德南與淮會入洪澤湖。

萬曆三十一年西曆紀元一千五百九十三年決單縣蘇莊。復衝沛縣太行堤。灌昭陽湖及夏鎮。泛魚台。

萬曆三十二年西曆紀元一千五百九十四年決朱旺口。蕩漾三載。至徙于溝而定。

萬曆三十三年西曆紀元一千五百九十五年浚碭山朱旺口。凡役夫五十萬。六閱月工竣。河

歸故道。

萬曆三十五年（西曆紀元一千五百九十七年）決單縣東南灌城北四十里。

萬曆四十六年（西曆紀元一千六百零八年）決皮沙堽。由封邱曹單至考城復入舊黃河。總河王佐塞之。

熹宗天啓元年（西曆紀元一千六百一十一年）河決靈壁。由永姬湖出白洋口與黃會。故道堙涸。

天啓三年（西曆紀元一千六百一十三年）河決徐州大龍口。徐邳靈睢河並淤。雙溝河亦淤。上下百五十里俱成平陸。

莊烈帝崇禎二年（西曆紀元一千六百一十九年）河決曹單十四堡。

崇禎四年（西曆紀元一千六百二十一年）河決原武湖村鋪封邱荆隆口。衝曹縣塔兒灣太行

隄。又決單縣柳河口。總河李若塞之。

崇禎五年（西曆紀元一千六百二十二年）決曹縣曹家口。九年十年又決。總河周鼎塞之。

山東通志曰。河自弘治間決荆隆口。東經曹濮。至張秋鎭入運河。此全河形勢變遷之至大者也。崇禎之季。河屢決為患。其時寇亂日亟。兼顧不遑。縱有修治。不過補苴而已。

弘治中河決原武。支有三。其一決封邱荆隆口。漫祥符長垣而下。趨張秋衝會通河而奔放於海。一出中牟尉氏。一溢蘭陽儀封考城歸德至宿州。瀰漫四出。不可禁。命戶部侍郎白昂往治之。乃築陽武長隄。防張秋。中牟之決。以入淮。濬宿州古汴河以達泗。自小河西抵歸德飲馬池。經符離而南。皆濬令深廣。又疏月河十餘以殺其勢。塞決口三十六。由是而河入汴。汴入睢。睢入

泗泗入淮以達海而水患以平昂又以河南入淮非正道恐卒不能容乃復魚台歷德州至吳橋修古長隄又自東平北至興濟鑿小河十二道引水入大清河及古黃河以入海蓋東北分治而主疏也七年河復決荆隆潰張秋隄奪汶水以入海議者謂河不可復宜復治海運而朝議弗是也命平江伯陳銳同都御史劉大夏督治之時河流湍悍甚決口闊十餘丈大夏行視之曰是下流未可治治上流先導之南行且築長隄以防大名山東之患俟河頗循軌而後決可塞也於是發丁夫數萬濬賈魯舊河四十餘里由曹出徐以殺水濬孫家渡開新河七十餘里導使南行由中牟至潁以入淮又濬四府營淤河由陳留至歸德灑而爲二一由宿遷一由亳渦會於淮於是治張秋兩岸東西築臺立表貫索綱聯巨艦穴而室之實以土至決口去窒沈艦

參前弘治年文此據蔡九霞廣治平略

壓以大埽合而復決隨決隨築連晝夜不息決既塞繚以石隄隱如長虹又起河南胙城經滑長垣東明曹單諸縣下盡徐州作長隄亙三百餘里而漕道復通役歷三時用軍民夫十二萬餘人鐵一萬九千斤有奇竹木薪芻不可計於是張秋之決始塞賜名安平鎮時邱濬著論言周以前河之勢自西而東而北漢以後河之勢自西而北而東宋以後迄於今則又自西而東而又之南矣河之所至害以隨之卹民患者烏可不隨其所在而除之哉禮曰四瀆視諸侯瀆者獨也以其獨入於海故江河淮濟皆名以瀆焉今以一淮而受黃河之全蓋合二瀆而爲一也自宋以前河自入海尙能爲並河州郡之害況今淮海合一而清口又合沁泗沂三水以同歸於淮也哉曩時河水猶有所瀦如鉅野梁山等處猶有所分如屯民赤河之類雖以元人排河入

邱濬論河

淮。而東北入海之道。猶微有存焉者。今則以一淮受衆水之歸。而無涓滴之滲漏矣。且本朝建國幽燕。漕東南之粟以實京師。必由博濟之境。則河決不可使之東行。一決而東。則漕渠乾涸。歲運不繼。其害非獨在民生。且移之國計矣。今日河南之境。自滎陽原武。由西迤東。歷睢陽亳穎。以迄於濠淮之境。民之受害而不聊生也甚矣。坐視而不顧歟。則河患日大。民生日困。失今不理。則日甚一日。或至於生他變。設欲興工動衆。疏塞並舉。則又恐費用不貲。功未必成。而坐成困斃。然則爲今之計。奈何。孟子曰、禹之治水。水之道也。又曰、禹之治水也。行其所無事也。古今治水者。要當以大禹爲法。禹之導河。既分一爲九。以殺其洶涌之勢。復合九爲一。以合其奔放之衝。萬世治水之法。此其準則也。後世言治河者。莫備於賈讓之三策。然歷代所用者。不出其下策。而於上中二策蓋罕用焉。今往往違水之性。逆水之勢。而與水爭利。其欲行也。強而塞之。其欲止也。強而通之。惜微渺之費。而忘其所損之大。護己成之業。而興夫難就之功。非徒無利。而反以致害。不如聽其自然之爲愈也。臣愚以爲今日河勢。與前代不同。前代只治河。今則兼治淮矣。前代只欲除其害。今則兼資其用矣。況今河流所經之處。根本之所在。財賦之所出。聲名文物之所會。所謂中國之脊者也。有非偏方僻邑所可比。爲可置之度外而不預有以講究其利害哉。臣願明詔有司。博求能浚川疏河者。徵赴公車。使各陳所見。詳加考驗。預見計定。必須十全。然後用之。夫計策雖出於衆。而剛斷則在於獨。擇之審。信之篤。而用之專。然後能成功耳。不然。作舍道傍。甲是乙非。又豈能有所成就哉。臣觀宋儒朱熹有言曰、禹之治水。只從底處下手。下面之水盡殺。則上面之水漸淺。臣因朱氏之言而求大禹之故。深信賈讓上中二策。以爲可行。蓋今日河流所以汎濫。以爲河南渰沒無窮之害者。良以兩瀆之水。既合爲一。衆山之水。又併以歸。加以連年霖潦。歲歲增益。玄冬之沮洳未乾。嗣歲之潢潦繼至。疏之則無所於歸。塞之則未易防遏。遂使平原匯爲巨浸。桑麻菽粟之場。變爲波浪魚鼈之區。可歎也已。伊欲得上流之消洩。必先使下流之疏通。國家誠能不惜棄地。不惜勤民。舍小以成其大。棄少以就夫多。權度其得失之孰急。乘除其利害之孰甚。毅然必行。不惑浮議。擇任心膂之臣。委以便宜之權。俾其沿河流相地勢。於其下流迤東之地。擇其便利之所。就其汙下之處。條爲數河。以分水勢。又於所條支河之旁地。堪種稻之處。依江南法創爲圩田。多作水門。引水以資灌溉。河既分疏之後。水勢

自然消減。然後從下流而上。於河身之中去其淤沙。或推而盪滌之。或挑而開通之。使河身益深。足以容水。如是則中有所受。不至於溢出。而河之波不及於陸。下有所納。不至於東隘。而河之委易達於海。如是而又委任得人。規置有法。積以歲月。因時制宜。隨見長智。則害日除而利日興。河南淮右之民。庶其有瘳乎。或曰、若行此策。是無故捐數百里膏腴之地。其間破民廬舍。壞民田園。發人墳墓。不止一處。其如人怨何。嗚呼、天子以天下爲家。一視同仁。在此猶在彼也。普天之下。何者而非王土。顧其利害之乘除。孰多孰寡。爾爲萬世計。不顧一時。爲天下計。不狥一方。爲萬民計。不惜一人。賈讓有言。瀕河十郡治隄。歲費萬萬。及其大決。所殘無數。如出數年治河之費。足以業其所徙之民。大漢方制萬里。定與河爭咫尺之利哉。臣亦以謂開封以南至於鳳

鳳陽帝鄉園陵所在

宋濂河議

陽每歲河水渰沒中原膏腴之田。何止數十萬頃。今縱於迤東之地。開爲數河。所費近海斥鹵之地。多不過數萬頃而已。兩相比論。果孰多孰少哉。請於所開之河。偶值民居。則官給以地而償以室廬。偶捐民業。則官倍其償而免其租稅。或與之價直。或助之工作。或從之寬閑之鄉。或撥與新墾之田。民知上之所以勞動乎我者。非爲私也。亦何怨之有哉。矧今鳳陽帝鄉園陵所在。關係尤大。伏維聖明留意。萬一臣言可采。或見之施行。不勝幸甚。又曰、天下之爲民害者。非特一水也。水之在天下。非特一河也。流者若江海之類。豬者若湖波之屬。或徙或決。或溢或潰。隄岸以之而崩。泉源以之而涸。沙土由是而淤。畛域由是而決。以蕩民居。以壞民田。皆能以爲民害也。然多在邊徼之壖。寬閑之野。曠僻之處。利害相半。或因害而得利。或此害而彼利。其所損有限。其所災有時。地勢有時而復。人力易得而修。非若河之爲河。亙中原之地。其所經行。皆是富庶之鄉。其所衝決。皆是膏腴之產。其爲民害。比諸其他尤大且久。故特以民之害歸焉。使凡有志於安民生興民利者。知其害之有在。隨諸所在而除之。而視河以爲準焉。

宋濂治河議、曰比歲河決不治。上深憂之。既遣平章政事蒐名御史中丞李□禮部尚書泰不花沈兩珪及白馬以祀。又置都水監專治河事。而績用未之著。乃下丞相會廷臣議。其言人人殊。濂則以中原之地。平曠夷衍。無洞庭彭蠡以爲之匯。故河嘗橫潰爲患。其勢非多爲之委。以殺其流。未可以力勝也。何也。河源自吐番朵甘思西鄙。方七八十里。有泉百餘泓。若天之列宿然。曰火敦腦兒。譯言星宿海也。自海之西腦兒二澤。又東爲赤賓河。而阿刺赤里出。之水繇西合忽闌之水。南會也里朮之水。復至自東南。於是其流漸大。曰脫可尼。譯云黃河也。河之東行。又岐爲九派。曰也孫幹倫。譯云九渡也。水尙清淺可涉。又東約行五百里。始寖渾濁。而其流益大。朵甘思東北鄙有大山。四時皆積雪。曰亦耳麻莫不剌。又曰騰乞里塔。譯云崑崙也。自九渡東行可三千里。崑崙之南又東過闊卽闊隄二地。至哈剌別里赤與納鄰哈剌河合。又合乞兒馬出二水。乃折流轉西。至崐崙北。既復折而東流。至貴德州。其地名必赤里。自崐崙至此。不啻三千里之遠。又約行三百里。至積石。從積石上距星宿海。蓋六千七百有餘里矣。其來也既遠。其注也必怒。故神禹導河自積石。歷龍門。南到華陰。東下底柱。及孟津洛汭。至於大伾。而下釃爲二渠。北載之高地。過降水。至於大陸。播爲九河。趨碣石入於渤海。然自禹之後無

水患者七百七十餘年。此無他。河之流分。而其勢自平也。周定王時。河徙砱礫。始改其故道。九河之迹。漸至湮塞。至漢文時。決酸棗。東潰金隄。孝武時。決瓠子。東南注鉅野。通於淮泗。汎郡十六。害及梁楚。此無他。河之流不分。而其勢益橫也。逮乎宣房之築。道河北行。二渠復禹故迹。其後又疏爲屯氏諸河。復入于千乘間。德棣之河。復播爲八。而八十年又無水患矣。及成帝時。屯氏河塞。又決於管陶及東郡金隄。汎濫兗豫。入平原千乘濟南。凡灌四郡三十二縣。由是而觀。則河之分不分。而其利害昭然又可觀已。自漢至唐。平決不常。雖以患議。至於宋時。河又南決。南渡之後。遂由平城合汴泗。東南以入淮。而向之故道又失矣。夫以數千里湍悍難治之河。而欲使一淮以疏其怒勢。萬萬無此理也。方今河破金隄。輸曹鄆地。幾千里悉爲巨浸。民生墊溺。比古

爲尤甚。莫若浚入舊淮河。使其水流復于故道。然後道入新濟河。分其半水。使之北流以殺其力。則河之患可平矣。譬猶百人爲一隊。則力全莫敢與爭鋒。若以百分而爲十。則頓損。又以十各分爲一。則全屈矣。治河之要孰踰此。然而開闢之初。洪水汎濫於天下。禹出而治之。始由地中行耳。蓋財成天地之化。必資人工而後就。或者不知。遂以河決歸於天事。未易以人力強塞。此迂儒之曲說。最能僨事者也。濂竊憤之。因備著河源。以見河勢之深且遠。不分其流。不可治者如此。倘有以聞於上。則河之患庶幾其有瘳乎。雖然此非濂一人之言也。天下之公言也。

正德中尚書胡世寧言。今河自經汴以來。南分二道。其一出滎澤經中牟陳潁至壽州入淮。其一出祥符經陳留睢亳至懷遠入淮。其東南一道自歸德宿虹出。還其北分新舊五道。一自長垣曹鄆出陽穀。一自曹州雙河口出魚台塌場。一自儀封出徐州小浮橋。一出沛縣飛雲橋。一出徐沛之間境山之北溜溝。此六者皆入漕渠而南匯於淮。今且淤塞矣。止存沛縣一河。勢合岸狹。不得不溢。所以豐沛徐州漫爲巨浸。溢入沛北之昭陽湖。以致運道壅淤。漸成堙塞。然壅淤積久。勢必復決。決而東南。其禍猶小。決而東北。禍不可言。故今治河。當因故道而分其勢也。其陽穀魚台二道。勢近東北。不可復開。而汴西滎澤間孫家渡決矣。宜常濬之以分上流之勢。自汴東南原出懷遠宿遷小浮橋溜溝四道。宜擇其便利者開濬一道。以分下流之勢。或恐豐沛漫流久而北徙。欲修武城以南廢隄至於沛縣之北廟道口。以塞新決而防其北流。此亦一計也。至於運道止塞沛縣以□三十餘里。而不能遽開者。以夏

盛應期河議

秋水溢。流沙半壅。沙隨水積。豈能成功。今莫若於昭陽湖左滕沛魚台之中。別開一河。南接留城。北接沙口。闊五六尺。以通二舟之交。冬月冰結船止。更加濬闊。以爲運道。此其上策。不得已而思其次。則聞國初漕運。在淮達河。由陽武起陸。百有餘里。至衞水入船。轉運至京。又聞沁水至武陟縣紅荆口分流一道。闊六十里。通衞。近年始淤。是河流因沁。可以達衞也。宜遣官踏視。或紅荆口。或陽武上下。開通一河。北達衞水。以備徐沛之塞。此亦一計也。

嘉靖初。河道總督盛應期言、宜於昭陽湖左別開新河。北起姜家口。南至留城。百四十餘里。以通漕。其説與世寧合。乃集夫役。分標開鑿。已而言者謂其功必不可成。徒糜財勞民。而新河之議遂寢。嗣是歲有決溢。所由無常。迨季年而蕭碭徐邳之間。湮城郭。人民爲災也。劇甚。至四十五年。河塞新集。而南

流阻。再塞彭家屯。而全河北徙。不可漕。於是都御史朱衡躬親相度。訪應期故迹。因疏言、古之治河。惟欲避害。今之治河。又欲資其利。幸今河直秦溝。可因其勢而利導之。開新河以漕。而廷議以爲河湍悍。以秦溝兼數河之任。恐不溢而北。即溢而東。又抵極而返於西南。是以沛與魚台爲壑也。開新河有三難。不可爲也。於是衡復上議。言河固悍。難暴泄。然使不直境山而北。出將一聽沙淤之所爲。即出徐州南而二洪益壯。亟爲敗。今幸出秦溝。直境山南五里。所雖兼受數河之任。猶爲有東溢。而河流得益駛疾。即夏秋水猥盛。極反亦不能出新河西隄外。而昭陽湖受水。得游蕩休焉。何獨言爲壑也。今欲開支河。起新集。至兩河口。無論漫無河形者。二百五十餘里。創作深廣。難。即有河形如郭貫樓至龍溝。湮未久。稱易濬者。亦已盡淤。且河之所舍。誰能強

之。不如因河所欲注開之。於是新河就而西隄亦成。

歷代治黃史卷五

清

世祖順治元年（西曆紀元一千六百四十五年）夏黃河自復故道仍歸徐州亳蒙之間黃流始絕。（按崇禎十五年九月賊圍開封守臣掘河灌之賊偵覺移營高岸乃大決馬家口灌開封城溺死三十餘萬人河由渦達淮故道涸竭）是年河決單縣柳河口。命兵部尚書楊方興總督河道治之。

順治二年（西曆紀元一千六百四十六年）決曹縣流通口。四年塞之。工竣。餘流自單入豐注太行堤。

順治七年（西曆紀元一千六百五十一年）決封邱朱源寨。東北注沙灣。運堤衝潰。（運河工程局報告書表同惟下云經汶水由大清河入海）又荆隆口溢。旁注曹單。八年乃塞。

順治九年（西曆紀元一千六百五十三年）封邱大王廟口決。沙灣復潰。總河楊方興築堤岸。又

自西岸河濱至八里廟。開引河長五百丈。閱四年。功乃成。（運河工程局報告書表云河決封邱由長垣趨東昌壞安平堤北入海）是年河又決邳州壞城。又決睢寧。越三載乃塞。

順治十年（西曆紀元一千六百五十四年）築考城芝麻莊堤。

聖祖康熙元年（西曆紀元一千六百六十年）五月河決曹縣石香爐口。總河朱之錫塞之。

按朱公之錫浙江義烏縣人。順治三年進士。歷官兵部尚書都察院右副都御史晉階太子少保。順治十四年任河道總督。凡修守運河。一一條奏。報可。十七年以母喪當離任。朝議給假治喪。旋即起復。在南河總督任開董家口新河。復太行老堤。挑高郵運道。治石香爐決口。皆相度機宜。順水之性。著有河防疏略可考。其功之著於豫省者。十四年河決祥符槐疙疸。又決陳留孟家埠。十五年決陽武慕家樓。十七年決陳留郭家埠。又決虞城盧家口。無不

尅期堵築不勞不傷其見於兩河利害等疏於官蝕役蠹積弊如鑒取形又曰非淡泊無以耐風雨之勞非精細無以察防護之理非慈斷無以應倉猝之機又云、刑名錢穀皆以文移辦治獨河工非足到眼到不能旨哉言乎又數年以勞瘁歿於任屢著靈異乾隆四十五年、春二月、上巡幸江浙臨河駐蹕、而儀封漫口即於是日大風陡作巨溜全掣數十丈之口門立見填淤因而下埽不日合龍方漫口之將塞也或見有老人在灘相度勘履植木爲記問其故、曰河水當從此過非官定引河所經也問其姓、曰朱言已忽失所在而標記儼然人所共覩其人走告河北觀察朱公岐親往視之已而開放引河果刷岸他徙工遂告竣咸以爲神力也工成後特旨勅封助順永寧侯命大河兩岸立廟致祭

歷代治黃史　卷五　二

又按李元度（字次青著國朝先正事略）撰公事略曰、公字孟九號梅麓浙江義烏人順治三年進士選庶吉士授編修十四年擢吏部右侍郎世祖嘗幸館中（振聲按明官制翰林院詹事府春坊司經局國子監禮部尚書侍郎太子賓客皆爲翰林官爲進士出身官之最清貴者而吏部銜門獨右侍郎別於尚書左侍郎而爲翰林官清初因之故此曰幸館中）給筆扎賦詩有禁內盤盂皆敬勝猶懷筆諫效前賢之句上大喜諭嘉公氣度端醇才品勤敏令以兵部尚書銜總督河道駐濟寧州十五年河決山陽公馳赴清江浦築戧堤以衛之決口遂塞宿遷董家口爲淤沙所閼別開新河四百丈於舊渠迤東以通運道十六年、疏言黃河泛溢之害無代無之前明二百餘年數與大役治水名臣如徐有貞劉大夏潘季馴等、塞決口疏河身役夫俱八九萬至十餘萬糜帑不貲我朝數百萬京儲仰給東南凡籌河者必兼籌運黃河自滎澤至山陽運河自惠通至清口前明

規制。十存其五。欲一一修復。工繁帑絀。謹酌盈虛。權緩急。條上十事。一歲修夫役宜存舊額。一淮工宜酌行民修舊例。一堤閘宜擇最要者先治。一柳料宜預爲籌備。一誤工病民。弊端宜嚴剔。一曠盡銀兩宜釐核。一河工職守宜愼重。一河官既有專責。不應別膺差委。一歲終宜察核所屬賢否。分別舉劾。以示勸懲。一黃運二河。毗連數省。宜敕各巡撫共襄河務。疏下。部皆如所請行。康熙元年九月。河決原武、祥符、蘭儀等縣。公力籌堵塞。自爲短歌。俾遒鐸徇行。夫役皆踴躍從事。以是屢有成功。四年。疏言南旺爲運河之脊。北至臨清。南至台莊。全賴四十餘閘啓閉節宣。若差船兵船。應閉者強之使開。洩水下注。則重運之在上游者阻矣。應開者强之使閉。留水待船。則重運之在下游者又阻矣。如慮河路迂遲。自應從陸。得旨。嗣後擅行啓閉者。即指名題參。

公治河殫竭心力。每當各工並急。南北交馳。暑暴烈日。冬犯霜雪。首尾十年。至是督催空艘。抵臨清。積勞成疾。明年春。復閱視大挑。奔馳邳宿間。病日臻因繕疏請告。未發而薨。年四十有二。無子。優詔議卹。賜祭葬如例。著有寒香館河防疏略行世。初河庫貯銀十餘萬兩。頻年撙節。得四十六萬有奇。（節錄）

康熙三年（西曆紀元一千六百六十二年）決祥符閻家集。

康熙六年（西曆紀元一千六百六十五年）決煙墩口。

康熙七年（西曆紀元一千六百六十六年）董口淤。由是運道改由駱馬湖。

康熙九年（西曆紀元一千六百六十八年）決曹縣牛市屯。又決單縣譙龍寺。總河王光裕塞之。復築芝麻莊堤。閱二載工始竣。

康熙十二年（西曆紀元一千六百七十一年）河決新村。三築三決。

康熙十六年（西曆紀元一千六百七十五年）河決武官營千家岡張堡。

按是年三月敕諭總河靳輔、茲以總河關漕運大計。特命爾總督河道提督軍務。駐劄濟寧州。凡山東曹濮臨清沂州河南睢陳直隸大名天津江南淮揚徐穎各該地方。俱照舊督理。爾督率原設管河閘郎中員外郎主事及守巡河道官。將各該地方新舊漕河。及河南山東等處上源往來經理。遇有淺澀衝決隄岸單薄。應該幫築挑濬者。皆先事預圖。免致淤塞。有礙運道。合用人夫。照常於河道項下。附近有司軍衛衙門調取應用。其各省歲修河工錢糧。但係河道工程。修照近日新行事例。通融計處支放。務要規畫停當。毋得糜費。若所屬大小官員。果能盡心河務。卽據實薦舉。有侵漁瀆職。怠玩誤事。及權豪勢要之家。侵占阻截。並違例盜取河防。應拏問者。徑行拏問。應參奏者。指名參奏。其河道緊要機宜。著與漕運督撫衙門。會同計議施行。若有重大事情。奏請定奪。年終將修理過河道人夫錢糧。照例備細造冊畫圖貼說。奏繳。或有土賊不時竊發。慮河運爲梗。爾當精選將領。嚴覈兵馬。勤加訓練。申明紀律。如遇賊寇窺竊。卽督發鎮將官兵勦滅。勿使蔓延。如有將領臨陣退縮。殺良冒功。及糧運稽遲。失誤軍機者。武官自四品以下。文官自六品以下。會同提督巡撫。准以軍法從事。鎮道等官。飛章參處。務期消弭亂萌。保安地方。其山東河南各巡撫。悉聽爾節制。河道軍務。有開載未盡者。許以便宜舉行。不從中制。爾以才望簡用。須殫竭忠猷。不避勞怨。斯稱委任。毋或因循怠忽。及處置乖方。有負委託。爾其勖之。特諭。

康熙二十四年（西曆紀元一千六百八十三年）塞之。是年總河靳輔奏山東單縣南岸隄工張家集自西至東長四百一十八丈。錯雜河南虞城境。改歸虞城修防。河南考城北岸隄工戴家樓西接儀封境。長五十餘丈。連山東曹縣境。歸曹縣修防。從之。

按靳輔謚文襄、爲前清治河名臣之一、著有治河方略及奏疏若干卷行世、其五世孫文鈞序治河方略、謂公任河道總督時。風餐水宿二十餘載。其間工程之險易。物料之經營。以及二守四防。歲修搶築。靡不勞神運思。鉅細畢擧。又方略載康熙四十六年特諭、粵從明末寇氛決黃灌汴。而洪流橫溢。歲久不治。迄於本朝。在河諸臣。皆未能殫心修築。以致康熙十四五年間。黃淮交敝。海口漸淤。河事幾於大壞。朕乃特命靳輔爲河道總督。自受事以來。斟酌事宜。相度形勢。興建堤壩。廣疏引河。排衆議而不撓。竭精勤以自效。於是黃淮故道。次第修復。而漕運大通。其一切經理之法。具在。雖嗣後河臣互有

損益。而規模措置。莫能異也。至於創開中河。以避黃河一百八十里波濤之險。因而漕挽安流。商民利濟。其有功於運道民生。至遠且大。朕每莅河干。編加咨訪。沿淮一路軍民。感頌靳輔治績者。衆口如一。久而不衰。夫人臣有大建樹於國家者。獎勳酬庸。宜從優渥。雖賜卹易名。已循彝典。尚應特予褒敍。賁以殊恩。靳輔著加贈太子太保。仍給世職拜他喇布勒哈番。（按此滿洲語即雲騎尉也）用彰朝廷追美勞臣之典。爲矢忠宣力者勸云云、

又公進呈治河書表曰。念彼黃淮二水。汎瀾者千七百年。近迨隆萬兩朝。負薪者二十餘載。始克宅土。旋見滔天。豈少勞臣。莫收成效。內府則金錢已匱。分黃之說方張。西山則木石無多。泛海之謀間起。議論多而成功少。變故極而主見淆。本自拙於人爲。終乃諉之天數。又曰拔臣於旅、進、備員之內、發帑、

千古用人之法數語括之豈獨治河哉但河臣甘苦統括此數語此河臣所以不易成功也

於軍興旁午之時知臣愚足粟成頻申之妙略察臣戇輕任事深戒之小心諒臣孤則易搖屢寬之文法憫臣勢將召怨曲賜之保全昔潘季馴功被當時四任而再黜念微臣輔才非踰等一命而十年云云足見其任勞任怨而明主知遇之隆信任之專亦至難得也

又公遺疏云甲子聖駕南巡之頃諭臣頒著河防一書祇以大工未竣不遑著述茲臣復拜水土之命業經通前徹後革成大略須俟數月之後方得成帙進呈御覽已囑臣子治豫至期恭進矣云云是治河方略一書乃奉勅編纂未成而歿亦足見當日成書之其難其慎也

又按李元度靳文襄公事略曰公諱輔字紫垣遼陽人隸漢軍廂黃旗（振聲按或云靳原籍實係山東聊城今聊城靳氏猶右族也）康熙十六年授河道總督二十四年疏請添築考

城議封陽武三縣河隄七千八百丈有奇封邱縣荆隆口月堤三百三十丈滎澤縣埽工二百一十丈以防上流異漲又請增設蘭陽儀封滎澤河員免開歸二府民採辦青柳均從之三十一年仍爲河道總督會陝西西鳳漕郡災截南漕二十萬泝河而上貯蒲州以賑秦民命公董其役公力疾就道經畫西運自清河至滎澤達三門砥柱安流無恙事竣抵淮疏陳兩河善後策及河工守成事宜幾及萬言十一月薨於位

急流不可設滾水壩

康熙三十四年（西曆紀元一千六百九十五年）諭黃河沙灘消長本無定所水緩處可設滾水壩至急流處滾水壩斷不可設

康熙三十八年（西曆紀元一千六百九十九年）帝巡視河工指授方略

按是年三月諭總河于成龍等朕念河道國儲民生攸關親行巡幸由運河

河臣箴

諭黃河逢灣取直

一帶。至徐州迤南黃河。見河底高灣多。以至各處受險、又至歸仁隄高家堰運口。各隄岸愈高而水愈大。此非水大之故。皆因黃河淤墊甚高。以致歷年漫溢。若專以築隄。終屬無益。且運口太直。黃水倒灌。兼之湖水淤墊。致清水不能暢流。朕欲將黃河各險工頂溜灣處開直。使直行刷沙。若黃河刷深一尺。則各河水少一尺。深一丈。則各河水淺一丈。如此刷去。則水由地中行。各壩亦可不用。不但運河無漫溢之虞。而下流淹沒之患。似可永除矣。

康熙三十九年（西曆紀元一千六百九十八年）總河張鵬翮遵諭。將黃河曲處挑挖使直。水流暢快。泥沙不淤。鵬翮言。凡河上有衝大溜之處。對岸必有沙嘴。蓋河曲之故也。即從此曲處挑挖引河。以殺水勢。則對岸險口可平。

康熙四十二年（西曆紀元一千七百○一年）帝復巡視河工。

按是年三月製河臣箴。舟中書賜張鵬翮。曰。自古水患。惟河爲大。治之有方。民乃無害。禹疏而九。平成攸賴。降及漢唐。決復未艾。漸徙而南。宋元滋溢。今河昔河。議不可一。昔止河防。今兼漕法。既弭其患。復資其力。矧此一方。耕鑿失職。澤國波臣。痌瘝已極。肩玆鉅任。曷容怠佚。毋俾金隄。潰於蟻穴。毋使田廬。淪於蛟窟。毋徒糜國帑。而勢難終日。毋虛動畚築。而功鮮覈實。務圖先事。盡利導。策莫悔後時。飭補苴術。勿即私而背公。勿辭勞而就逸。惟潔清而自持。兼集思而廣益。則患無不除。績可光冊。示我河臣。敬哉以勗。

康熙四十三年（西曆紀元一千七百○二年）諭黃河逢灣取直。開挑引河。必須於對岸水淺處。築挑水壩。通流入引河。方爲有益。又諭開減水壩。須於水緩處。不可迎溜。以防奪河。

康熙六十年（西曆紀元一千七百十九年）河決武陟。大溜注滑縣東明長垣及濮州范縣壽張。直趨張秋。潰東岸曹家單薄。由大清河入海。命副都御史牛鈕等前往監修。是年築釘船幫大壩。挑廣武山黃家溝引河。過大溜入正河。築秦家壩。堵馬營口。又築曹單太行隄。

康熙六十一年（西曆紀元一千七百二十年）武陟大壩南尾衝潰。馬營口下淤塞十餘丈。決水復至張秋。開葦河頭。洩入大清河。是年十二月。馬營口工竣。始築葦河頭。

世宗雍正元年（西曆紀元一千七百二十三年）諭工部、沿河州縣。向有額設河夫。自百名至數十名不等。興工則併力濬築。工停則分遣巡防。近聞管夫河官。侵蝕河夫工食。每處僅存夫頭數名。遇有工役。臨時雇募鄉民充數塞責。以致修築不能堅固。損壞不能隄防。冒銷誤工。莫此爲甚。著不時稽查。按冊覈實。倘有仍前侵蝕貽誤河防者。即行指名題參。

雍正二年（西曆紀元一千七百二十四年）加高豫省南北兩岸隄。北岸自滎澤至山東曹縣。各築遙隄月隄隔隄。

雍正三年（西曆紀元一千七百二十五年）曹縣芝麻莊築挑水壩。每歲加修。

雍正四年（西曆紀元一千七百二十六年）總河齊蘇勒請於芝麻莊險工上流。築挑水大壩。挑溜開行。以免沖刷。於所修埽工前後。加魚鱗護埽。以資捍衛。又芝麻莊大隄後。原有月隄。應接築隔隄長二百八十丈。曹縣北岸衛家樓大隄距河切近。應於舊月隄後。添築隔隄長五百四十丈。得旨允行。

雍正六年（西曆紀元一千七百二十八年）單縣諸埊壩建埽工八十丈。添設河營曹縣千總一員。駐芝麻莊。單縣把總一員。駐諸埊壩。分防險工。

禁築私堰

命黃河沿堤種柳申禁近隄取土

高宗乾隆四年（西曆紀元一千七百三十九年）五月、曹州趙家集西黃水漫溢。衝決臨河大隄。六月、堵合。並加增高厚。新築月隄長七百一十丈。

乾隆五年（西曆紀元一千七百四十年）總河白鍾山因黃河工程浩大。曹單同知不能兼理。題請添設曹儀通判一員。駐札楊家橋。自儀封交界至曹主簿汛王家廠。前轄臨河隄工五十二里。

乾隆十六年（西曆紀元一千七百五十一年）六月。河決陽武十三堡。泛曹單。十一月、決口塞。

乾隆十七年（西曆紀元一千七百五十二年）正月、諭軍機大臣等、豫省黃河兩岸大隄之外。舊有太行隄一道。由直隸連接山東。歷年久遠。未免殘缺。著詳細查明。動項修理完整。俾民生足資捍衛。貧黎藉工餬口。於上年被災之地。亦有裨益云云。

乾隆二十一年（西曆紀元一千七百五十六年）孫家集河溢。微山湖。淤荊山橋圯。十一月。堵合。

乾隆二十二年（西曆紀元一千七百五十七年）帝南巡至孫家集及荊山橋閱工。

乾隆二十三年（西曆紀元一千七百五十八年）諭豫東黃河大隄相隔二三十里。河寬隄遠。不與水爭。乃民間租種灘地。惟恐水漫被淹。止圖一時之利。增築私堰。致河身漸逼。一遇汛水長發。易於衝、潰、匯、注、隄根。即成險工。著曉以利害。嚴行查禁云云。

乾隆二十六年（西曆紀元一千七百六十一年）河決開封陽橋。水泛曹州境。

乾隆四十七年（西曆紀元一千七百八十二年）儀封河溢。水齧菏澤護城隄幾潰。

乾隆四十八年（西曆紀元一千七百八十三年）命黃河沿隄種柳。申禁近隄取土。

乾隆五十六年（西曆紀元一千七百九十一年）濬徒駭馬頰及附近支河。

仁宗嘉慶二年（西曆紀元一千七百九十七年）曹汛壩河溢。十二月合龍。

嘉慶三年（西曆紀元一千七百九十八年）諭內閣李奉翰等奏曹汛壩工。因正月二十七日東南風甚大。水勢直注金門。二十八日、風勢愈狂。西壩後段陡蟄入水。現在趕緊堵築等語。李奉翰康基田司馬騊伊江阿俱著交部嚴加議處。

嘉慶十九年（西曆紀元一千八百十四年）曹縣被河水衝漫。安陵大豐田村三英呂布等村俱成流沙。

嘉慶二十四年（西曆紀元一千八百十九年）黃河北岸隄工漫溢。衝曹縣。

嘉慶二十五年（西曆紀元一千八百二十年）河南馬營壩溢。漫水至濮州。築州城南護城隄。自蘇家莊至邊家橋長十里。隄外玉帶河、城內關廂、及西北東北各村、俱藉以保障。是月馬營壩工合龍。張秋東岸漫口旋亦堵築完竣。將長清平陰肥城東平東阿陽穀壽張范縣濮州菏澤各州縣積水分路疏銷。

宣宗道光元年（西曆紀元一千八百二十一年）東平大清河南岸馬家廟東嶽廟長隄漫口。又杜家窪莊後鄭家莊東蓮花灣單家樓漫口。又牛家村迤東水沖大溜頂衝單薄。改建月隄。及妻子屯迤東並北岸古臺寺毛家口單家樓險工。均於二年三月修築工竣。

串溝之性質

道光十五年（西曆紀元一千八百三十五年）授栗毓美為河東河道總督（山西渾源州人諡恭勤）黃河北岸自武涉至封邱二百餘里。南岸自祥符下汎至陳留六十餘里。皆地勢卑下。多串溝。串溝者在堤河間。其始但斷港積水而已。久之溝首受河。又久之溝尾入河。而串溝遂成支河。於是以遠堤十餘里變為近堤之河。而堤河相遠之處。舊皆無工。不儲料者也。於是以無工之處變為至險之工。故人不及覺。覺不及防。往往潰堤為大患。栗乘小舟周歷南北。時北岸原武汎串溝受水已寬三百餘丈。行四十餘里。至陽武汎溝尾復入大河。又合沁河及武陟滎澤諸灘水畢

用磚之發明

工堅費省

注隄下兩汛素無工故無稭石堤南北皆水不可取土築壩栗卽收買民磚於受衝處拋磚成壩四十餘晝夜成磚壩六十餘所壩始成而風雨大至支河首尾皆決開數十丈而堤不傷栗由是知磚之可用又試之原陽越堤及攔黃埝及南岸之里堌皆效遂奏請減買稭石銀兼備磚價千磚爲一方價六兩是後每有工役碎石及稭埽用大減數年內省官銀百三十餘萬而工益堅有不便其事者其說頗上聞栗前後陳奏曰護堤之防率用稭埽然埽能壓激水勢俯齧堤根備而不用又易朽腐碎石坦坡惟鞏縣濟源產石較近而採運已艱河工失事多在無工處所千里長堤勢不可盡爲儲備而河勢變遷不常衝非所防遂爲決口磚則沿河民窰終歲燒造隨地取用不誤事機且磚及碎石皆以方計而石多嵌空磚則平直每方石五六千斤而磚重三分之一一方石價購

磚兩方而拋磚一方當石兩方之用其質滯於石故入水不移堅於稭故久水不腐又土不能築壩水中磚則能水中拋壩卽盪成坦坡亦能緩受急衝化險爲易或謂磚可保將來未生之工不能用於已生之後然使將生者可保卽別無已生之工昔衡工之決因灘陷埽不能施馬營壩之決因補堤不能得碎石使知用埽不如拋磚收磚易於運石則數千萬之官銀可省奏入皆允之栗任五年河不爲患二十年薨於位平居時河曲折高下嚮背皆在其隱度每曰水將抵某所急備之或以爲迂且勞栗曰能知費之爲省乃真能省費者也水至乃大服云云、節錄江寧梅伯言先生所作公傳

文宗咸豐元年西曆紀元一千八百五十一年閏八月諭前楊以增奏豐北三堡黃流漫溢著瑞常路過徐州一帶察看滕嶧等汛隄工漫溢

銅瓦廂決河六次徙按劉氏圖考有唐至宋初河道圖一頁如此圖亦爲一變遷則可云七次變遷矣

河第六徙

咸豐二年（西曆紀元一千八百五十二年）諭總河顔以燠奏豐北上年漫口黄流旁溢以至山東境内被淹該河督設法辦理

咸豐三年（西曆紀元一千八百五十三年）二月豐北大工合龍全河歸正七月豐工大壩西土基漫塌溜北趨入微山昭陽湖水勢日長南路殘缺隄堰淹汲

咸豐五年（西曆紀元一千八百五十五年）六月河南蘭陽汛銅瓦廂三堡河決水由直隸東明長垣開州山東濮州范縣至張秋匯流穿運歸大清河由鐵門關北蕭神廟以下二河蓋牡蠣嘴入海

按山東通志曰銅瓦廂者明景泰四年所開之渠以引黄入衛者也先是原武連年水患戶部主事鍾成奏請疏浚始塞沙灣決口更作九堰八閘以利水勢復於開封荆隆口銅瓦廂開渠二十里引河東北入運弘治八年都御史劉大夏築黄陵岡又築長隄於荆隆口東西各二百餘里黄陵岡東西亦二百餘里入運諸決口同時幷塞故河不北行大抵黄河古道既湮其入海之程約分南北北趨於匡濮南趨於曹單逮徐淮淤墊河循舊道北匯大清河復入於濟是爲今之河道此全河形勢之一大變也

又按自明孝宗弘治七年至是歷三百六十一年河第六次徙爲今河

是年六月諭軍機大臣等蔣啓敭奏下北廳屬蘭陽三堡河工漫溢當此軍務未竣餉項支絀民間兵燹流離已堪憫惻文武員弁不知慎重修防以至河隄漫溢七八丈之寬沿河一帶小民蕩析離居儻不趕緊興築及早堵合伏秋大汎水勢正長蘭陽北岸爲黄河上游較豐北之距海較近者迥不相同據奏漫水微向西趨復折往東北是已直注直隸山東境該河督現議如何宣洩由何

然則何以至明弘治始云河徙又云以一淮受全河水耶存疑

處導令入海。即著速行籌辦。又諭河工漫口。向來暫開捐例。以濟要工。著於河南山東兩省設立捐局。無論銀米麵麥及土方稭料。皆准報銷。山東通志曰是時黃河向西北斜注淹及河南封邱祥符二縣復折轉東北漫注河南蘭儀考城直隸長垣東明等縣復分三股一股由趙王河走山東曹州府南下注兩股由直隸東明南北分注經山東濮州范縣至張秋鎮穿過運河漫入大清河歸海濮范以下壽張東阿以上盡遭淹沒其他如東平汶上平陰茌平長清肥城齊河歷城濟陽齊東惠民蒲台濱州利津沿河各州縣均被波及災民甚衆

七月。諭黃流泛溢。經行三省。地方實深軫念。唯歷屆大工堵合。必須帑項數百萬兩之多。現值軍務未平。餉糈不繼。一時斷難興築。若能因勢利導。設法疏消。使橫流有所歸宿。通暢入海。不至旁趨無定。則附近民田廬舍。尚可保衞。所有蘭陽漫口。即可暫行緩堵。著李鈞派張亮基周歷查勘具奏。

八月。山東巡撫崇恩奏查蘭陽漫口。雖分注三省。而東省受害獨重。水由曹濮

歸大清河入海。經歷五府二十餘州縣。漫口一日不堵。則民田廬舍一日不能涸復。臣於黃流初溢之時。亦慮及軍需浩繁。大工實難猝辦。亟宜於本境別籌分洩之路。稍紓目前之患。月餘以來。詳稽史乘。博采衆論。歷溯河道遷徙之由。金明昌五年。河徙自武陽而東。至壽張梁山濼分爲二派。北派入北清河至利津入海。南派入南清河會泗水入淮。凡九十餘年。元至元二十六年。會通河成。而黃河始全注於淮。北派者。即今漫水由曹濮歸入清河之道。會通河即今之運河也。河初東徙大清河。已不能全受黃流。鉅浸分而爲二。而自元明迄今五六百年。東平南北久爲運道咽喉。故治河諸策。必以障黃保運爲全局關鍵。前河臣靳輔治河書云。河決之害。北岸爲大。一有潰決。則延津長垣東明曹州三處胥溺。近則注張秋由大清河歸海。遠則直趨東昌德州以赴天津。而濟寧上

下。無運道矣。今之所值。正與前論符合。豫省北岸漫口不堵。則黃全穿運。萬難容受。在常時運河盛漲。掣曳歸海之路有三。其在張秋以上。爲東昌府陽穀聊城交界。開龍灣減水閘洩入徒駭河。東北經博平高唐茌平禹城各河臨邑濟陽商河惠民濱州。至霑化久山口入海。又其上爲東昌府堂博清平交界。開魏家灣減水閘入馬頰河。東北經清平高唐夏津恩縣平原德州樂陵慶雲至海豐之沙土河入海。其一則開東阿之五空橋。卽洩大清河。至利津之牡蠣口歸海。三河故道雖未盡湮、而間斷淤淺。由來已久。以全黃穿運水勢浩瀚之時。斷非三河所能盡洩。若能因勢利導。使橫流別有歸宿。則惟尋金時故道。盡廢運河諸閘。一使之由濟寧迤南會泗水達淮徐入海。一使之由東昌臨清以北會衞水歸天津入海。再以東岸之大清徒駭馬頰三河爲旁洩之路。由利霑等縣

入海。以分其勢。或可免旁趨之患。洵如此議。則棄運河爲黃河。不待半載。恐河身已淤成平陸。閘座亦盡傾圮。數百年利濟之功。一旦廢棄。異時運道復故。非千百萬帑金不能修治。且黃流遷徙不常。運河兩岸隄埝。向不如金隄堅固。每屆伏秋盛漲。萬一別有沖決。則修復之資。恐與現堵漫口等。其貽患有不可勝述者。臣通盤熟籌。舍此別無分洩之策。而更易成規。非臣所敢輕議。疏上、諭張亮基抵東後。再與熟籌。又諭蘭陽漫口。議者有謂因勢利導。使河流徙歸北趨由大清河入海者。此時命張亮基等查勘。祇爲目前緩築之計。若欲從此徙河北流。尚須特派大員。詳加履勘。十二月。亮基查明東省被水州縣及黃流穿運入海情形。勸民築堰。切灘堵截、支河。尋諭該河督等。所稱漫溢處所。被災較廣。現值嚴冬。水落歸槽。海口雖屬暢消。瞬屆春融水長。各河淤墊益高。恐有潰決

之患。若議改河流由大清河入海。雖取徑較捷。關係民田廬舍。亦屬窒礙難行。此時惟有遇灣切灘。使河勢刷寬取直。並順河築埝。堵截支河。爲暫救目前之計。據李鈞、崇恩奏。居民皆築埝自衛。濬渠分洩。著即妥爲勸辦。

咸豐六年（西曆紀元一千八百五十六年）三月諭。瑞齡、慶祺分路自潼關起至黃河決口止。親歷查勘。復以現在情形。蘭陽決口以下。最爲緊要。著瑞齡、慶祺改由蘭陽漫流處所至山東境內。分路繞行。詳細履勘。凡由江南山路湖路至山東必經之所。何處扼要。以及附近鎮市場集。繪繕明晰圖說。於到京之日呈覽。

咸豐七年（西曆紀元一千八百五十七年）齊河縣知縣蔣士濆以齊河境內除大清河之外。尚有溫聰、趙牛、倪倫三河。自南而北。毗處其間。爲夏秋洩水之所。而大清河起於魚山。西隔張秋鎮運河四十餘里。一片平漫。自上年蘭陽河溢。黃水灌注。曹郡

菏澤、濮州之水。散漫無歸。平陰、長清之十二連窪。灌入溫聰、趙牛、倪倫三河。加以魚山迤東大清河北岸夏家口、黃家溝、于莊三處漫口之水。均各出槽。魚山北流之水。直達齊禹、長清。地勢尤爲平曠。請於張秋至魚山一帶築長隄四十餘里。自是數年。張秋以東自魚山至利津海口。地方官勸民築埝。逐年補救。民地可耕。漸能復業。唯蘭儀之北。張秋之南。黃流自決口而出。奪趙王河、沙河及舊引河。泛濫平原。汪洋一片。田廬多被淹沒。

穆宗同治二年（西曆紀元一千八百六十三年）山東巡撫閻敬銘奏。黃水漲發。曹州府屬之菏澤、定陶、曹縣、濮州、鉅野、城武等處。田廬人畜。半入巨浸。水勢直逼城根。各路山坡溝渠諸水。應由運河及大清河者。因外水頂托。內水無從宣洩。以致金鄉、東河、東平、長清等處。兩水畜積。不能歸入運河。田禾亦多浸灌。此外附近運河及

濮州徙治

大清河各州縣泛溢之處不少。已飭多撥民夫。擇要堵築。并令雇備船筏。救渡災黎。

同治五年（西曆紀元一千八百六十六年）閻敬銘奏濮州舊城四面被水。前於南岸築圩。移徙州民以爲新治。嗣黃流漸復南徙。新圩仍多水患。是以官民兵役每轉移於新舊兩城之間。本年盛漲。濮州當黃流頂衝。新舊城圩均在巨浸之內。七月初旬、大河噴淤。溯注南岸。新圩四處皆水。知州葛恩榮率領兵民移駐舊城。希圖暫避。詎連日陰雨。水勢高出城基數尺。建瓴直灌。城內水深丈餘。民舍官衙同被浸沒。新圩亦被漂蕩。現在設法雇船。救出難民數千人。安置沙岡棲住。按日給食。因就行營軍需項下籌撥銀二千兩。即日委爲撫恤。兼查州城北舊有金隄一道。實爲北路屏蔽。現在水勢浩瀚。閘隄根被刷。難資捍禦。擬即將前項銀兩撥給災民。即用民力補修城北金隄。以工代賑。十一月、署巡撫丁寶楨奏查勘濮范隄工。所有修築隄座。約寬三四丈。高亦二三尺不等。足資抵禦。十二月、直隸總督劉長佑奏黃河日漸北趨。畿疆慮遭浸灌。本年秋汛盛漲。新修金隄沖刷。開州之官人店十八郎張果廟蕭家樓棗科等處險工五段。并自開滑交界之杜家寨起。至開濮交界之陳家莊止。隄身卑薄。雖幸搶護平穩。然大溜愈趨愈北。清豐南樂大名皆所必由。深冀河天等處地皆窪下。（河天謂河間天津也）一經漫溢勢必由深冀青滄就近入海。逼近畿疆。大局何堪設想。唯有上修長垣之太行隄。及接築新埝。下修開州之金隄。中間無隄處所。一律接築。加高培厚。因險設防。爲急則治標之法。唯上游在豫。下游在東。滑濬居其中。濮范館觀處其下。若欲接修長隄。斷非直隸一省所能辦。懇飭東河督臣周歷履勘。會同直東豫三省、統籌全局。合力興修。庶可一勞永逸。壽諭、直境即著劉長佑將險工隄口一律修辦。東省濮范館觀等縣。均宜接修長隄。著蘇廷魁馳往履勘。妥籌辦理。

同治七年（西曆紀元一千八百六十八年）黃流盛漲。沖決趙王河之紅川口。霍家橋大溜漸移安山。由安山入大清河。因而沈家口田家灣新興屯皆漫溢。

同治八年（西曆紀元一千八百六十九年）六月丁寶楨奏上年趙王河衝決。鄆城縣境被淹。當經勸諭居民。趕於春初堵合。自二月開工。各處小口。均已堵閉。唯附近紅川莊水勢較大。不易施工。計已成隄身百餘丈。尚有口門十餘丈。未能堵合。又迤南胡家堰缺口。亦以人工料物俱少。未能分投趕辦。僅將裹頭盤住。以免塌寬。大汛經臨。只得暫行停工。俟秋冬水涸。再行勘辦。其後紅川口民堰屢堵未就。溜勢遂益趨東南矣。

同治九年（西曆紀元一千八百七十年）九月、漕督張之萬以黃河穿運。橫流無所鈐束。請築南北兩隄。并酌留運口。築做草閘。以爲束水攻沙之計。其無關運道處。不必興修。得旨張兆棟蘇廷魁丁寶楨會勘議辦。

同治十年（西曆紀元一千八百七十一年）丁寶楨等先後抵濟寧查勘。以築隄束水。必須就蘭工口門兩岸接續。方能一氣聯絡。若自張秋迤西南由安興墓至沈口迤東北由曹家隄口至魚山中築大隄。置上下游於不顧。上游汎濫之水。無所攔束。當盛漲之時。或由空缺之處。越過新隄。則新隄恐成虛設。即上游地形較高。水勢不至漫溢。而中段既束。下游毫無隄防。黃流挾建瓴之勢。直趨張秋。奔騰傾瀉。則東阿以下至利津十數州縣。益被淹沒。此猶就水勢現趨東境常情測之也。若築隄束水。而於兩岸新隄。各留運口三丈。以爲漕船出入門戶。又築做草閘。

千乘即今利津樂安境

平時堵閉。以免黃水倒灌。黃流性激勢猛。誠恐築做之後。下游魚山一帶狹窄處所。稍形壅滯。上游一氣奔注。新築隄閘。難當其衝。奪運北趨。則東省之東昌臨清。直隸之天津。河間。地較窪下。淹沒何可言狀。北路衛河。亦將壞裂。地近畿疆。未敢率意舉行。時又有兵部主事蔣作錦呈遞治河條議。略言山東境內黃水日益泛濫。運河日益淤塞。治之之法。不外兩策。一、堵河南之銅瓦廂。俾其復歸清江浦故道。仍由雲梯關入海。一、就黃河現到之處。築隄束水。由利津入海。二者之中。又以就東境築隄為優。自漢至唐。河從千乘入海。千乘即今利津樂安境。正為漢唐故道。且淮徐間舊河身。半成平陸。兩岸舊隄。多已圮廢。欲令河歸故道。必先挑浚河身。補還隄工。計此費極鉅。而為日亦甚長。況河之北徙。似關天意。宋時河南徙。百計挽其北行。而不能。今既北徙。恐欲令南行。而亦不易。莫若即就東境築隄束水。斯為順水之性。而事半功倍。諭丁寶楨覆奏。尋以辦理難期得力。議罷。是年八月。黃水暴漲。河決鄆城侯家林。水由沮河民堰漫入南旺湖。又由汶上嘉祥濟寧之趙王牛頭等河。直趨東南。入南陽湖。水勢散漫。巡撫丁寶楨奏。黃水自衝決趙王河。頻年溜勢日趨東南。緊逼沮河東岸向北奔注。本年正月。會勘張秋築隄。因沮河為運西屏蔽。請將沮河頭八里河七里鋪王家垓等處。築做埽壩圈堰。以保運道。復勸縣民將沮河東岸一律築埝。無如民埝究屬單薄。八月秋汛盛漲。竟於七里鋪以南之侯家林衝成分溜決口。漫水下流。溢入湖河。雖現在尚係清水。不致淤墊。然關係運道。必須急籌堵塞。而上下游僅恃民埝。斷不足資捍禦。應就東岸相度地勢。改築官隄。分汛修守。始免疏虞。已飛咨河臣勘估。於冬春趕辦。又奏此處決口不堵。將來漫淹兗曹

丁寶楨自請杜築侯家林

濟十餘州縣。若再向東南奔注。則清淮裏下河一帶更形喫重。而浸灌運河淤墊。沿運諸湖。關係實非淺鮮。會河督喬松年覆奏趕辦不及。請俟來冬興工。諭以山東侯家林決口。關係運道民生。亟宜及早堵築。不容稍涉遲緩。丁寶楨乃請自往督工。尋奏前河臣蘇廷魁查看侯家林口門溜勢甚急。欲於上游孟家莊分溜之處。先將河面堵合。則侯家林溜勢漸弱。較易施工。玆細勘孟家莊所擬建壩之處。兩岸雖有淤灘。究恐土輭沙鬆。難期穩固。且埽口土不足用。進料之路尤爲阻礙。不若專就侯家林堵合。該處兩岸均爲老厓。壩基可恃。便一。內灘有土可取。便二。兩壩運料俱可逕達。便三。唯口門寬八十餘丈。水比孟家莊加深。地勢較低。大溜下注。必須將壩身展寬。廂邊埽及夾土壩後戧。方能得力。於次年二月、興工。合龍。

丁寶楨主張仍復淮徐故道

同治十一年（西曆紀元一千八百七十二年）趙王河東岸張家支門決口。南半入濟。北半入沮。九月。喬松年奏黃河泛濫。運河淤墊。擬先堵黃河旁決之霍家橋。及其餘各缺口。使水勢專注張秋一處。并於兩岸置隄。先自中間有關運道之處施工。上下游暫行緩辦。北自開濮交界之舊隄起。接築至解家山止。南自張家支門起。接至馬山頭止。兩隄各計一百七十八里。爲束黃蓄清之計。其張秋以北運河。即借黃濟運。若有流弊。再用引衞濟運之策。諭丁寶楨、文彬詳議具奏。丁寶楨尋以築隄束黃。恐濟運仍無把握。論復淮徐故道。以維全局。疏言。黃河入海故道。初本在北。自漢至宋漸徙而南。元明以後開運河以通黃。故治黃尤以濟漕爲重。其間黃水之橫決。在南在北。皆所時有。自有明以來。凡河決北岸。輒有改道之議。究之仍挽令南趨者。非樂爲勞費。因患其穿運以阻漕。故其勢不得不然也今張秋穿運之黃水欲令其即由利津入海即僅就河而論其不便約有數端自銅瓦廂以至牡蠣嘴計程一千三百餘里創建南北兩隄兩隄相去廣狹牽計其間約須十里始足爲河槽灘面容水之地此一千三百餘里所留之河身除現在淹沒不計外尚須棄地若干萬頃此項棄地居民不知億萬作何安插是有損於財賦者一也兩隄相去十里以內民間廬舍固難悉數其沿河州縣城池距河自二三里至七八里者東省計不下十數處若齊河濟陽齊東蒲台利津各縣皆近在臨水築隄則必須遷避是有難於建置者二也大清河南岸近接泰山之麓山陰之水悉向北注除小清淄瀰諸河均可自行入海其餘小溪河胥以大清河爲尾閭置隄束黃以後水勢擡高向所洩之處留閘則虞其倒灌堵遏則水無所歸是有妨於水利者三也東綱鹽場坐落利津霑化壽

光樂安等縣濱臨大清河兩岸自黃水由大清河入海鹽船重載溯行於端流之中甚形阻滯而灘池間被黃水漫淹產鹽日絀是有礙於鹺綱者四也且查濮范舊隄即前修築之金隄自開濮交界爲始與張家支門南北相去約計七八十里灘面太寬河漕斷難歸一不能刷深行溜仍屬散漫停淤比至沈家口張秋之間河面陡然收窄水勢倍覺擡高南北所留運口必至十分喫重南運口難免倒灌之患北運口恐有奪溜之虞以利害計之南運口倒灌患雖大而尚遠北運口奪溜患彌近而猶烈現在直省永定河患頻仍若黃水稍有奪溜奔騰匯注計將安施根本之地不得不預爲計可慮者一從來借黃濟運雖清水並行資其刷滌日久終歸淤阻今在南之汶水縱收蓄極足入黃後勢不敵黃必將被挾東趨涓滴不能至北僅恃渾濁之黃流行於狹隘閘河之內其淤

李鴻章力主黃河由山東入海由是黃河遂永爲山東之鉅患

倍速可慮者二至借黃有所不行仿南河套塘之法爲引衛入運之計查南河之灌塘因有湖水之出束清壩者近在咫尺是以灌輸甚便若北路引衛以資套塘引水於百數十里之遥啓放需時機宜坐失與南河形勢迥不相同況元成集自漳衛既合之後所引亦屬濁流以濁易濁同一受病可慮者三且舊河唯決於北岸乃有穿運之患今創築之南隄設有漫溢無論在張家支門之上下游處處仍必穿運防不勝防況北隄一經疏失畿輔實當其衝受害尤爲切近再四籌思仍以堵合銅瓦廂使河復淮徐故道爲正辦彼此相衡計有四便就現有之河身不須棄地棄民便一因舊存之隄岸培修不煩創築便二廳汛裁撤未久制度猶可查考人才尚有遺留便三漕艘灌塘渡黃不慮阻閡即船數米數逐漸擴充無難徐復舊規便四較之創建新隄冀幸於不可必者其得失甚覺懸殊請敕下在廷諸臣從長計議疏下廷臣會議

同治十二年（西曆紀元一千八百七十三年）命直隸總督李鴻章妥籌辦法尋覆奏現在銅瓦廂決口約十里跌塘過深水涸時尚逾三丈舊河身高於決口以下水面二丈內外及三丈以外不等如其挽河復故必挑深引河三丈餘方能吸溜東趨查乾隆年間蘭陽青龍岡之役黃帑至二千餘萬大學士公阿桂奏言引河挑深一丈六尺人力無可再施今豈能挑之三丈餘乎十里口門進占合龍亦屬創見國初以來黃河決口寬不過三四百丈尚且屢堵屢潰常閱數年而不成今豈能合龍而保固乎且由蘭儀下抵淮徐之舊河身高於河地約三四丈因沙成堆老淤堅結年來避水之民移住其中村落漸多禾苗無際若挽地中三丈之水跨行於地上三丈之河其停淤待潰危險情狀無不知之而歲久乾隄即

加修治。必有受病不易見之處。萬一上游放溜。下游旋決。收拾更難。議者或以河北走則穿運。爲運道計。終不能不挽之南行。以會清口。臣查嘉慶以後。清口淤墊。夏令黃高於清。已不能啓壩送運。道光以後。禦黃竟至終歲不啓。遂改用灌塘之法。自袁浦瀉黃入湖。湖身頓高。運河水少。灌塘又不便。遂行海運。彼時河務運務。實有岌岌不可終日之勢。蓋自明末迄國初。借清刷黃。頗蒙其力。厥後河淮合流。不能復故道。今即能復故道。亦不能驟復河運。非河一南行。即可僥倖無事。此淮徐故道。勢難挽復。且於漕運無甚裨益之實在情形也。河臣喬松年擬於霍家橋堵口築隄。工程尤不易辦。該處本非決口。乃大溜經行之地。兩頭無隄無岸。一望浮沙。若興作於茫茫沙土之中。無從起手。無從立脚。即勉強逼溜堆沙。竊恐浮沙易塌。適足攖河之怒。而所耗實多。至於借黃濟運與導衞濟運之法。同一難行。惟河既不能挽復故道。則東境財賦有傷。水利有礙。城池難於移置。鹽場間被浸淹。如撫臣丁寶楨所奏各節。均屬可慮。臣查大清河原寬不過十餘丈。今自東阿魚山下至利津。河道已刷寬半里餘。冬春水涸。尚深二三丈。岸高水面又二三丈。是大汛時河槽能容五六丈矣。奔騰迅疾。水行地中。此人力莫可挽回之事。亦禱祀以求而不易得之事。目下北岸自齊河至利津。南岸齊東蒲台。民間皆接築護埝。迤邐不斷。雖高僅丈許。詢之土人。每有漲溢出槽。不過數尺。並無開口奪溜之事。岱陰諸水。如繡江等河。亦經擇要築隄。汛至則漲。汛退則消。受災不重。至如齊河濟陽齊東蒲台各縣城。近臨河岸。幸年來官民防守無恙。以後可守則守。不可守則遷。似應隨時相度設法。若於此時驟議遷徙。經費無籌。民情難喻。無此辦法。惟鄆城地本窪下。現已淪沒水中。須籌移置。東省鹽場在海口者。雖受黃淤。產鹽不旺。經撫臣竭力經營南運膠萊之鹽。時爲接濟。引地無虞淡食。惟盤剝多費。價值稍昂耳。夫河在東省固不能云無害。但得地方官救偏補弊。設法維持。尚不至爲大患。近世治河兼言利運。遂至兩難。臣愚以爲沿海千里。洋船駢集。已成創局。正不妨借海道運輸之便。以擴商路而實軍儲。此時治河之法。不外古人因水所在增立隄防一語。查北岸張秋以上至開州境二百餘里。有古金隄可恃爲固。張秋以下抵利津海口。八百餘里。岸高水深。應由山東撫臣隨時飭將原有民埝。保護加培。南岸自安山下抵利津。多傍泰山之麓。誠爲天然屏障。唯安山以上至曹州府境二百餘里。地形較窪。爲古鉅野澤。卽宋時八百里之梁山泊也。自宋元明以迄我朝。凡河決入大淸之年。無不由此旁注曹單鉅野金鄉各邑。甚至呑湖併運。漫

溢數十州縣。波及徐淮。爲害甚烈。其侯家林決口。現雖堆築堅固。惟上下一百餘里之民埝。高者丈餘。低者數尺。斷難久恃。此處若有一失。則西南之運道水櫃。復被沖淤。廬舍民田。更遭蕩析。其患不可勝言。且黃河分流。勢緩北行入海之道。亦恐漸形淤淺。請敕山東撫臣於秋汛後。將侯家林上下民埝。仿照官堤加高培厚。若能接築至曹郡西南。更爲久遠之計。又銅瓦廂決口。現已沖寬十里。水勢猶日向東坍刷。若不設法攔約。久必泛濫南趨。至於決口之下。蘭儀東明境內地皆平衍。現雖刷有溝槽。而中洪不深。大汛漫灘。仍東西坍漲不定。亦不可無遙隄以杜竄越。請敕河臣就近察勘。應如何量築隄埝。與東省曹州之隄銜接。俾資固防而期順軌。綜計自安山至銅瓦廂決口接築南隄。距北金隄約六七十里。宜作爲遮攔之勢。去水較遠。取土較易。工費較省。此六七十里中。

黄河奪大清至今六十餘年逐年淤墊已高出河身十餘丈矣

大水所常漫者不過二三十里所急流者不過三五里任其游波蕩漾寬緩水勢以漸趨下游寬半里深數丈之大清河則緩急得以節宣不至逼激沖突別尋去路斯爲穩著其隄内民田仍可隨時視溜之遠近地之高低搶種米禾必不至全無收穫似於民生亦無大礙得旨著丁寶楨酌量形勢將張秋利津一帶民堰加培堅固其侯家林決口并著於秋汛後加高培厚至銅瓦廂決口以下蘭儀東明一帶地勢平衍不可無遥隄以防泛濫著喬松年就近察看量築隄堰丁寶楨尋奏張秋至利津八百餘里河槽現尚能容兩岸民堰應飭隨時修補加培暫緩另議科條以節經費至張秋以西上游水面太寬年來溜勢在南唯有於近水築隄冀汛水仍在安山一帶藉以濟運兼保全完善民地其侯家林民埝上年堵合後因將上下游民埝一併增培旋工至一百一十餘里之遥然距於直隸交界之處尚不及半緣漫水向南較遠埝形彎曲蓋就舊基一律改爲高厚官堤約計三百里工費甚鉅請折漕撥款備用是年秋東明石莊戶決口石莊與張家支門對衝支門不閉其東老王戶鄧樓漫溢刷成河槽牛頭河南陽湖俱喫重運隄村落有平地水深二丈者維時由石莊支門經下湖運者爲南溜由正河北注折入鄆壽者爲北溜由紅川分入沮河者爲中溜三溜以南爲大其間支流互串忽南忽北河無正身巡撫丁寶楨議於石莊北堵口築隄疏言黄水前數年原忽菏澤之閻什口濮州之張家支門循趙王河北行民間於東岸築有小埝稍資防護嗣一決紅川口再決霍家橋大溜東趨河身漸改爲東西形勢南岸濮境逐漸淤高大汛時雖有串灘之水不甚爲害民間未另立新埝其趙王河東岸舊埝遂已無存本年伏汛黄水來源既旺雨水

又多以致南岸淤灘於六月下旬由開州之焦邱濮州之蘭莊衝漫二處斜趨東南從張家支門南北一帶直抵鄆鉅上年所修民埝漫溢數處其初祇倒漾之水并無溜勢消退後尚易修整嗣於六月七月東明之岳新莊石莊戸民埝先後復決二處口門較寬約修大河二三分溜勢悉注東南致下游鄆鉅被漫之埝兩面受水風浪衝激坍卸日多僅存十之五六現在冬初水涸埝基露出一二分坡水深僅尺餘淺或數寸然無乾土可取補築殊難措手查東趨之水皆經過張家支門該處南北尚有支流四道堵塞尚易支流既塞僅存大口門計寬八十二丈水深一丈三四尺而兩壩有路運料有地取土從此施工可期堵合此處合龍則東趨鉅嘉北注鄆城之水自可漸涸應將南路之水移於北面近水灘地則民田運道可冀保全唯菏澤之北濮州之南民地被淹尚屬不少復查上游各處民埝決口多已淤閉唯石莊戸一處口門已寬一百四十八丈水深丈餘若將此處堵合則張家支門之水可期不堵自涸再就北面近水灘地接築長隄即菏北濮南民地并免水患一切詳細辦法俟署撫臣文彬到任酌量具奏

李宗羲喬松年會奏黃河工程

同治十三年西曆紀元一千八百七十四年文彬以石莊戸口門難以施工奏請緩辦三月江督李宗羲河督喬松年會奏黃河工程關係南北各省全局未有上游決口不堵而下游能防範者咸豐五年河決彼時軍書旁午無暇顧及河工此則天時地勢非人力所能挽回同治十年侯家林決口旋即合龍上年侯家林以南之王老戸等處又復潰決黃水駸駸南趨猶幸大溜仍向東北其分流入運者擠請下注曹州首當其衝被災甚重江境則銅沛一帶湖田亦已被淹不少江北

古三策與今三策

數十萬生靈引領以待東省之堵口庶幾可緩切近之災乃自秋徂冬協款已定忽罷堵口之議在署撫臣文彬審時度勢誠有不得已之苦衷而江省防河更有萬分爲難之處查江境運河與東境運河相接如果黄水下注由鉅野嘉祥金鄉魚台境内迤邐而南直達昭陽微山等湖湖底久已淤墊一經普漫仍以中運河爲消路運隄殘缺五六十處隨在可以横流無論修補甚難即使一律修補而欲以淺窄之運河消泛濫之黄水不待智者而知其立形潰決矣水之來也鋪地而行何處地形稍低即向何處灌注千罅萬隙防不勝防加以蒙沂山水漲發之時拍岸盈隄本已岌岌可危若再有黄溜南趨勢驟力猛更屬無從措手此黄水一入江境毫無關攔之實在情形也漢臣賈讓治河三策千古稱之今日治河之法亦有三策順其北流之性築長隄以約束之設閘壩以

丁寶楨回東撫任急籌堵築石莊戶

節宣之不使南趨一步此上策也如因經費太鉅未能遽辦則就現有之民埝薄者加厚缺者籌堵此中策也儻竟不堵缺口而令下游防範譬猶重門洞開轉欲於旁門別戶嚴爲扃鐽雖多方攔阻終歸無濟此下策也將來湖河之墊塞運道之梗阻居民之蕩析鹽場之漂沒皆在意中甚至饑民嘯聚四出剽掠不獨江北不能安枕即東省亦必先受其害懇飭下山東撫臣祥加籌度石莊戶口門縱難施工先將王老戶等處民埝缺口竭力籌堵然後從容集議力圖遠大節無益之費以辦至要之工拯數省之災以弭無窮之患庶幾探本溯源不爲苟且目前之計是年十月丁寶楨回東撫任以石莊戶決口奪溜南趨局勢全變急籌堵築以保大局疏言上年秋間東明石莊戶黄水漫溢下注東境誠恐日後潰決益甚敗壞大局當於十月查明估辦茲臣銷假南來道出清江

始知前項工程。遷延至今。迄未舉辦。行過清江以上。目睹中河六塘水勢瀰漫。各屬人民蕩析。入東境後。探悉鉅野濟寧嘉祥魚台金鄉等州縣。悉遭淹沒。滕嶧濱湖民地。與微山獨山南陽諸湖連成一片。水面寬至數百里。多係黃色。江境豐沛湖團地畝。亦均淹沒。災民四散。而自濟寧至宿遷運河。南北兩岸沖刷殆盡。大勢不可收拾。皆石莊戶口門大溜奔注之故。訪詢之下。不勝焦急。行抵省垣。卽於十一月出省。親赴石莊戶口門上下游履勘。但使有稍可設法之處。必當上緊舉辦。不敢稍延時日。以致再誤。惟堵口必須築隄。否則款不應手。要工仍不可成。查石莊戶口門。現在寬約三里。大溜激湍。不比春間之寬僅一百數十丈。堵築之難。十倍於前。且正河已淤平二十餘里。估挑引河。需費甚鉅。惟有於迤下水面較窄。溜勢稍平。及引河略易施工之處。相機籌辦。冀可節省。至

堵口既在上近口門之處。卽須就該處地勢。近水築隄。俾上下游一氣聯屬。與前修南路之舊隄相去已遠。恐難就用。北岸雖有金隄。歷年既久。殘缺過甚。修補亦不足恃。且濮范金隄外。涸出灘地。自一二十里至五六十里。亦未便但修舊隄。而置灘地於不顧。必須近水另建縷隄。而以金隄爲遙隄。以資北面重障。約計南北兩岸各二百五十里。酌定隄身丈尺高厚。足以禦水。每里約需銀五千餘兩。五百里之隄。約需銀二百五六十萬兩。其堵口之費。此時未經勘定。不能懸擬。查河工堵築二百丈之口門。約須銀百萬兩。引河尚不在內。現約計施工之處。口門總在四百數十丈。加以略挑引河。覈計兩項。至省亦約需銀二百萬兩。合之隄工。約共銀四百餘萬兩。較今春辦理已加增兩倍。當此經費未充。豈易籌此鉅款。惟念河防遇必應興辦之工。卽需費稍多。國家從未吝惜。所以

爲民捍災禦患者。用意至深遠。今石莊戶奪溜南趨。漫水所及。關係兩省數十州縣民命。擬請敕下部臣預爲籌撥有著之款一百五十萬兩。迅速解東。庶免臨時貽誤。十一月又奏、查勘石莊戶口門兩岸寬約二里有餘。探量水深二丈餘。當冬令水涸。溜勢尚屬奔騰。而北面舊河正身。已淤成平陸。僅存小溝形二道。計長二十餘里。若從此堵合。必須大挑引河。工費不知凡幾。詳審再三。無從著手。嗣沿河復下行十餘里。溜勢雖盛。河面較窄。登岸察看南爲菏澤之賈莊。北爲開州之藍口。賈莊東五六里。則大溜分爲兩股。各寬里餘。愈東則水面愈寬。無可施工。藍口之西。有向北小溜一股。約分大河二分。水勢十餘里外歸入舊河。細察形勢。唯有在賈莊藍口作爲壩基。即借北入舊河之微溜。作爲導引。冀省挑挖引河。鉅費當經測量口門。計寬二百六十丈。兩崖水深七八九尺。中

間水深一丈六七八尺。分溜小河近南露灘處。寬十餘丈。水深七八尺。向北寬二十餘丈。水深五六尺。若從賈莊堵合正溜。由藍口分溜引歸舊河。則由張家支門王老戶下注東南之漫水。皆可斷流。現在壩基既定。即經委員安設廠座。催集正料。趕辦雜料。臣親駐工次。曉夜催趲。以期及早舉辦。疏上、於十二月興工。又以立壩已辦有頭緒。築隄即應早定規模。查黄水頻年旁溢。固以未有一定河形。亦因無隄收束。故水勢散漫。易於潰決。是以隄束水。以水攻沙之策。此時尤爲要圖。臣前摺所陳。必統上下游南北岸一律兼籌者。實有不可稍緩之勢。就東省而論。則菏澤爲南岸之上游。而鄆壽居其下。濮州爲北岸之上游。而范壽居其下。蓋南岸一律築隄。則曹濟各屬現在被淹之地。均得免害。而江南之地在東省下游者。其受益更不待言。北岸一律築隄。則濮范涸出地畝皆可

保全。而金隄之爲北面屏障者。且亦不致喫重。惟菏澤之上游。又在東明。濮州之上游。又在開州。是直隸之必須一體築隄。尤不可緩。緣銅瓦廂下注之水。經祥符蘭儀長垣滑縣各境。尚少旁溢之患。南岸至東明何店以下。始有串灘支流數道。如本年石莊戶並未堵築。夏秋漫水。仍至東明城東北二三十里。若東明無隄。則菏澤之隄無益也。北岸在開東分轄之茅荻莊以下。計有串灘支流八九道。迤下匯成支河二道。下注濮范。每年夏秋。無不有水。本年秋後支河出槽。普漫直至金隄之南。水面寬至數十里。若開州無隄。則濮州之隄無益也。故直隸南岸。宜自何店築隄。以屬於菏澤。而南岸始固。北岸宜自茅荻莊築隄。以屬於濮州。而北岸始固。請飭下直隸督臣妥速籌辦。

丁寶楨督修賈莊大工合龍黃河全溜全由大清河入海是爲今河

德宗光緒元年（西曆紀元一千八百七十五年）三月。丁寶楨督修菏澤賈莊大工。堵築合龍。水勢仍歸舊河下注。張秋全溜入大清河歸海。四月、築南岸長隄直東兩境共二百五十餘里。東省菏澤等縣築隄共一百九十里。頂寬三丈。底寬十丈。高一丈四尺。又以北岸隄工趕辦不及。先修金隄。以爲屏蔽。十月、經歷伏秋大汛。奏報通工平穩。請於賈莊北添築挑水壩。又請疏浚沮河。以免漫溢。

光緒三年（西曆紀元一千八百七十七年）修上游直豫南隄。及修防北隄。署巡撫李元華奏。黃河南隄自賈莊直抵東平境內。計長二百餘里。均屬完固。惟上游自直隸東明寨起。經長垣至河南考城十三里鋪止。約七十餘里。並無隄岸。與下游曹屬尚未聯絡一氣。昔年侯家林合龍。以怵於經費較多。未暇顧問。遂至賈莊決口。此次賈莊以下。前功盡棄。而河南安徽江蘇仍然受害。山東之首當其衝。無論已。且運道自南陽湖一帶下至清河。仍復潰失。必須千百萬鉅款。方能規復。惟愚民無知。不惟河南安徽之民未曾受害。痛癢無關。即江蘇之民雖遭陷溺。而遠隔千里。亦計不出此。獨山東曹濟各屬百姓。切近之災。日盼修築。而力不從心。現飭曹州府知府馬映奎勘估。擬調營勇承辦六成。添雇四成民夫。以節經費。自直隸東明起。經河南考城十三里。鋪止七十餘里。長隄高一丈。頂寬一丈六尺。底寬六丈。約需經費實銀五萬餘兩。惟越境圖功。深恐呼應不靈。臣已函商直隸河南協力襄助。至濮范之間。自黄水改道以後。流爲澤國。迨至賈莊決口稍有生機。及賈莊合龍後。受災如故。查南隄至北面金隄。中間相隔六七十里。雖金隄時加修築。藉以屏蔽京師。而於濮范之村莊田畝。不能保衛。臣此次親赴河干。沿河紳民紛紛具稟。以南隄既築。而北隄未修。願以民力承修。惟求酌給津貼。嗣後由官防守。此隄築成。濮范陽穀壽張東阿五州縣地畝。約可涸出千餘頃。隄工自濮范以下。抵東阿。計一百七十餘里。約長三萬餘丈。若按土方核算。必須費數十萬金。方能興辦。今俯順輿情。所費既可減半。且值此荒歲。以工代賑。事半功倍。民忘其勞。而束水刷沙。黄河或可順軌。至北隄上游。係直隸開州所轄。內有八里未能聯絡。若不一律修築。不惟北隄徒勞無功。即畿輔亦難保不受其患。亦經函商直隸派員辦理。銜接一氣。以蕆全工。唯上游收束既窄。下游水溜勢急。不可不防。自東平州以下。直抵利津海口。約九百餘里。現飛飭沿河州縣。各就所有民隄加高培厚云云、是年八月。修築濮范等州縣黄河北岸隄工完竣。

修築濮范等州縣北岸隄工完竣

光緒四年（西曆紀元一千八百七十八年）直隸東明境內高村口隄工漫決。水入菏澤縣境。巡撫周恆祺奏本年霜清後。直境高村隄工沖刷成口。溜頭直向東趨。下注菏澤

鄆城鉅野嘉祥濟寧等處。現經直隸將串溝堵塞。搶築合龍。水至嘉祥。漸即斷流。賈莊一帶隄壩。尚無衝溢之患云云、

光緒七年（西曆紀元一千八百八十一年）閏七月、伏汛期內黃河南岸賈莊險工迭出。巡撫周恆祺奏賈莊迤西自挑水壩起。東至舊隄頭止。計長二百餘丈。本年又將灘面塌盡。陡岸壁立。工險萬分。該處爲大壩後路。現築磨盤埽二箇。護沿埽數十箇。須再築磨盤大埽四箇。幷挨次普廂魚鱗埽三十二箇。以期拓溜開行。賈莊大壩方可鬆勁無虞。

光緒八年（西曆紀元一千八百八十二年）九月、歷城桃園決口。水由濟陽入徒駭河（此徒駭河乃今之徒駭在濟陽惠民境本縣人民沿稱此名）經商河惠民濱州霑化入海。徒駭河北岸到處漫溢。波及陽信海豐等縣。又利津縣頂衝黃溜。沿河村莊及永阜場灘池竈壩。被水多處。十月、巡撫任道鎔駐工籌辦。相定壩基。先行盤築壩頭。刻日進占。於十一月堵築合龍。是年、給事中鄭溥元御史孫紀雲汪仲洵（按皆魯人）奏山東水災甚廣。夏秋間河水盛漲。請迅籌疏消。得旨著任道鎔將黃水下游馬頰徒駭鉤盤等河力籌挑濬。俾水有疏消之路。

光緒九年（西曆紀元一千八百八十三年）二月、沿河十數州縣因淩汛大漲。漫口林立。歷城之溞溝。齊東之趙奉站。章邱之九龍口。惠民之清河鎮。利津之南北嶺韓家垣辛莊等處。口門大者或數百丈。小者亦數十丈。時倉場侍郎游百川奉旨赴東查勘河工。奏請疏馬頰徒駭。導河北行。議格不行。時利津十四戶決口。巡撫陳士杰奏東省黃河現在兩岸高者離水不過四尺。低者僅二三尺。臣前任臬司。於光緒元年到東之時。河身去水尚高二丈及一丈四五尺不等。今不及十年。而

靳輔辦法

情形變遷至此。稍遇盛漲。便行出槽。以故伏秋兩汛。此防彼決。被災彌甚。蓋河身甚難容納也。以前倒後。不出四五年。河水必將平岸。再經數年。河岸恐變爲河身。一交伏秋。危險更不可問。且南高北低。水勢偏趨於北。北岸長隄。即極力搶護。亦恐難以深恃。數月以來。再三體察情形。證以治河諸書及歷代河務。原委古今異勢。難以強同。遠法不如近宗。當以前河臣靳輔爲則。總計靳輔生平辦法。不外築隄以障其狂。減水以分其勢。疏濬以速其宣。三語。臣反覆考求。舍此亦別無良策。而堵分疏三事。工大費繁。難以並舉。爲今之計。當以修築長隄。俾免泛濫爲災。開通小清河。俾免助黃爲虐。二者爲當務之急。而長隄兩岸千四百里。亦難同時興工。現經派員分築長清齊河惠民濱州各北岸。歷城齊東章邱各南岸。限來歲正月杪告竣。再行接辦長清之南岸。歷城濟陽之北岸。濱

州青城蒲台之南岸。其利津一縣。則擬先將十四戶口門收小。修築磨盤埽。挑水壩數座。以免淤塞鐵門關舊河。再行接築兩岸隄工。統限來年四月內告竣。小清河現先開馬家樓入海之二十餘里。及高隄埝張家壩以上之百餘里。由下而上。先將難處開通。再行津貼各縣民夫。一律挑挖。約三月前後亦可竣事。至長隄丈尺。前議底寬六丈。頂寬一丈。高一丈。以後逐年加修。本爲節省經費起見。唯將來伏秋大汛。專恃長隄爲保障。尤宜格外堅固。以昭慎重。應改爲底寬八丈。以厚基址。而頂高則改爲八尺。頂寬則改爲二丈。計每丈只多土五方。增費尚屬無多。而頂面略寬。以後加增旋工。較便似此。稍爲變通。仍覺有益無損。估計工需二百五十三萬餘兩。如尚不敷。再行籌畫奏明辦理。是年、齊河之顧家溝。歷城之魯家莊。劉七溝。徐家莊。齊東之船家道口等處民堰。均於伏秋

張曜撫東

兩汛期內漫決。十月、霜降後。黃流復漲。濟陽曹家莊齊東壩河西岸馬家莊蒲台四圖趙莊許家溝等處。均被沖決。先後堵合。利津縣近海之樊家寨等數十莊被淹。死傷居民甚衆。陳士杰派員分投拯救。并奏報歷城齊河章邱長清惠民濱州等處長隄。均已分別興工。唯齊東因水勢續漲。尚未消退。其馬家莊及蒲臺之四圖趙莊漫水。流入小清河。樂安一帶水不能涸。察看情形。齊東及小清河入海之處動工。尚須稍緩。至上游賈莊工程。近日水漲異常。雙合嶺隄埽蟄陷。賈莊孫樓亦復險要。已飭認真保護。并因賈莊對岸新生淤灘。逼溜南趨。南岸十分喫重。現派員查勘。設法挑治。

光緒十二年西曆紀元一千八百八十六年正月、張曜行抵山東。沿河履勘。順河七十里至陳家廟。又七十四里至海口。三月、桃汛盛漲。章邱縣南岸。吳家寨大隄。濟陽縣北岸。十里堡民埝。安家廟大隄。同時漫溢。搶堵穩固。又濟陽與惠民毗連之王家圈民埝沖決。大溜循水溝直沖霍家莊大隄。隄身塌陷。同時惠民縣北岸姚家口民埝並套埝一齊沖決。直灌陳家廟任陳莊大隄。大小六口。共寬二百餘丈。溜勢均趨東北。入徒駭河。尋調張曜撫東。兼辦河工。六月、伏汛盛漲。北岸趙莊東壩民埝漫溢。直趨赫家窪大隄而過。沖刷口門寬八十餘丈。入徒駭河。同時南岸河套圈民埝決口。水向東流。將郭家寨大隄漫沖七十餘丈。入小清河。八月、籌辦姚家口堵口工程。又壽張徐家沙窩歷城河套圈河齊趙莊章邱何王莊均先後堵口合龍。

光緒十三年西曆紀元一千八百八十七年濟陽桑家渡堵口。二月、合龍。六月、直隸開州大辛莊黃河漫溢。灌入山東濮州范縣壽張。溜勢順南。直趨下游。穿運而過。漫及陽

河南鄭州決口

山東黃河斷流

張曜奏乘勢規復南河故道

鄭工合龍黃河復歸東境

穀東阿平陰。一股從茌平迤南淹及禹城轄境。八月、河南鄭州十堡石橋河決。溜趨東南自豫而皖。山東黃河斷流。自蘭儀以下直至利津。人可以涉。九月、張曜奏請乘勢規復南河故道。諭緩圖。九月以李鶴年署河東河道總督。十二月命李鴻藻督辦鄭工。

光緒十四年（西曆紀元一千八百八十八年）自春至夏。杜口僅餘六占。不日可望成功。詎至七月二十一日。西壩捆船失事。又未先期放河引溜。以致口門淘刷日深。不克堵合。奉旨李鶴年革職發戍。李鶴年革職留任。改派吳大澂署理河督。十二月鄭工合龍。黃流復歸東境。經大清河入海。

光緒十五年（西曆紀元一千八百八十九年）三月、利津南北嶺下游韓家垣漫口。張曜以其地距海較近。請勿堵。於兩岸築堤各二十里。束水中行。爲入海之路。得旨允行。是年齊河張村堵口。又歷城西紙房堵口。又章邱大寨堵口。均先後合龍。張曜令山東黃河兩岸。一律種柳。由河防營看護。至今葱茂繁密。爲河屏障。遺愛在民。呼爲張公柳云。

光緒十六年（西曆紀元一千八百九十年）齊河高家套堵口。六月合龍。又平陰修築護城隄。又齊河濟陽齊東蒲台修築護城隄并土壩。又齊河趙莊劉家廟東阿陶城鋪各建閘一座。並接築金隄尾閭格隄。洛口爲省城門戶。逼近河身。張曜將洛口一律修成石壩。故東省每年患水。而濟垣終免河患。

光緒十七年（西曆紀元一千八百九十一年）四月、歷城北岸史家塢大溜滾刷。第三第四挑水壩兩座。濟陽北岸五楊家第五第四兩壩大溜頂衝。隨鑲隨蟄。飭極力加鑲。

光緒十八年（西曆紀元一千八百九十二年）閏六月、伏汛水漲。巡撫福潤出省駐工。奏報辦理史家塢工程。其中上下三游各處險工。均已分投搶辦。長清縣龍莊民埝漫溢。水勢業已消退。大隄無恙。是月、惠民白茅墳民埝漫溢。利津張家屋埝身同時衝塌。七月、濟陽桑家渡民埝及南關灰壩均被沖刷。漫水俱至惠民匯白茅墳。併歸徒駭河。章邱胡家岸民埝塌陷成口。衝及大隄。均先後堵合。又章邱華莊平陰鄧莊等處民埝。亦於是年修築完竣。先是。黃河下游青城濱州蒲台利津及上游歷城章邱濟陽等州縣。夾河以內村莊。終年浸於黃流。民情困苦。巡撫張曜奏請遷移。擇大隄附近高埠之處。購地蓋房。給貲遷徙。僅遷七百餘戶。拾

遷民

值伏秋大汛。黃水漲發。歷城蒲台利津等處。未及遷出。巡撫福潤復設遷民局三處。令民速遷。統計遷出歷城章邱濟陽齊東青城濱州蒲台利津八州縣災民三萬三千二百九十七戶。計三百五十村莊。設立新莊三十九處。共用銀三

十二萬六千兩有奇。各新莊距其舊村。或四五里。或一二里。冬春水退。地仍可種藉收二麥之利。十一月福潤奏。省黃水為災。由於河身逼窄。勢不能容。漢臣賈讓以徙民為治河上策。明臣潘季馴亦謂濱河之民宜移居高阜。是讓地與河。實古今弭患之一法。今歷城以下。遷去沿河村莊。以免與水爭地。雖不敢謂從此河患克弭。而河身多拓一分。卽汎漲少漲一分。於治河之道。不無裨益。

齊東遷治

光緒二十年（西曆紀元一千八百九十四年）福潤奏。齊東縣三面臨河。形如釜底。每遇伏秋汎水灌入城。大半坍倒。擇於縣境內之九扈鎮。改建土城。並設分防縣丞。駐河干以資彈壓。下部議行。（按縣丞一缺。係由齊河縣改移）

光緒二十一年（西曆紀元一千八百九十五年）正月。濟陽北岸高家紙坊漫溢。水入徒駭河。二月堵築合龍。六月、利津尾閭北岸之呂家窪。齊東南岸之北趙家。壽張南岸之

呂家窪不宜堵合之理由

高家大廟等處隄埝先後漫溢。七月、巡撫李秉衡奏各處漫口。經將裹頭盤築堅實。連日督同勘估籌辦。上游壽張高家廟大隄口門刷寬八十餘丈。水深七八尺及丈餘不等。漫水由柏莊黑虎廟直趨沮河。復繞東南至梁山安山一帶。仍入黃河。不至再向南趨。下游齊東北趙家大隄口門刷寬八十餘丈。水深丈餘及二丈不等。口門以外。兩旁俱已挂淤。正流逕趨東南。直灌小清河入海。此兩處均已趕籌堵築。唯呂家窪地勢本低。距海不遠。大小村莊只十二處。再下六里。即無大隄。七八里以外。即海灘無人煙之處。應否堵合。抑留爲入海尾閭。俟覆勘奏明辦理。九月、奏山東黃河向由利津鐵門關入海。光緒十五年黃水漫溢韓家垣。沖出河身。前巡撫張曜奏請築隄束水。全河改道由此入海。數年以來。海潮頂托。逐漸淤高。以致尾閭不暢。現查呂家窪漫口。已寬至二百一十丈。奪大溜十分之八。水深八九尺至一丈不等。溜分兩大枝。經豐國鎮向北而趨。東路水勢稍小。西路水勢溜急。兩邊見淤。中洪漸成河形。散漫之水約寬二十餘里。韓家垣正河淤塞。僅由口門迤東分水約十分之二。繞出韓家垣南支河楊家河入海。河底漸次淤高。未能宣洩黃河數千里來源。奔騰下注。一旦水無去路。必於迤上各州縣旁決爲災。呂家窪地本極低。已成入海形勢。口門以下。村落無多。其地斥鹵不生五穀。以上則人煙稠密。居民櫛比。兩害相形。當取其輕。若勉強堵合。似非所宜。唯該處爲永阜場產鹽之地。灘池一百六十餘處。無從保護。商民呈請堵築。諭以害重利輕。未能率允。擬即赴上下游查勘河工。并至該處口門。親履查看。詳酌定議。再繪圖貼說奏聞。是年、齊東北趙家漫口。壽張高家大廟漫口。先後堵築合龍。

李秉衡奏議

光緒二十二年（西曆紀元一千八百九十六年）七月、呂家窪口門未堵。趙家菜園復決口。水由東北土塘順流而下。與呂家窪漫水合而北注。九月、李秉衡奏查看黃河尾閭形勢。擬由舊黃河東岸挑挖新河。仍導入蕭神廟舊河入海。並將趙家菜園呂家窪漫口次第堵合。諭照所擬辦理。惟所開新河。大溜引入之後。能否通暢。從前沖壞鹽灘。能否一律涸出。蕭神廟一帶產鹽處所。會否不致另有窒礙。該撫轄東省全河。責無旁貸。經此次改歸舊河入海。大舉興辦之後。務使一勞永逸。方爲不負委任。十月、李秉衡奏、伏查治河之法。見之載籍者甚詳。卽光緒九年十年之間。山東河決數十處。中外臣工條陳河務者。先後十餘人。撮其大原。約有四端。曰展寬河身也、疏濬河淤也、開通支河以減水也、築隄束水以攻沙也。此四者皆治河之要領。而山東則有難於施行。及行之而未能見效者。豫省河

展寬河身之難

隄兩岸相去遠或三四十里。近或一二十里。水得隨其蕩漾之性。故爲患較少。東省自黃河奪濟。愈下愈狹。民間築埝自衛。寬者一二里。隘者不及一里。一遇汛漲。漫決頻仍。言者遂多主棄遙隄不守民埝之議。然濟武兩郡地狹民稠。沿河村鎮廬墓。不可數計。兼以齊河濟陽齊東蒲台利津等縣城。皆近臨河干。一聞民埝不守。人心惶懼。震駭非常。當時部臣亦以數十萬生靈恐歸淪沒。未敢議准。後雖興築大隄。仍將齊河以下民埝改爲官守。此展寬河身之難也。疏濬之法。代有制作。迄無推行盡善之方。光緒十年、前倉場侍郎臣游百川、前撫臣陳士杰、仿河臣靳輔奏明用船隻拖帶鐵篦子混江龍等具上下疏刷。卒以笨重難行。未能見效。十三年、前撫臣張曜復定購法國挖泥機器船。嗣在利津太平灣及天津蠻子營試驗。僅能吸水。不能挖泥。遂復退還。良由黃水渾濁挾泥

新輔用船隻拖帶鐵篦子混江龍等具以笨重難行張曜用挖泥機器船挖治黃河未收實效

帶沙機器既難旋轉且濬河器具輕則入水不深未能得力重則陷入泥底行駛維艱均之難收實效海口則潮汐往來之處率皆軟泥不能立足人力亦無所施此疏濬河淤之難也

濬淤之難

凡物合則見多分則見少以濟河一瀆受黃河之水勢不能容於是侍郎游百川有建築滾水壩分減黃流之奏擬一從歷城之杜家溝引入徒駭一從長清之五龍潭引入馬頰嗣經前直隸總督臣李鴻章以直境地勢低下恐開引後橫浸驟決貽害京畿馬頰之議遂止徒駭河則以黃水頻年漫溢上游惠民濱州等處河身漸淤一經分洩必致漫溢爲害其議亦寢前撫臣張曜復有酌減三分入南河之請格於部議不行光緒十六年復於齊河以上之趙莊建分水閘卒以徒駭河節節壅淤未能開放此開河減水之難也

開河減水之難

以上三端既不可行則惟有築隄束水藉以攻沙之一法查大清河自東阿魚山而下至利津海口原寬不及一里深至四五丈束水可謂緊矣自咸豐五年銅瓦廂東決以來二十年中上游侯家林賈莊一再決口而大清河以下尚無大害然河底逐年淤墊日積日高迨光緒八年桃園決口以後遂無歲不決無歲不數決雖加修兩岸隄埝仍難抵禦今距桃園決口又十五年矣昔之水行地中者今已水行地上是束水攻沙之說亦屬未可深恃

東水攻沙之難

現在河底高於平地俯視隄外則形如釜底一有漫決則勢若建瓴海口復愈見高仰尾閭不能宣洩河患日深民生日蹙此亦智勇俱困之秋矣臣於河工非所素悉然博稽掌故參考輿論欲求補偏救弊之方上年呂家窪決口親往察看見口門溜勢甚大韓家垣正河已見淤塞欲以呂家窪爲出海之路至今五月復往審視西北一帶漸見淤淺惟口門至陳家屋子溜勢尚順復查看舊河自蕭神廟以

下至紅頭塢海口。地勢愈下愈低。極爲通順。是以有由呂家窪至陳家屋子掘開竈壩導入舊河之請。迨伏汛初臨。趙家菜園決口。水入霑化縣屬之綘河。綘河卽徒駭河下游。復擬改道由此入海。則利津以下。從此可免沉溺。至八月復乘舟相視。則徒駭河水已盈隄拍岸。勢不能容。且由趙家菜園至入徒駭之處。不過十餘里。略有溜溝。以下則一片瀰漫。既無河身。又無隄岸。若欲開河築隄。勞費甚鉅。勢不能行。而呂家窪至陳家屋子。復漸淤乾。是以有堵兩處口門。從老河東岸開挖新河。以達蕭神廟舊河之請。蓋以黃河變遷無定。因勢利導。舍此別無良圖。復查韓家垣河身。用小舟順流而前。測至海口。有深五六尺者。有僅深二三尺者。鹽船至此。非用小船剝運不能上駛。此次所挑新河。擬定面寬十六丈。底寬四丈。深一丈。較之現在韓家垣河身。深至數尺。將來大溜引入。雖

不敢謂必能通暢。而水性就下。或不至遽形阻滯。至呂家窪口門以下。鹽灘共有一百六十餘處。上年已沖壞一百二十餘處。今既將呂家窪堵合。鹽灘盡可涸出。蕭神廟係舊日河身。本非產鹽處所。自不至有窒礙。疏上。允之。是年利津西韓家民埝決口。口門寬至三百餘丈。李秉衡請官爲堵合。以紓民力。

光緒二十三年（西曆紀元一千八百九十七年）正月、凌汛盛漲。歷城章邱交界之小沙灘胡家岸等處。因冰凌將河面壅塞。水不能行。陡漲一丈有餘。埝身沖刷成口。小沙灘口門寬二十餘丈。胡家岸口門寬四十餘丈。均深二丈上下。水由郭家寨大隄殘缺之處。經齊東高苑博興樂安等縣入海。二月、章邱胡家岸口門堵合。三月歷城小沙灘漫口亦堵築合龍。五月利津北嶺子西灘民埝漫溢。北嶺子沖開五六丈。西灘刷寬二十餘丈。兩處之水匯由迤南絲網口入海。九月、李秉衡以

張汝梅奏議

該處地近海濱。居民無多。察看溜勢通暢。請留爲入海之路。

光緒二十四年（西曆紀元一千八百九十八年）二月巡撫張汝梅奏黃河以入海爲歸宿。必海口通暢。方免汎濫爲災。東省黃河自銅瓦廂決口。水由大清河至利津鐵門關蕭神廟以下入海。其始河面雖窄。河身尚順。故黃水猶能容納。其後逐年淤墊。河身日高。至光緒八九年以後。幾於無歲不決。上游愈決。則下游愈淤。海口亦因之高仰。迨光緒十五年、韓家垣決口。前撫臣張曜遂奏請建築攔黃大壩。將舊河截斷。以韓家垣爲入海之路。行之數年。韓家垣又復淤墊。至光緒二十一年呂家窪決口。大溜旁洩。韓家垣積淤日甚。淺可膠舟。光緒二十二年、前撫臣李秉衡於是有奏明開挖陳家莊新河至李家竈以入蕭神廟舊河之舉。乃挑工未畢。偏值是年十一月凌水暴漲。灌入新河。不能施工。致宣洩仍復不暢。光

緒二十三年北嶺西灘兩處漫決。水由絲網口入海。正河幾至斷流。嗣後西灘漸次淤塞。大溜全注北嶺。復由北嶺倒漾至西灘漫口。分入正河。涓涓細流。今已全河湮塞。查北嶺口門至絲網口入海。計七十餘里。均已刷成河身。其勢極順。現擬自北岸薄莊起。至南岸北嶺子止。修築新隄一道。計長四百二十丈。將舊河截斷。並將迤下西灘旱口堵塞。將舊河南隄改作新河北隄。南岸則從十六戶迤下起。至絲網口迤上之二道嶺止。計長七千丈。修建南隄一道。使河身有所收束。得以逼水刷沙。尾閭可期通暢。北嶺有東壩基。即改挑水壩。鑲修護埽。以托溜勢。至十六戶在北嶺以上。中隔南嶺一莊。已被水坍塌。十六戶對岸爲鹽窩。河面寬僅一百餘丈。該處河形本自南而北。至鹽窩屈曲東行。正當坐灣頂衝。加以河面逼窄。奇險迭出。每年鹽窩一處。搶險動費數萬金。仍無把握。

設有疏失。則北岸利津霑化均受其害。茲勸諭十六戶居民擇地遷徙。將鹽窩裏護磚石。逼溜東行。使河身逐漸展寬。則鹽窩險工可以漸臻鞏固。以下孟莊呂家窪等處。均改在背河。逐年防汛料物亦可節省。辦法頗爲妥協。稽諸衆論。詢謀僉同。已飭趁桃汛以前趕緊興辦。時東省黃河屢次漫溢。是年利津扈家灘漫口。東阿玉家廟堵口。濟陽桑家渡堵口。歷城楊史道堵口。均先後合龍。朝廷撥欵截漕以籌賑卹。並發內帑二十萬兩交張汝梅散放。命京外臣工保薦熟悉河務人員。又以隨時堵合。無一勞永逸之策。著廷臣籌議。尋奏請簡派大臣前往察看。九月諭李鴻章會同任道鎔張汝梅周歷河干。履勘通籌全局。擬定切實辦法。將各項工程估計應需工費。奏明請旨辦理。

李鴻章會同任道鎔張汝梅勘河

李鴻章勘河大治之議

光緒二十五年（西曆紀元一千八百九十九年）二月。李鴻章勘視河工。籌議大治辦法、奏曰。山東黃河改道以來。初因河槽深通。又當軍務頓興。未遑修治。同治十一年以後。漸有潰溢。始築上游南隄。光緒八年以後。潰溢屢見。遂普築兩岸大隄。尺寸初不高寬。乃民間先就河涯築有小埝。隨灣就曲。緊逼黃流。大隄成後。勸民照舊守埝。後又有改歸官守之處。於是隄久失修。有殘缺而不可守者。守埝之民。有因河灘淤高。漸將埝身加高。每遇汛漲。埝決水遂建瓴而下。隄亦因而隨決。此歷來失事之根也。

歷次失事原因

上游曹兗所屬南北兩隄。湊長四百里。兩隄相去有二十里。歸入正河。大決則隄亦不保。計南北險工十四處。自同治以來。決僅四五見。此上游情形也。中游濟南泰安所屬兩岸隄埝各半。湊長五百里。南岸上段傍山無隄。下段守埝。北岸上段守隄。迤下又守埝。彼此參差不一。無非爲埝內村莊難遷。權爲保守之計。下游無定所屬南岸全守隄。北岸全守埝。湊長五百三十

尾閭阻滯

兵夫不敷分布

餘里。地勢近海愈平。水勢近海愈大。情形較中游更重。綜計全河之險。中游以下極多。計南岸近省百里。近埝之險有二十三處。北岸自長清官莊、至利津以下鹽窩止。四百六十八里之間。有險五十四處。二十年來已決三十一次。此中下游情形也。至下游近海百里間。向無隄。即間有之。亦甚卑薄。現在黃水由絲網口入海。一望瀰漫。寬約二三十里。串溝甚多。並無一定河槽。深四五尺或一二尺數寸不等。愈下愈淺。此又入海尾閭阻滯情形也。詢之在工員弁。僉稱去歲盛漲。隄埝高水面一二尺者十之五。與水平者十之三。竟有於隄頂搶築子埝以防護者。各處埽壩卑薄。歲修稭料。勉敷春日廂修。至伏汛搶險。早已用罄無存。碎石爲護險要需。亦因無欵、不能多購。防汛兵夫、額設四千餘人。分防南北兩岸一千四百餘里。僅合每里三人。平時巡水查漏。已去其半。此次到工一

路少見存料。亦無土牛。問之兵弁。據稱春日廂埽。夏日防汛。秋冬又搶堵漫口。竟無餘閒挑積土牛。即此可概其餘。此近年山東辦工竭蹶情形也。查黃河自改入東省。修防諸務。本屬創辦。間有工作。皆因經費支絀。未按治河成法。如前撫臣陳士杰創立兩岸大隄。祇高一丈。嗣經前撫臣張曜請款增培。亦祇擇要加高幫寬。規模固未大立。前撫臣李秉衡於二十二年十月間。歷陳山東受河之害。治河之難。謂近年幾於無歲不決。無歲不數決。除額撥經費不計外。其另案之款。十年通算不下八百萬兩。而河工敗壞日甚一日等語。二十三四等年、仍復漫溢多處。惠民久罹昏墊。幾不聊生。朝廷屢糜鉅金。閭閻迄無安歲。日積月累。長此焉窮。臣等詳考古今治河之法。惟漢臣賈讓徙當水衝之民。讓地與水數語。實爲上策。其次則惟有展寬河身。今開封河寬十餘里。決溢尚少。從前

遷民廢埝

江南徐州之下。河形較窄。決溢頗多。今山東上游河面寬於中下兩游。決溢較少。皆明證也。明臣潘季馴有言、河隄必須遠築。大約離岸須三四里。庶容蓄寬廣。勿逼水以致易決。康熙中河臣靳輔有言、豫省築隄甚遠。其至近者亦三五里。遠爲遊波寬緩。不能深入。勢必復引而他去。而淤灘仍爲平陸。雖險易守。此皆按事切理之言。查光緒九年前撫臣陳士杰建築中下游兩岸大隄。南岸自長清達於蒲臺、計四百餘里。北岸自東阿達於利津、計六百餘里。逐細測量。兩隄相距有五六里至八九里不等。應即就此兩隄加培高厚。永爲修守。似不失爲中策。惟查兩岸之中。先有棄隄守埝之處。如南岸濼口上下。守埝者一百一十里。內除上段近省六十里爲商賈輻輳之區。近來要險稍平。暫緩推展。其下段四十餘里。要險極多。十餘年來。已決口九次。耗費不堪。擬將此埝外二十餘

村。妥爲遷去。棄埝守隄。庶離水較遠。防守易。用此南岸酌擬遷民廢埝辦法也。至北岸守埝之工。計長清至利津。有四百六十里之長。埝外隄內有數百村莊之多。此埝逼近湍流。河面太狹。無處不灣、無灣不險、斷無久守不敗之理。河唇淤高。埝外地如釜底。各村亦斷不能久安室家。且埝破隄無不破。欲保此埝外數百村。而併隄外數千村同一被災。尤覺非計。但自棄隄守埝以來。時閱八載。小民安土重遷。不肯遠去。非可旦夕議定。今詳加勘度。北岸從長清官莊至齊河六十餘里之民埝。因南岸傍山無隄。河面尚寬。擬即以埝作隄。此兩段民埝既經改爲官隄。埝外之民。即隄外之民。自應無庸遷徙。其齊河至利津尚有三百二十里之民埝。緊逼河干。以致河面太狹。竟有寬不及一里者。要險林立。屢遭沖決。勢不得不廢埝守隄。但北隄殘缺多年。無可退守。且需款過距遷民更

大治辦法十條

難。應暫照守舊埝。此北岸分別現在守埝作隄及將來再議廢埝守隄辦法也。至南北兩岸大隄。爲河工第一至大關係。今既處處卑薄。險工無以資防禦。即平工常有鑽漏之處。實非照黃河舊式大加培築。不足以固修防而垂久遠。現擬一律加培。凡平工以頂寬三丈。險工以頂寬四丈、五丈爲率。底寬以十一丈至十五丈爲率。其中改埝爲隄之處。併照此式修培。遇有應行展寬取直之處。酌量估辦。其暫守民埝之處。一併量加修築。總期足禦汛漲。至下口入海尾閭。尤關全河大局。現在水行絲網口入海。去路偏向東南。形勢不順。而汪洋無涯。人難立足。築隄無法施工。既無以束水攻沙。故不免下壅上潰。今勘得鐵門關故道。尚有八十餘里之河形。愈下愈見寬深。直通海口。形勢較絲網口韓家垣兩處之路爲順。疏築之工。亦較該兩處稍省。然建攔河大壩一座。挑引河三十餘里。築兩岸大隄各八十餘里。所需工費頗鉅。惟是下口不治。全河皆病。朱子有云。治河先從下游施工。靳輔云。下口受淤。必以漸而決於上。今欲整頓全河。不得不從長計議。核實勘估。此又大培兩岸隄工改正下口以振全河局勢辦法也。其餘如添修費以固根基。設減壩以洩異漲。以及設堡夫。辦豁免。設廳汛武職等事。辦理雖有先後緩急之分。實爲將來必不可少之舉。臣等通盤籌畫。悉心妥議。臚列應辦之事。估工需費。除官俸兵餉不計外。約共需銀九百三十萬三千餘兩。工程分年辦理。經費亦分年具領。五六年可期辦竣。略如從前河南規模。而山東無蓄清敵黃之累。必較南河大省。南傍泰山之麓。北限徒駭之流。宜防得宜。不至輕易改道。亦較南河收效爲遠。大工成後。嚴定章程。得人而理。雖不能一勞永逸。究非漫無把握。謹擬大治辦法十條。一大培兩岸隄身以資修守擬險工加頂寬五丈平工三丈四尺高以一丈六尺至二丈爲率通計兩岸舊隄埝工長二十三萬四百十五丈三尺需銀六百二十七萬九千二百餘兩一下口尾閭應規復鐵門關故道以直達歸海挑引河三十餘兩岸築隄各八十里并築大壩一座又將兩隄內各莊民撥地蓋屋遷於隄外約估各費需遵二百萬兩一建立減水大壩俟大隄告成再議興辦一添置機器浚船約價銀三十萬兩一設遷民局統計各費需銀二十八萬兩一兩岸隄成應設廳汛武職官缺一設立堡夫一隄內外地畝給價除糧歸官管理約需銀二十四萬四千五百餘兩一南北兩隄設德律風傳語并於險工段內酌設小鐵路以便取土運料約估銀二十萬兩一兩岸清水各工俟治黃粗畢量加疏築以竟全功疏上諭軍機大臣大學士六部九卿翰詹科道一體會議李鴻章又以山

李鴻章治標辦法

東河患日深大治需時議救急治標辦法略言黃河連決弊固在於民埝其隄身卑薄料物稀少兵夫不足皆實有以致之請自光緒二十五年起於原定歲修六十五萬之外再添修費四十萬兩以爲添料添夫防汛雜項之用并請照支三年至光緒二十八年再行察看情形斟酌損益并請先行照撥趕於五月以前一律修作至兩岸隄埝岌岌可危應修之工應裁之灘不勝枚舉祇有擇要加修擬於前奏大治案內撥銀六十萬兩速募災民春融興工按去年水痕加高隄埝三四尺幫寬一二三丈其頂衝極險硬灣之處對岸灘嘴挺出相度情形挑引河抽溜溝以掣水勢庶幾汛漲得資抵禦沿河貧民亦藉以傭趁度活至於海口尾閭關係緊要若尾閭不暢則上游節節壅遏水勢擡高隄防亦難久恃再四踏勘仍以挑鐵門關舊道深挖引河堅築兩隄以束水攻沙爲宜

辦理此工。尚有購地遷民各事。統共需銀二百萬兩。亟應提前趕辦。河工本係費財之事。欲圖省費。必致大費。要在當事者得人。整頓核實。支用。現時救急事宜。培修隄岸。疏通海口。實係必不可緩之工。果使尾閭通暢。修防足恃。庶幾稍有把握。云云。

附比國工程師盧法爾勘河情形原稿

一雒口至鹽窩沿河情形　河身　黃河自河南龍門口改道以來、水性趨下、由此而東、奔流山東、入大清河、遂取道入海、其始東奔西突、人力難施。至兩年後、河流已定、方築隄岸、河流曲折、其隄岸亦因之曲折、迨河流變遷、隄岸不能俱隨之變遷、臨水遠近不等、然岸隄全無保護、任水漂刷、現在小水河面約寬九十丈至一百五十丈、河底則深淺不一、有面寬處水深僅四五尺、

不便行船者、有河面忽窄者、水深至三丈者、河流朝旦改道、旋左旋右、臨流之岸、即爲衝刷、帶至流緩之處、又淤爲灘、官民則任水所爲、向無善策、惟於險處救急、決處補苴、而沿河常見岸土於四五尺高處塌陷入水、際此隆冬水小、流緩尚且如此、化凍之後、大汛之時、水大流急、更當如何、下游低岸如此、上游土山一帶、不問可知、無怪黃河泥沙之多、爲五洲羣流之最也、大汛時隄內沙灘、全爲漫淹、因河底淺深不一、河身亦俯仰不一、故流水速率、處處不同、且下游之地極平、每里高低不逾五寸、河流甚緩、容水之地日益以險、淤墊日高、年復一年、險上加險、職此之故、隄外之地較隄內之灘有低一尺者、有低至七八尺者、監工路過楊史道口時、曾將河面測量、計水面寬百三十八丈、河底最深二丈三尺、流水速率一秒鐘約四尺、按此推算、每秒鐘

過水之數、約五萬七千四百五十六立方尺、容水面積約一萬三千六百八十方尺、又在鹽窩上游測量、計此處水面僅寬一百零二丈、河底最深一丈二尺、容水面積約九千一百八十方尺、斯時楊史道口尚未合龍、太流半歸決口、不走鹽窩、理合聲明、至盛漲時過水數目、言人人殊、按照兩處文武官員所指示水誌、計楊史道口容水面積、應係三萬六千一百八十方尺、鹽窩容面積應在二萬四千四百八十方尺、因大水速率、無從探詢、致過水之數不能覈計、然不知過水之數、斷難定河面寬窄、堤岸遠近之數也、計雒口至鹽窩約三百七十里、

民埝　濱河之隄、謂之民埝、係民所修、官所守、爲現時束水之要隄也、民埝距水遠近不等、有即在水濱者、有離水至三四里者、當時修造、任意爲之、並無定理、甚有其灣曲有令人可不解者、其高低厚薄、亦各處互異、有高於現時水面九尺者、有高至一丈五尺者、高逾沙灘五尺至八尺不等、高逾堤外之地、亦九尺至一丈不等、其隄頂有寬二丈四尺者、有寬三丈六尺者、新築之埝則較厚、忽高忽底、忽厚忽薄、其收坡亦斜直不同、良可異也、看守民埝未甚周密、爲水挖刷之處頗多、併無隨時修理、積年累月、不至於決陷者幾希、民埝皆以極鬆淤土爲之、併無焦土、入地不深、即有焦泥、不難挑取、埝頂可行大車、坐車、手車、軌道甚深、過路處或堤坡而上下、或截隄而低之、隄上築蓋民居、並不加寬培厚、凡此皆最易損隄者、查泰西各國隄工、坡上種青草、不憚講求、不惜鉅費、蓋草根最能護隄也、此處之隄、都不種草、一二處偶而有草、爲民芟除淨盡、甚至連根拔起、據云取燒鍋或餧牲口、殊不知無草

則隄難保、隄難保則水患不旋踵矣、愚民不思、甚屬可嗤、耙草之器則能損隄、應懸厲禁、不准行用、此亦保隄之一道、蓋草既拔去、隄復耙鬆、大風一起、隄土飛揚、隄頂隨之而低、隄身亦遂漸薄、此器爲害不亦大哉、沿河之隄、有種柳已成陰者、有初載僅盈尺者、柳根最能固隄、應於沿河隄岸一律徧栽、設法保護、不准攀折、併行種籐、更爲堅固、柳條籐條俱可編埽築隄。較稭料堅固遠甚、且可隨處就近取材、毋須更出資採買、一舉兩得、莫妙於此、何憚而不爲耶、

大隄　大隄係公家所築、距民埝甚遠、而遠近處處不同、且多灣曲、殊不可解、現在此隄、雖有如無、大不可恃、隄上居民、鱗次櫛比、全成村落、卽取隄土以築其居、致隄殘缺不全、且過路之處、切與地平、竟成大口、隄上坡上、亦多

種麥、頗能損隄、盛漲時民埝尚決、大隄未有不潰者也、刻隄寬處其頂尚有三丈六尺、高一丈二尺至一丈六尺不等、然完整者絕少、聞楊史道口水決、民埝、竟能走溜入小清河、淹溺村落、貽害民居者、良以大隄舊口未修、使水有隙可乘耳、詢諸河官、何以大隄之口不堵、據答百姓不願、今若修大隄、則千餘村之居民、必環起而等語、可見修大隄非特無益、且不洽輿情也、大隄之外、居民甚多、有數百十戶成村者、有四五家自立門戶者、或築隄自護、或建高阜而居、大抵皆預作防水之計、村外周圍之地、頗屬膏腴、居民以耕耘以供飲啄、此外尚有斜隄攔壩、皆以保此村田者也、然殘廢亦與大隄同、若民埝出險、不足恃也、

險工　沿河一帶險工最多、凡衝頂之處、或已決之處、皆有工程、其工程磨

盤埽居多、以稭草覆土層疊爲之、形如磨盤、或緊貼於岸、或接連於隄、其形勢紛歧不一、即高低厚薄、亦每埽不同、每埽錯落參差、絕不相連、中仍走水、以使三面受敵、不知何意、鄙見數埽應一氣呵成、不存罅隙、既省料工、更形堅固、且料埽入水、削如壁立、不作斜坡、適足以當衝、不能使水滑過、似非得法、至稭料亦非經久之物、因其中有心、質如燈草、最能吸水、使料易於腐爛、料爛則與沙土同、毫無勁力矣、盬工曾見舊埽數處、雖形勢相連、而根基已壞、一經盛漲、必即漂流、民埝定爲所累、或云稭料爲本地土產、用廣價廉、舍此別無他料、誠能如盬工所言、多種籐條、數年之後、便可足用、更毋須以鉅萬金錢、造此不經久之事、或又云料埽原以挑水、一兩年後水已收道、料埽雖爛、亦復何慮、盬工殊不謂然、若不改絃更張、恐搶險不過養疽耳、爲今之

計、雖無他料可用、其埽工應先行改式、傍岸者使之聯成一片、作斜坡入水、以導其流、並須多用木樁、牽連於岸、以堅固麻繩繫之、其護埽所拋之石、亦宜加粗加多、位置得法、方可禦衝刷之力、盬工曾見以石塊排於埽上者、鎮壓稭草、不使爲風吹去、抑何可笑、此外尚有石隄、如北鎮一帶、尚稱穩固、鹽窩石隄則已底根全虛、所未即坍圮者、賴石灰尚有粘湊、然亦不能久矣、

一鹽窩至海口尾閭情形　黃河尾閭、已由鹽窩改道三次、首次向東北由鐵門關入海、二次向東由韓家垣入海、三次向東南由絲網口入海、今謹將三處情形次第言之、尚有新挑引河一條、亦並論及、

鐵門關海口　此係大清河尾閭、黃河改道山東以來、由此入海、歷三十餘年、至韓家垣決口、舍東北而向正東、今鐵關門一道、前半已淤墊甚高、河身成爲平地、莫可辨識、左

右兩隄、盡成村落、鐵門關以下、隄已盡矣、一派黃沙、地極苦瘠、約距鐵門關下游八里、河形復見、有水直通於海、河邊之地、雖係沙灘、而沙下不深便有泥土、河中之水、平時深約二尺、大潮可漲至三四尺、可至蕭神廟、若東北風大作、可增至五六尺不等、由三溝子起、有船隻可以出海、往來烟台、此次因河凍地潮、不能出海、察勘僅至三溝子以下十里、滿地葦草、大潮所經、遂返轡、不復前進、據土人言、往下八里、已見尋常潮汐、再往下十二里、便爲海濱、海口有攔門沙、潮退時僅深二尺、此沙共長寬若干、未曾履勘、揣度必不甚小、計自鹽窩至鐵門關海口約一百一十里、

韓家垣海口　自韓家垣決口、黃河尾閭、取道於此、垂八九年、近復改道東南、韓家垣一帶已無黃河蹤跡、惟自蕭神廟以下、距海約六十里之遙、復見河形、中亦有水、係最低之地、積水不消、闊距海約十一里、此河分爲兩溜、狀如燕尾、然亦不深、海口亦有攔門沙、潮退時直塞口門、不容河水瀉出、此攔門沙露出水面、寬約二里、查韓家垣一道、並未築隄、計鹽窩至韓家垣海口約一百里、

新挑引河　此河係於韓家垣決口之後、特於口門之下、挑挖一道、以便引水至蕭神廟舊槽入海、然當時深僅四五尺、寬僅三丈、現在尚無此數、灣曲甚多、此河計長四十里、若取直共有二十五里、大約係循原有水道挑挖、節省工費之故、河底以蕭神廟韓家垣兩處挖深三尺、便有泥土、亦有泥土竟見于地面者、周圍各村均有井、深一丈一尺、即可見水、泥在水中、不甚深也、鐵門關附近有燒瓦器之窰、該處土質、概可想見、

絲網口海口　現在黃河之由此口入海、漫散地上、併無河道、小水時分爲多溜、底均不深、中有沙灘、正溜水底深僅

三四尺、有一兩處最深、亦不過一丈、將近海口、則只有一尺四五寸、此處水甚寬、約有三百丈之多、聞海口並無攔門沙、想係流緩溜淺、其沙已於地上停淤、無可再送入海也、查北嶺子決口之時、尚有上游三處同時開口、故絲網口水流不猛、北嶺子門之樹、至今猶竪水中、古廟一座、亦巍然獨立、是其明驗、若謂辛莊等處房舍漂流、則係土屋不堅之故、非水力洶湧有以致之也、北岸於北嶺子以下、並未設隄、惟以鐵門關南隄爲北岸、以護村落而已、南岸則由鹽窩起、新行接築一隄、距水約遠二里、計鹽窩至絲網口海口約九十里、

一酌量應辦治河事宜、　治河如治病、必須先察其原、欲察其原、必先按脈理、方知其病原之所在、然後施藥、不特厥疾可瘳、而且永無後患、若但按瘡敷

藥、不問其毒發何處、非良醫之所爲也、黃河在山東爲患、而病原不在於山東、若只就山東治黃河、何異於按瘡敷藥、雖可一時止痛、而不久舊疾復作矣、蓋其毒未消、其病根未拔也、夫水性猶人、初本善也、若不導之教之、性乃遷矣、天之生水、原以養人、何嘗以害人、乃人不知其性、不防其遷、遂使肆爲暴虐、生民昏墊、國帑虛糜、終無底止、推原其故、良因治水僅就一隅、不籌全局、今若一悞再悞、恐徒勞無功耳、欲求一勞永逸、宜先竟委窮原、由山東視黃河、黃河只在山東、由中國視黃河、則黃河尚有不在山東者、安知山東黃河之患、非從他處黃河而來、故就中國治黃河、黃河可治、若就山東治黃河、黃河恐終難治、請詳言之、溯黃河之源、出於星宿海、取道甘肅、流入蒙古沙漠、改道多次、始至山西、已挾沙而來矣、道出陝西、又與渭水匯流、其質更濁、

再穿土山、向東而出、挖泥帶水、直入河南、所至波靡、水益渾矣、此卽黃河之病原也、下游之病、艮由於此、主治之宜、在於病原加意、蓋下游停淤之沙、係從上游拖帶而來。上游地高。勢如建瓴。且兩面有山約束之、水流極速、沙不能停、迨一過滎澤、一派平原、水力遂殺、流緩則沙停、沙停則河淤、河淤過高、水遂改道、此自然之理、證諸往事、已有明徵、惟一河改道、萬姓遭殃、轉於溝壑、死於饑寒、從古迄今、不知凡幾、而黃河則南遷北徙、暢所欲爲、以開封爲中心、自闢半徑之路、於揚子江北、中間千五百里扇形之地、任意穿越、雖齊魯諸大峯、亦難阻制、河水所經之處、沙停灘結、民嘆其魚、防不勝防、迄無艮策、補偏救弊、勞民傷財、其禍較疾病刀兵、尤爲猛烈、然天下無不治之水、雖非容易、尚非人力難施、其法維何、曰求諸算學而已、

治法 夫治法豈易言哉、黃河延袤中國境內、計一萬餘里之長、地勢之高低、河流之屈曲、水性之緩急、含沙之多少、向未詳細考究、並無圖表、問諸水濱、亦鮮有能答之者、今欲求治此河、有應行先辦之事三、一測量全河形勢、凡河身寬窄、深淺、隄岸高低厚薄、以及大小水之淺深、均須詳誌、一測繪河圖、須纖悉不遺、一分段派人查看水性、較量水力、記載水誌、考求沙數、並隨時查驗水力若干、停沙若干、凡水性沙性、偶有變遷、必須詳爲記出、以資參考、以上三事、皆極精細而最關緊要者、非此無以知河水之性、無以應辦之工、無以導河之流、無以容水之漲、無以防患之生也、此三事未辦、所有工程、終難得當、卽可稍紓目前、不旋踵而前功盡隳矣、若測繪既詳、考究復審、全局在握、便可參酌應辦工程、以垂久遠、猶須各省黃河、統歸一官節制、方能一律保護、永無後患、

但照此辦理、經費必鉅、然欲使一勞永逸、宜先籌計每年養河之費若干、蠲免錢糧若干、賑濟撫卹若干、財產淹沒若干、民命死亡若干、並除弊後能興利若干、積若干年、共計若干、較所費之資、孰輕孰重、孰損孰益、不至於猶豫矣、

按照圖誌、可以知某處水性地勢、定其河身、由河身卽可定水流之速率、不使變更水面之高低、不使游移、凡河底之深淺、河岸之堅脆、工料之鬆固、均相因無意外之慮、此皆算學精微之理、不能以意爲之、定河身最爲難事、須知盛漲水高若干、其性若干、停沙於河底者幾多、停沙於灘面者幾多、漲之高低速率不同、定河身須知各等速率、方能使無論高低之漲其速率足刷沙入海、

河形彎曲、致生險工、亦須酌改、然大非易事、非詳愼推算不爲功、蓋裁彎取直、則路近、路近則低、率卽地勢高低之數、低率增、則速率亦

增、速率增、則過水之數亦增、於盛漲時、尤宜並上下游通行籌算、後方可裁去一彎、蓋裁彎能生他險、不可不慮、此亦非但憑眼力可爲之事、河隄所資以障水者也、須併河身一同推算、卽入水斜坡、統須堅固、以禦異常盛漲、方不至誤事、至隄之高低厚薄、則視土性之鬆實、料質之堅脆耳、至應如何造法、亦須視水綫高低、水力緩急、所需材料、總以能禦水挖爲妙、不必盡用石隄、亦毋庸盡用料埽、蓋土隄築造堅固、護以柳草片、亦足以禦尋常水力、查各國護河之隄、多以土爲之、並無全用石工者、但須推算合法、位置得法、看守不懈、勿任糟蹋耳、其石隄料埽、只於險處用之、總而言之、可省者宜省、不可省者必不宜省、然非測算精詳不可、監工茲繪隄式兩種、似與黃河合宜、何處應用何式、則俟臨時查勘、因地制宜、非謂全河均應改用也、惟無論需

用何種材料、均須採擇上品者、方能堅久、大水時河流至隄根、小水時河流在兩岸之中、而隄與岸均係鬆土、常爲急流挾之以去、即化爲沙、至流緩處淤成高灘、積漸遂生危險、此固可慮、而尤可慮者、上游各土山隨時坍塌入水、流至下游、爲患甚烈、應行設法保護、於過水兩岸、盡築斜坡、先護以泥、再種草片、併多栽樹木、以堅實、有險之處、則宜於岸根打樁、以樹枝編成筐、以泥土填成塊、再疊石爲牆、或砌石爲坡、並拋大石塊於水底、方足以禦水力、其土山兩旁、亦須拋石水底、再築石牆於其上、以阻塌陷、如此則岸土不致爲水拖帶、河流可以漸清、河患自然日減、此係治河應辦緊要之工程、大溜應教常走河之中間、宜在何處設法、此時不能預定、大約須於彎處水底多築挑水壩、以導其流、挑水壩應用樹枝、或用石塊、則俟隨時斟酌情形辦理、惟稽料不能經久、且無勁力、則不可用、

減水壩亦應講求、以防異常盛漲、宜即設在隄邊、應先測量地勢、察勘情形、以河流之方向、定壩口方向、此壩須以大石並塞門德土爲之、壩後所挑之河、或已有之河、應築堅堤、約束庶所過之水、不致以鄰國爲壑、此河亦須寬深、不甚彎曲、且低於黃河、其河身實有容水之地、始能合用、

黃河尾閭海口高仰、復有攔門沙、致河水入海未暢、應用機器挖土船以挑挖之、然先築海塘、再用機器、或可事半功倍、此海塘接長河隄入海、則水力益專、能將沙攻至海中深處、爲海口必不可少之工程、再用機器於攔沙挖深一道、俾水力更激、可以自刷、其餘此項工程、需費頗鉅、然各國海口均有之、黃河何獨不然、美國西西比海口、奧國大牛白海口、前亦堵塞、今大輪船可以往來、是其明驗、法國仙納海口、前此亦有

攔沙阻礙行船、最爲險惡、旋經以大石填海、築造海塘、高出大潮水面、兩塘相距九十丈、塘成之日、海口竟深至二丈、至今船隻稱便、比國麥司海口亦曾興此大工、此外尚有多處、不勝枚舉、　黄河延袤數省、關係國計民生極大、現時上游水至下游、不能即知下游出險、上游事後方覺、聲氣不通、防範未能周密、應照永定河辦法、沿河設電綫、按段通電、隨時隨事報知全河官弁、俾患可預弭、此爲刻不容緩之事、　治河之工程、既已舉行、守河之章程、亦宜釐定、俾一律恪遵、永遠辦理、方不致前功盡隳、查現在河防員弁、雖能克己奉公、而百姓糟蹋隄埽、挑土砍柳、鋤草諸惡習、並未廣爲禁止、應妥定律例、嚴行厲禁、周密巡查、犯者懲治、隄上不准搭蓋房屋、如須行車、必專築馬路之處、格外培厚、方不損隄、官弁隨時稽查、稍有殘缺、不整即爲修補、如

此則工程可永遠完固、不致生意外之虞、　黄河上游、應否建設閘壩、用以攔沙、或擇大湖、用以減水、亦應考求、治河有此辦法、理合聲明、　上游之山應令栽種樹木、以殺水勢、泰西各國因山水暴發、屢次爲災、飭令於源頭及瀕水諸山、栽種樹木、水勢遂殺、偶有一二處樹木被人私砍、水勢即復猖狂、政府嚴行禁止、並設官專管樹木、西人重視此事、是有效驗之明證、查山水暴發、其故有二、一因山上土鬆、不能吸水、一因山勢陡峭、無以阻水、若偏種樹木、則樹根既能堅土、又復吸水、且可殺其勢、從容而下、不至倒瀉、倘山上不宜種樹、亦宜種草、其功雖不及樹木之大、亦終勝於無、法國頒行亞爾伯諸山種樹律例以來、成效已大著矣、

一現時應辦救急事宜　前篇治河應辦各事、既非旦夕之功、必俟全河詳細

測量、估計工料、妥籌辦法、方臻美備、誠恐河流洶湧、迫不及待、亟應先辦救急事宜、庶幾現時災患不生、將來治理較易、救急之事維何、曰培修隄岸、固築險工、並疏通尾閭而已、至於更改河形、以暢其流、展縮河身、以順其性、保護隄岸、以阻其傾、各工程應俟日後從容辦理、此時無暇及此、　培修河隄之法、前篇已詳言之、毋庸再贅、惟應以埝爲隄、若大隄則相距太遠、有河面過寬之患、又復殘缺不整、修無可修、即修亦無益、　各處險工宜全行固築、應派員全工察勘、估計工程、凡當衝之隄、已朽之埽、務即一律保護、其過低過薄之隄、亦應加高培厚、隄內臨水之坡、應加泥一層、以種青草、並於隄根徧栽樹木、設法禁止糟蹋、此爲最急之務、速辦爲妙、有險處之隄根、或拋石或編壩、以固之、亦須因地制宜、凡隄有所開過路之道、應即行修補、並於隄頂築造石子馬路、以便車馬往來、不至損礙、　尾閭海道、最宜妥定、以鐵門關韓家垣現均淤塞、絲網口則水勢散漫、並無河槽、查此項尾閭擇地者、主見不一、有謂鐵門關淤墊處應挑通、使水仍復舊道者、有謂宜仍由韓家垣舊道者、有謂應由十六戶挑引河直至鐵門關、以避鹽窩險工者、有謂應由鹽窩挑一直河、仍由絲網口者、有謂應於蒲台縣三岔河引水入海者、有謂黄河應於大馬家挑至孔家莊、並入徒駭河、使之入海者、大馬家在利津上游八里之地、查徒駭河形頗彎曲、孔家莊河面約寬九十丈、小水水面約六十丈、兩岸頗高、並未築隄、大水約離岸尚低八尺、其上游於禹城以下、全已淤塞、海口約距孔家莊七十里、並無攔沙、鄙意黄河未治之先、其水不應走徒駭河、蓋恐濁流入清、即使清者亦變爲濁、未免可惜、如欲酌定一處、必須於各處詳細測量、品地勢之高低、察水流之方向、查現在武備學堂測量生、頗具聰明、又復勤奮、四散測量、不遺餘力、惜時日太促、未能詳備、所繪之圖、只能閲其大概、况各段河中過水之數、以及地之低率、無從查考、至引河河形、惟按海口之地甚平、引河以愈短愈直愈妙、蓋河短勢直、即低率可增、流水較有力也、河身則以能容盛漲爲度、兩隄則以能束水爲度、又須格外堅固。以防衝決。大約海口所有舊河槽。以不用爲妙。以舊槽形皆曲折、隄亦不周備、不如另擇新地、酌量形勢辦理之爲愈、今無論挑在何處、其海口必須有機器挖沙。不能恃水自刷、因河病未除、河沙未減、到處停淤之病、仍不能免、恐新挑之不久、亦如舊口爲沙堵塞不通也、鄙意引河河形、以能容水暢流爲度、庶無意外之慮、

減水壩爲必不可少之件、應設何處、尚未詳考、有人指示濟南府下游十八里原有滚壩之處、似可合用、監工於歸途便道履勘、見此壩距黄河尚有五里、原造之意、係引濟南諸山清水入黄、以助攻沙、然向未啓用、壩門甚小、只有一丈四尺、又與諸河不通、若欲用之、尚須另挑引河以通小清河、查小清河河身僅足自容盛漲、時水已漫岸、又無河堤約束、若再將黄河灌入、勢必漫浸、即濟南省城亦恐遭淹溺、鄙意如欲減水、以入徒駭河爲宜、然仍須測量籌算、方可定議、惟徒駭河亦須加寬、添築河隄、方可合用、振聲按且須加深並有益交通也

以上四大端、皆係知無不言、言無不盡、是否有當、均俟裁奪、示遵、監工此番奉委勘河、常與司道大員及地方官會同查勘、雖各人看法稍異、而和衷共濟、爲國家宣勞、爲中堂效命、以國計民生爲懷、作一勞永逸之想、則不約而同、

蓋無分中外、咸欲贊成利國利民之大功、其胸中則毫無成見也、盧法爾謹

上

三月諭軍機大臣等、奏會議山東黃河工程。李鴻章等所擬大治辦法。與救急治標辦法。均尚切實。請照議辦理。幷飭戶部分別籌款。山東河患甚急。非大加修治。無以灑沉澹災。現擬治標。即大治之始。事自應預籌的款。以資開辦。著戶部按照所議。應需各款。依期籌撥。尋經戶部奏覆。分次籌措。四月前解到四十萬兩。爲加撥修防購料之用。六月前解到六十萬兩。爲擇要修培隄埝之用。其疏通海口一項。先於關稅撥銀十萬兩。爲購地遷民之用。一俟辦有端緒。即續撥銀一百九十萬兩。斷不貽誤。得旨。此次籌辦工程。均在山東境內、毓賢以巡撫兼管河工。責無旁貸。即著督飭上中下三游總辦切實經理。無得濫用一人。虛糜一物。總期河患日紓。以澹沉災。而拯昏墊。九月、巡撫毓賢奏、曰黃河治法。誠如部臣所云。無論治標治本。總以展寬河面、盤築隄身、疏通尾閭、三事。爲最扼要之策。查尾閭之害。以鐵板沙爲最。全河挾沙帶泥。到此無所收束。散漫無力。經以風潮。膠結如鐵。安望通暢。流不暢則出路塞。出路塞則橫溢多。故無十年不病之河。現擬建築長隄。直至淤灘。用椿硬鑲。如水中作工之法。再設法防護風潮。即不能徑達入海。而進一步即多收一步之益。至於隄埝卑薄。固由風雨剝殘。車馬踐踏。亦由從前修培之時。土方未必足夯硪。未必實。其防汛者。又祇知水來搶埽。不知固其根基。甚或起後戧之土。壓埽壩之面。此卑薄者所以積久彌甚也。今擬修培時。土方必足。夯硪必堅。切實做工。不准稍涉草率。修培之後。尤宜加意保守。其坐灣之處。一灣一險。如上游之賈莊孫家樓。中游之胡

家岸霍家溜桑家渡下。游之白龍潭北鎮宋家集鹽窩均著名巨險。其餘險處甚多。此固非裁灣取直不可。然亦須相度形勢。如坐灣過大。引河工長。上口無收吸之勢。下口直逼衝岸。則去一險復生一險。必引河上口能迎溜勢。下口直入河心。既可避無數險工。又不至顧此失彼。方爲得計。如蒲臺迤西魏家口起至迤東之宋莊、止。約長四十里。河水分流。納正河之溜三分之一。若就勢修隄建壩挑溜。則蒲臺北岸之北鎮宋家灘宋家集一帶。減去險工甚多。將來溜歸北河正河。如淤蒲臺城垣。永免水圍之患。此裁灣取直之最有益者。擬即勘估興辦。其餘再相機辦理報聞。

光緒二十六年西曆紀元一千九百年 濱州張肖堂堵口、三月、合龍。

光緒二十七年西曆紀元一千九百一年 惠民五楊家堵口。九月、合龍。是年又堵築章邱陳

家窰漫口。十一月、合龍。

光緒二十八年西曆紀元一千九百二年、利津馮莊堵口。十月、合龍。

光緒二十九年西曆紀元一千九百三年 惠民劉旺莊堵口。二月、合龍。又利津小寗海莊堵口。十二月、合龍。又王莊堵口。次年二月、合龍。是年巡撫周馥奏設遷民局。派員照料。按戶酌發津貼。飭令遷徙大隄以外。給地購屋安置。并予以牛力籽種。聽其遷地墾荒。

光緒三十年西曆紀元一千九百四年 六月利津薄莊決口。九月、周馥赴工履勘。尋奏該處口門寬三百三十二丈。今若堵合。估銀一百九十四萬餘兩。鉅款難籌。防守毫無把握。乘舟由漫口下駛。測量水深一丈數尺至二三丈不等。寬約二三四里不等。奔騰浩瀚。就下行疾。舟行東北四十里。入徒駭古黃河。係霑化縣邊境。又

周馥主張遷尾閭之民以避水之就下

行六十里達海水勢寬深更勝於上流兩岸一望荒鹻村莊極少較從前河由鐵門關韓家垣絲網口三處入海加倍暢達乃知此路地勢低窪水爭趨之非人力所可挽回與其逆水之性耗無益之財救民而終莫能救不如遷民避水不與水爭地而使水與民皆各得其所照此辦理其益有三尾閭通順全河之水流暢消速益一舟楫便利商貨流通益二歷年下口搶險勞費無已河流順直險輕費省益三所省堵築之費猶不計也然補救之策費財亦有三端一遷民之費口門以下六村全遭飄沒災民蓬居隄上苦難殫述迤下尚有被水十餘村俱應遷徙約共有四五千戶必須買地建屋妥爲安置二築埝之費利津東南海灘歷年新淤數十里墾種殆徧應擇要修埝以保完善利津迤北荒灘亦有已墾之地應加護埝其徒駭上游清水深恐氾溢亦應擇培舊隄免失農

業三移設鹽垣之費利津永阜場爲東鹽出產大宗歷年大半淹沒只賸鹽灘三十餘副應於河水較遠之處開灘曬鹽酌借灘本統計各費約需五十萬金擬在工賑捐款內撥用下部議行周馥注重河工下游險工林立原無石壩周馥飭下游督辦何國禔等改築石壩以期鞏固下游有石壩自周撫始又在南三營三合莊北三營宮家北四營彩莊設三處官窰燒磚作壩並設全河電線

光緒三十一年（西曆紀元一千九百五年）新築隄工完竣南自薄莊東七龍河起至大牡蠣灘止計長二十六里北自西鹽窩護莊隄起至霑化縣後馬廠止計長十三里兩岸束水大溜由徒駭入海自是以後薄莊海口暢行河流順軌每屆伏秋大汛雖有險工旋即搶護迤至有清之末歲歲安瀾沿河人民宜可高枕無憂矣庸詎知百密難免夫一疏禍患常生於不測辛亥國變南北搆兵共和告成政

爭方亟民生國計注意未遑曾不旋踵而有濮陽之警決口在直隸而受害在山東城門失火殃及池魚可爲長太息矣

歷代治黄史卷六

中華民國

直境濮陽決口山東四縣被害

中華民國二年（西曆紀元一千九百十三年）七月河決濮陽境雙合嶺。當初決時刷堤未寬。水性尚緩。急加防堵。則事半功倍。乃以南北搆兵。遷延未塞。時機坐誤、翌年大汛。氾濫口門。刷至八百餘丈。兵事漸定。乃派徐世光督辦堵口大工。八閱月而合龍。

濮患之始

按姚氏聯奎濮陽河上記序、曰嘗讀禹貢東過洛汭。至於大伾。北過洚水。至於大陸。是黄河自大伾山之西。由東北入海。固未嘗經濮也。自周定王五年河徙。自宿胥口東行。至章武入海。始經濮境。漢武帝元光三年。河決濮陽瓠子。氾十六郡。由東南流入渤海。爲濮河患之始。經營三十年。費累億萬計。乃

至天子親臨沉璧與白馬。從官皆負土伐淇園竹楗、始底於成。築宫其上名曰宣防宫。歷晉唐五代。仍爲河衢。及宋熙寧四年。澶淵之決。盡徙而南。凡灌郡縣九十五。而以濮齊鄆徐四州爲劇。上命歐陽修治其事。決處廣千餘步。水嘗深百數十尺。艱劇甚於瓠子。天子閔徒之遘厲者、連遣太醫十數輩。以車載藥。並賜襦袍。夏日給以臺笠。人悦致力。民忘其勞。年餘而功訖。遂大慶自督帥而下。至於勤事小吏。頒器幣各有差。第功爲三品。各以次增秩焉、建廟曰靈津。並命孫洙勒碑紀其事。洎自金章宗明昌五年、河南徙。濮陽河患始絶。計盤旋於此土者。凡千八百餘年。勝國咸豐乙卯、河決銅瓦廂。奔流至

濮黄民埝之由來

濮南界。同治三年、北徙抵金隄、六年復南徙。司馬焦邱習城一帶。爲正流。南築官隄。光緒元年、州牧（即開州）陳兆麟督集民夫築埝數千丈。即現在臨黄民

埝也。民國二年癸丑、七月河決於習城集迤西之雙合嶺。水由東北趨入陶城埠。仍歸正河。漫淹山東濮范數縣。時南北交兵。不遑將事。經歷次年伏秋汎漲。決處刷寬八百餘丈。人民蕩析離居。三年十月、大總統關心民瘼。命友梅徐公督其事。冬日祁寒。冰積水漲。黑夜漫淹。呼號震駭。公督率補救。工與災黎。得無恙。四年乙卯正月杪、凍解興工。往來兩壩。夙夜在公。監視畚築。勤者賞而惰者罰。工吏率山東舊屬。用能效命。四月二十九日藏事。費金錢三百萬緡。溯自河決爲災。細者難更僕數。大患由漢迄今。鼎足而三。公始事底成。厥有記載。爰撫拾往事。俾覽者知所自焉。是役也。公命聯奎總辦東壩。聯奎夙荷知遇。既不敢辭。尤愧無所建白。嗣以習城漫溢。重涖斯邦。工竣而有觀察大名之命。材輕責重。深自惕厲。惟有勉竭駑庸。力袪濮患。斯則區區報國報公之微意耳。

又按徐世光濮陽河上記後序曰、余任堵築之役。居於濮。食於濮。祁寒酷暑。奔馳於濮者。八月有餘矣。勉竭棉力。幸不辱命。事罷旋都。將退老於蘇門。忽又奉疏通近畿河道之命。方幸濮工善後。接替得人。澶濮之間。永登衽席。詎意霪雨感汎。相逼而來。函電交馳。岌岌危殆。余雖去濮。究難漠視。於是復與姚道尹再赴濮陽。至則形勢日非。不堪補救。先是習城集旱堤工段綿長。當去冬興辦時。正值沍寒。冰積十分棘手。若待春融。則又坐失時機。深恐大汎以前。不能蕆事。籌畫再三。祗有提前舉辦之一法。惟該處既係沙磧。堤工又屬凍土。不得不加意慎重。特在臨河一帶。添修護埽、背河方面。建築後戧。復又一再加培厚土。綢繆之計。可謂周且備矣。奈霪雨爲災。汎水暴發。形勢頓變補苴無方習城集遂遭漫溢猶幸事前多所防範災情尚不重大余在習籌度機宜部署略定因近畿河務正在進行未便久羈遂留姚道尹在習辦理堵築漫工治事以來賢勞備至措置有方不百日竟彌其缺陷前後調用人員均能克勤厥職酬庸懋賞各有等差除前次雙合嶺隨呈酌保周祖訓等十二員兩次大案計保文職張汝清等一百四十一員武職劉青山等六十六員間有限於額而見遺者格於例而被擯者然余愧歉之懷殊耿耿也回憶雙合嶺決口歲逾二稔工事既艱所費遂鉅原估銀洋五百三十七萬六千有奇嗣以形勢較順挑壩引河概不舉辦其他一切費用亦酌量緩急務從撙節工既堅實款亦無糜綜計先後到工實撥洋四百三十八萬有奇支出洋三百二十一萬一千餘元淨存洋一百一十七萬一千餘元存款呈准留備善後期內搶險暨習城集漫工之用清釐完竣呈請核銷　元首以辦理迅速且節省工款至二百餘萬之多傳令嘉獎余奉命益深愧悚所有濮工善後並習工堵築用項責成姚道尹聯奎及前任大名道尹何炳庠會同辦理比習工告成核計支洋八十一萬三千餘元仍存洋三十五萬七千餘元余以近畿河務無款可籌因即呈准以習工餘款撥歸河道公所動用挹彼注茲亦頗合宜濮事完全結束濮工督辦一差奉令撤銷該處善後事宜歸併直隸巡按使接管以一事權凡此所述皆余去濮以後之狀況然與濮事仍多關連因敘其梗概如此此序及前序記濮工情形大致已可瞭然其詳細則具濮陽河上記原書所載日記中

又按濮陽決口為前清光緒二十四年後一大災患也決口處雖在直隸境

宮家壩決口

內。惟據當日在事職員謂直境被淹之處、僅有過路之水。區域甚小。而山東境內濮范二縣。首當其衝。災區極廣。其次即爲壽張。又其次則爲陽穀。然使鳩工庀材。及早佈置。則人民所受之苦痛。既不至如是之深。國家所費之帑金。將不止節省其半。甚矣鼎革之爲禍烈也。

中華民國十年（西曆紀元一千九百二十一年）七月十九日。利津宮家壩漫決。口門刷寬三百餘丈。水深約三丈餘。口門水勢。占全溜十分之八。正河僅有水三四尺深。

按此爲濮陽大工後山東境內第一次大決口也。民國以來。東省受時局影響。人民所感苦痛已多。獨黃河工防。幸未出險。自六年改組以後。更革宿弊。統一事權。成效卓著。而竟有此次之決口者。則不外下述之三大原因。一曰、工欵之無着。山東河工經費。通常每年四十八萬元。本年工欵積欠最多。直至大汛屆臨。經費尚欠三十餘萬元。河務局及沿河紳民。迭次催討。迄未照發。以致春工未修。料石樁繩。無法準備。各營薪餉。積欠至半年之多。兵士枵腹。言之惻然。比及河水一日陡漲九尺有餘。適值筦財政者。赴京辭職。主持無人。事前既無籌備。臨時措手何從。此實根本上之大原因。而沿河生命財產之岌岌。又在人人意料中也。二曰、河水之暴漲。本年夏季雨水之多。爲近數十年來所未有。自夏歷六月初。以迄七月望。四十餘日。幾無一日放晴。每日必雨。每雨必大。即使工完料堅。已難擔保無事。況山東下游大隄。原係民埝。極爲卑薄。創修培議者。慮之已久。迄以需欵過鉅未辦。本年七月十七日。河水陡漲九尺餘。其時暴雨如注。晝夜不停。同時本河雨水加漲三尺餘。漫溢堤頂。正溜改變。初係平工。驟成新險。搶護無料。遂於十九日黎明時潰決成災。此亦一大原因也。三曰大溜之改向。查下游雞心灘一段河道。原分南北兩股。自民國八年北股淤塞。大溜全走南河。直衝宮家迤上之河套李家。宮家已變平工。比及水勢過大。北河又復刷開。兩河交匯。逼溜下移。直衝宮家。立成巨險。該處隄身卑矮。水與隄平。又值晝夜風雨。波浪上隄。人力難施。民夫紛紛逃散。僅有汎兵船勇。搶築子埝。人少力單。料物用盡。以致成災。此亦一大原因也。此次被災區域。利津二百十餘村。霑化八十餘村。濱縣五十餘村。約計面積五千四百方里。所有災民。除稍有力者遷徙不計外。其無家可歸。露宿大隄者。約六萬餘人。饑餓號呼。餐風飲雨。當時公私急賑。不下數萬元。但杯水車薪。不過稍盡人力而已。

中華民國十一年（西曆紀元一千九百二十二年）七月二十六日濮縣廖橋民埝決口。九月十一日官督民修、堵口合龍。

廖橋雖係濮境。然地處邊界。與范縣接壤。且犬牙相錯。范境亦穿插毗連。此處有失。則順流而下。首當其衝者為范縣。次則壽張。又次則陽穀。而濮縣本境。則不過倒漾之水。受害不廣。河工習慣。向有以下幫上之說、（謂上游險工下游各地有幫助修守之義務。因上決則下受害。非但救災恤鄰之謂。蓋上游工程不臻穩固。則下游工程縱極完備。亦虛費工料。無益於事也。）故四縣攤工攤料。視為成例。蓋每年工費動須數萬元之鉅。斷非一縣所能獨任。而范壽陽三縣。以切身利害關係。亦於勢於理。均難坐視。該處民埝向為官督民修。前局長勞之常。曾有改為官守官修之議。以民埝一失。金隄可危。猶之禦寇國門。必先守外郭。毋俾侵入。而後全城可保。歷年四縣以受害之重輕。為攤派之多寡。因攤派而爭執。因爭執而遷延。因遷延而貽誤。意見乖迕之結果。遂至數百村之田廬。爲洪濤巨浸所漂沒。良可歎。已且濮境險工。關係范壽陽三縣者。又非止廖橋而已。其上游更有柳園工程。論理亦應四縣均攤。而歷年濮縣獨任防守。故謂廖橋工程在濮境。應歸濮縣負擔者。揆之情理。詎得謂平。此案磋商爭議。文電交馳。官紳會議。卷積盈尺。另編詳之。此次決口。據范縣知事黃經藻電稱。廖橋壩工危險萬狀。業經電陳在案。壽陽兩縣、竟未送到一料。延至宥日七月二十六日。伏汛洶涌。第四壩順溜走失。已盡水勢刷及堤根民埝節節塌陷。知事親督紳民搶護。稭料既未應手。民夫亦調用不齊。挂柳埝根。無奈隨下隨失。仍復時時坍塌。埝外廂土已無濟事。遂於是日酉時民埝被衝決。約有數丈。勢如建瓴。漫淹村莊而下。男哭女啼。慘不忍聞。除趕會防營民夫守護金隄。并週勘情形。另報外。合先電呈。續據黃知事報

稱。水勢直趨東北。縣屬被淹二百數十村莊。佔全境地畝三分之二。隄內一帶人民受災尤重。同時壽張縣知事羅天民報稱。黃水順金隄而下。至縣境水勢稍緩。二十八日夜十二點鐘。水抵縣境護城隄。金隄一帶約三四尺至四五尺不等。所有附近村莊人口。多已逃避金隄等高處。尚無大礙。一切秋禾。多已被淹。

中華民國十二年西曆紀元一千九百二十三年八月十二日亥刻。廖橋小埝漫溢。陡至新修退埝。於十三日辰刻開決。口門約五六十丈。

上年決口。雖已合龍。本年又復告決。至其原因。則上年決口後。各縣人民會商。迤北小退埝。該退埝距臨黃埝五十餘丈。遂置臨黃埝於不守。查小退埝共長三百零二丈。高六尺。寬三丈。地勢窪下。埝身卑矮。水稍漫溢。即行衝決。

今年迤北三里許。又修大退埝一道。計長一千六百丈。高一丈一尺。底寬十丈。甫行築成。水患立至。該埝沙土淤鬆。破夯不力。小退埝決開。該退埝即相繼坍塌。當時臨黃埝漫口六十餘丈。水寬三十餘丈。深五六尺。小退埝西頭僅存無幾。大退埝決口計六處。西邊五處均已沙塞無水。惟東頭一道計寬二百十丈。流水處三十餘丈。深四五尺。河水西來。順流東下。該處決口係平坦漫溢。無直射頂沖之險。比水勢消落。亦無走溜之處。若無陡長情形。金隄保無險工。惟隄內居民。濮范壽陽各縣。約計四百餘村。平地水深二三尺不等。房屋半歸倒坍。田禾盡行淹沒。此即決口之情形也。上年決口地方董事舍決口不堵。而力持修築退埝。佔地既多。用欵亦鉅。雖意在讓出河道。而口門地勢沖窪。上失挑水之壩。下有臨黃舊殘埝攔阻於東。一經盛漲。灌入舊

決口。水不能向東轉行。不直沖退埝。水將流洩何處。況退埝告成時。曾經派員查驗。據報土既鬆浮。工亦卑薄。當飭蕭委員轉諭加工修培。而衆意紛歧。迄未遵辦。果至重決。再罹災患。雖天災之難測。亦人謀之不臧也。

宮壩合龍

中華民國十二年（西曆紀元一千九百二十三年）十月二十日。宮家壩堵口大工落成。舉行紀念典禮。於省城公園。中外人士。蒞會慶賀。

宮家壩決口原因及情形。已詳前述。當決口時。山東督軍兼省長田中玉親蒞勘視。即飭局長勞之常籌議堵合。迭次估價。均以工鉅欵艱。猝難興辦爲慮。時田奉命爲督辦。勞爲會辦。共負堵築責任。於時有人介紹美商亞洲建業公司包堵。磋商數次。十一年春。公司要求九十五萬元。議未定。適值勞局長兼會辦、奉命升任交通次長。以濟寧道尹張慶澐調任河務局長。而勞之

新法杜口用打樁機造成截流石壩

常會辦一職尚未奉命交替也籌欵之法田督辦始議抽地丁附稅交通附捐鹽餘等欵勞在京就任交通部並兼辦收回膠澳及膠濟鐵路事宜然關懷桑梓之切曾不以遷職而稍弛到京旬日即與華洋義賑會磋商承允助欵三十六萬元惟當時各欵未能即刻籌集而迭次估計工費又非數百萬莫辦以是未決張局長到任後仍竭力贊成與建業公司重行提議包修十一年十月熊炳琦奉命長魯蒞任後亦毅然主持之遂於是年十一月與公司簽訂合同包費定爲華銀幣一百五十萬元此外遷民購地下游禦水工程以及他項經費均由官廳另欵撥發大體議定乃於省署設籌備處綜籌全工計畫於河務局設監理處督飭全工進行於宮口工次設駐工辦事處派王露洪爲委員長就近查察逐日呈報並以全力會合地方官紳爲公司輔助其下游四營禦水工程則由河務局擔任籌辦以爲雙方並進之計十二年二月復奉中央令以熊省長爲督辦張局長爲會辦俾專責成至其經過情形亦有可以略述者按合同所訂工程計畫一爲非挖引河一爲截流壩一爲挑水壩一爲甲乙丙丁戊五項新隄自十一年十二月引河開工次年三月截流壩開工至五月間兩工先後告竣而河水亦積漲抬高遂於五月十五日開放引河將大溜引歸老河故道惟時禦水工程亦次第告竣幸各工修築堅實其杜築法用打樁機將七丈樁木平行打入釘以橫板外蒙鐵絲網中拋以石石出水後樁木之上架以橫梁上鋪小鐵軌由小鐵軌裝土倒入以實之與中國進占法迥異經過伏秋大汛一律穩固惟甲乙堤迭被伏水衝刷坍塌不已情形岌岌可危幸公司聽納忠告並由營汛代修稭

埽多所。公司又於甲乙隄後添做後戧。加築套堤。合數萬人之力。晝夜搶護。始得免生危險。而戊堤一段。並由我方督飭民夫。加高培厚。添修稭埽二十餘所。於是全工悉臻穩固。堵口大工。遂以告成。

林修竹厲行隄埝種樹

中華民國十四年西曆紀元一千九百二十五年山東河務總局局長、兼運河工程總局總辦林修竹。督飭沿河各縣。認真提倡民埝種樹、以固葵防。特訓令菏澤濮縣范縣壽張陽穀鄆城東平東阿肥城平陰長清齊河歷城章邱濟陽齊東青城蒲台濱縣惠民利津等二十一縣、云查黃河橫貫東省。延長一千五百餘里。兩岸官堤民埝。羅列對峙。曲折蜿蜒。不僅爲護河之屏藩。亦且爲全省之巨觀。沿隄種樹。既可鞏固堤身。以免急流之衝刷。並可編埽搶險。以應臨時之急需。至於植樹成蔭。嘉卉滿堤。增天然之風景。留後來之去思。往來船隻。守堤工役。均可休憩於兩岸濃蔭之下。而不虞夏日之炎蒸。猶其餘事也。黃河堤岸種樹。在東省最有成績者。厥維張勤果公。近日沿河兩岸。以及濼口官道。大樹合抱。鉅柳成圍者。皆昔年張公治河所手植。比年以來。雖植樹之令典不衰。而看守之職責未明。以致損失時聞。折毀多有。終不能作大規模之提倡。讀比國盧法爾查河之條陳。閱明臣劉天和六柳之圖說。足見不分古今中外。皆以黃河兩岸種植樹株。爲不容或緩之要圖。蓋沿河種柳。固堤與搶險。兼可利用。河工多種柳株。實無異多儲料材也。本局長服務桑梓。職司治河。緬懷張勤果公之往蹟。雖不敢云追蹤先哲。庸詎敢放棄職責。惟黃河兩岸。原分官堤民埝。官堤向由河工營守護。民埝則由附近埝長或地主管理。督責種樹。應分別辦理。除官堤已由本局長訓令各營長認真種植外。至於民埝。應由各該地方官。遵照本局所擬民埝栽樹辦法。由本年起。切實辦理。認真舉行。近來督催各縣種樹。省長暨實業廳長。不啻三令五申。各縣每苦於無相當地點。可以作造林之模範。令民埝、既、爲天、然、造林、之地段、經過沿河縣境。每縣長達數十里或百餘里不等。此種造林。純屬保安林性質。既可、增美、觀於、地方。尤可、固堤防、於、永久。將來地方官種樹所得成績。本局長分別等級。專呈保獎。併可兼歸實業廳種樹考成以內。一舉兩得。莫善於此。除呈報內務部省長公署備案外。爲此合行令仰該知事。卽便遵照本局辦法。公布周知。切實施行。呈報備查。倘有敷衍從事。督辦不力者。本局長亦必據實呈請懲戒。決不寬假云云。當卽頒布民埝種樹辦法八條。第一條、黃河兩岸民埝。或廢堤屬於民有者。應由各該縣知事督同勸業所長。於每年春秋兩季。招集里長埝長。責令各該地主種植樹株。(柳樹最宜)以固

堤身。第二、條種樹樹苗。(或柳幹)既由地主自備。按照限定之距離尺寸。樹株高度。確定日期。一律栽齊。由縣知事親往查驗。信賞必罰。共植數目。呈報本局及實業廳備案。第三條、沿河民埝每隔半里。豎一木牌。該木牌尺度。均按營造尺計算。一尺七寸長。一尺三寸闊。木柄之高以四尺爲度。其木牌面上各貼縣知事保護樹株告示一張。並刷桐油。以防風雨。木牌由地主自備。告示由縣知事事前發給。以便人民望而知儆。不敢毀傷。第四條、民埝每距離三尺。栽樹一株。(柳幹應以五尺高直徑寸爲宜)統限於清明節前後栽完。不成活者。秋間補足。栽時應將穴挖深。栽後應嚴封其口。不使透入乾燥空氣。庶易吸收足量水分。栽植新樹。並應每十日灌溉一次。以至成活而後止。第五條、民埝所栽之樹。既由地主自栽。所有權卽歸地主所有。惟採伐限於治河時用之。不得無

故伐傷。第六條、保護最爲要務。否則前功盡棄。自本辦法施行後。無論官、堤、民、埝。所栽、樹、株。均應、責成、所在、地、縣、知、事、完、全負責。縣知事保護方法。應責成、里、長、地、保、担、任、看、守。若有毀傷。地保應尋覓竊樹之人。按照實業廳保護樹株章程。懲罰。若尋覓不獲。地、保、應、担、任、賠、償。第七條、本局隨時派員赴各縣查看樹株。各縣知事辦理確有成績者、即行呈請獎勵。各縣知事辦理不力者。亦必即行呈請懲戒。第八條、本辦法呈請內務部。暨省長公署核准。並咨行實業廳備案云云同時並飭河工各營。厲行官堤種樹。特訓令十八營營長。云查提倡種樹。在今日爲當務之急。而河堤植柳。裨益工料。鞏固堤身。厥功既宏。其利尤溥。洵爲不可稍緩之圖。本局長蒞任以來。即視、河、堤、植、樹、爲、唯、一、要務。現屆春融。亟應及時種植。茲由本局擬定辦法八條。除分行外。合行令發。該營仰即遵照。

督同各該汎長。認真種植。務期、如、數、成、活。不得、如、前、仍、視、爲、無、足、輕、重、之、舉。確有成績者。必破格獎勵。任意敷衍者。必即行革職。本局長言出法隨。勿謂言之不預也。云云其所定官堤栽樹辦法。亦係八條。第一條、沿河兩岸官堤植樹由河工營十八營營長。督同各汎長。完全負責。俟栽植完竣。造具清冊。呈報備查。第二條、每營分五汎。每汎限定植柳樹一千株。杞柳一千株。每營合計一萬株。（十八營共計栽十八萬株、） 統限植樹節前、一律栽齊。春天栽植未能成活者。至秋天應補足缺數。第三條、樹栽可由大堤舊有柳樹。（直徑一寸五長五六尺） 採取之杞柳。就近設法取用。倘附近難以尋覓。得以柳樹補栽。第四條、栽植距離。各營長查照各段地勢。斟酌分配。如無樹之處。每隔一尺栽一株。第五條、柳樹杞柳。栽植時務須深埋堅固。尤須時常灌溉。以防枯死。第六條、各營

設立窩鋪堆積土牛

長所植樹株。本局長督同上下游分局長。隨時派員監查。至年終查點成活新栽柳株在八成以上者。特別給獎。六成以下者記過。不及三成者革職。第七條、所植新樹及舊有樹株。由營長汛長率所部汛兵負保護責任。會同里長地保共同看守。第八條、所在地之縣知事。對於官堤樹株。應與民埝同樣責成附近里長地保。會同看守。如有竊伐。地保應負完全責任云云。自兩種辦法頒布之後。沿河各縣。及河工各營。均實行遵照訓令。厲行河岸種樹。認真保護。年計種柳二十餘萬株。成績卓著。部令嘉獎。林修竹並於河防時期。通令各縣實行設立窩鋪。每隔一里。設窩鋪一處。民夫二十人。常川駐工。協助夏防。併令民夫每里堆積三十立方土牛一個。以備搶險之用。沿河兩岸。年堆積土牛一千七百餘個。永爲定例。伏汛搶險。河內外皆水。取用濟急。深資利賴。

直隸民埝李升屯漫決

八月、黃河尾閭紀莊民埝出險。堤身冲刷。僅餘六尺。經總局長林修竹親往搶護。督同利津縣知事李光宇。團長顧震。割刈青苗。幫加後戗。繼續作埽八十三段。搶護穩固。馮家大馬家繼續報險。由總局長林修竹親往。同蒲台知事陳新佐調集民夫。拚力搶護。均得無恙。

同月、直隸濮陽縣李升屯民埝漫決。山東上游南岸大堤。民埝之河套內。適當其衝。一時水與堤平。長二百六十餘里之大堤。無處不險。山東河務總局局長林修竹聞訊。馳往在楊工。督同鄆城知事任師尚。壽張知事陸春元。搶護十餘晝夜。卒由高堂義和莊黃花寺民埝尾扒開缺口三處。流入正河。堤外人民同免於難。否則溜勢東下。必由鄆城濟寧金鄉而入江北。蘇皖均難倖免。

同月、朱口報險。當飭菏澤知事劉孝存。調集民夫萬人。割刈新料。積極搶護。局長林修竹由楊工搶險告竣。親往督工。做埽三十餘段。始獲穩固。廖橋柳園民埝。同時發生險工。由局長林修竹呈請山東督辦張宗昌。補助工款一萬元。由廖柳兩工分用。復由林局長招集會議。規定、四縣、出料、辦法、共同遵守。嗣廖橋屢瀕於危。卒由范縣知事熊汝訓遵案醵款。搶護穩固。化險為夷。柳園大溜下移。由民埝埝長吳茂榮新築壩基七道。始獲安全。林修竹親往履勘。鄉間父老。均極歡感。並為建石紀事。以作紀念。

八月十九日、惠民國家報險。水勢忽變。半日淤灘刷進二里餘。樹木禾苗均經冲走。水至堤前。速如切。腐河務局技術員季嗣誠。下游分局長王露洪聞訊趕速搬運物料。調集工夫。督同各職員搶護。兩晝夜之久。始將最險處做成稭埽五段。挑壩裹頭埽一段。奈至二十二日晚。風雨交加。大溜益急。所做各埽前爬

後潰。挑壩裹頭。陡然走失。王分局長冒雨督飭兵夫。又將已走裹頭搶還。並調各營。接作魚鱗埽十一段。截至二十八日。計時八晝夜。遇雨四日。所有文武各員。衝風冒雨。正在搶獲間。第八段大埽。又復陡潰一丈六尺有奇。堤身僅剩三尺。總局長林修竹聞警。由上游馳往督工。王分局長於萬急時。痛哭流涕。詳陳利害。民夫感動。幸未至驚散。又督率工夫拚死猛搶。一晝夜重復搶成。前後計完成大小稭埽二十五段。林局長因本年水大。在洛口設立臨時石料局。以陳文謨董其事。此次搶險。幸石料濟急。得力於臨時石料局者居多。

九月中旬、黃花寺水勢已落至堤根。套內積水。因西高而東低。南北溜忽變為東西溜。翻花起浪。洶湧異常。一日之間。堤根刷深兩丈餘。橫寬刷至六十餘丈。總局長林修竹聞訊。馳赴工次。壽張知事陸春元。東平知事李家騏。已在工搶

黃花寺潰決

護並急調陽穀東阿鄆城汶上等縣知事同時到工調集各縣民夫三萬餘人搶至七晝七夜未少停息人民無分老幼均感林局長之不避艱險不顧生死日在危堤指揮搶護智力俱盡爲從來所未有故雖飯食不給晝夜不息至萬分危險之際仍在堤根冒險抬土地方人民皆云上憲尚如此我輩小民何敢顧惜最後至不可收拾於至危至險之時依然無少退避卒至人力不敵水力七日之間堤身刷長二百六十餘丈舊堤已被冲沒新戗又復搶出層層抵制拚命搶禦百計布置而水勢愈復狂肆急溜刷邊快如颷風拔木掀屋瞬息萬態終於九月二十日晚將黃花寺大堤冲潰背河民夫數萬天上無雲忽聞空際雷聲正復錯愕水已灌出無一人遇難林局長一面督同壽張陸知事救濟災民一面飭令東平縣知事李家騏親赴運堤掘開缺口五道導黃水仍由東

阿之姜溝入河時屆晚秋水深一二尺不等故河水雖漫溢不爲大災

是年秋日戰事陡起曹濟東泰兗沂一帶均爲敵軍蹦蹂之區獨被災區域一片泥濘深沒脛股寇首李紀才占據鄆城正欲長驅北上卒因泥濘阻止不得通行遂改道濟肥前進終爲我魯生力軍擊潰一敗塗地否則該軍由長清齊河夾道來攻則省垣之成敗尚未可知也

戰事綿延自秋徂冬八里窪一役既肉薄城下省垣危在呼吸財政奇絀已至萬分遑言治河省軍與敵寇相持於泰安山嶺之間將及兩月轉瞬臘盡未分勝負至於李黃數十縣仍在敵人賊軍之手論時論勢杜口工程皆無着手之可能無奈杜口工程非及時興築不惟春暖冰融興工愈難即按日程功屆伏汎前亦斷難告竣且李黃決口在東省上游無入海尾閭若照宮家壩遲至數

年。再行堵築。來年大汛。勢必下濟寧而決江淮。從此江淮或均爲黃水占據。黃河緣是改道。亦在意中。咸豐五年銅瓦廂決口。若卽行杜塞。黃河至今不由山東入海。亦未可知。奈當時朝廷因捻匪猖獗。不暇及此。諭令緩修。東省河患至今爲梗。可見河流改道。半在天意。半在人爲。居今思昔。惜當年治河者。無人能於戰事激烈之際。力排艱難。籌集鉅款。卒能人定勝天也。

山東河務局局長林修竹。以杜築李升屯黃花寺決口。事不可緩。而東省財政奇絀。無力獨任。萬不得已。遂徇壽張等八縣知事之情。呈懇省長。咨請內財兩部。暨直蘇皖省給予協助。冀得援照上年濮陽工成例。由政府特派大員督同興築。呈云、案據壽張縣、知事陸春元濮縣知事陳雲溥范縣知事熊汝訓鄆城縣知事任師尚陽穀縣知事鄧曰瑺東平縣知事李家騏東阿縣知事劉鳳岡

汶上縣知事章光銘等會呈稱、竊自上游直屬濮陽縣境李升屯民埝開決、黃水汹湧。建瓴而下。經濮范鄆城。直沖壽張。頓時四縣盡成澤國。秋禾收穫顆粒俱無。民埝爲官堤之保障。南大堤遂岌岌可危。壽鄆兩縣楊工等處。陡出巨險。勢將漫溢。幸蒙局長星夜臨工。督同知事春元師尚。調集民夫數萬人。源源運料。按縣按里。劃分地段。晝夜搶修、十餘日。得免開決。一面由知事春元開掘黃花寺喬家義和莊三處埝根。疏水入河。時水來一片。去路寬闊。溜勢尚順。近來河水低落。臨黃埝埠高於大堤。李升屯決口來源。及民埝退水去路。南北溜與東西溜會合於黃花寺。一處兩溜。互競上下。交攻直刷。堤身陡出奇險。溜勢上延。如馬奔騰。到處絞邊。勢同切腐。三四日間。黃花寺丁莊一帶險工。竟延至四百餘丈。知事春元師尚家騏曰瑺等、隨同局長督率文武員弁。暨民夫三萬餘

衆。搶護七晝七夜。皓巧兩日。幾已開決。均經搶住。不意九月晉日。河水陡漲。風雷交作。人力竟不克以回天。黃花寺南段險工。忽然漫決。該水蓄之已久。即如排山倒峽而來。壽張首當其衝。堤東又均淹沒。水性就下。復依運堤東向陽穀東平東阿汶上。亦相繼被淹。五縣人民。慘苦情形。不堪言狀。當經知事等秉承局長。一面分頭救濟災民。一面察看水之趨勢。查勘運堤上十里堡分水最為切要。如將該處挖開。水由土山窪經姜溝入正河。災區不至擴大。災情尚可減輕。知事家騏帶領民夫。分赴運河南岸十里鋪。八里灣。三里堡。常山口。王仲口等處。挑掘運堤五道。雖近日該水已由各口門順入坡河。幷經知事鳳岡疏水由姜溝歸入正河。惟查上游黃水來源。流入正河者。僅有十分之三。轉入李升屯口門者。竟有十分之七。現黃花寺埝根開挖入河之處。日漸淤塞。去路日漸

窄狹。若不趕霜清時。將李升屯口門杜塞。轉瞬凌汛春汛。上游來源水旺。必由李升屯口門。直灌黃花寺漫溢處。仍復依運堤東去。一旦姜溝宣洩不及。必迤東北折而向南。復由運河直下。蘇之徐海。皖之淮泗。泛濫所及。勢必盡成澤國。從此黃河改道。亦所必不能免之事。將來險象危機。在在可慮。知事等往復一再會商。欲求一固本塞源之計。惟有堵合李升屯決口。為當今急不可緩之圖。查李升屯係直隸濮陽縣轄境。東省以關切膚之痛。當必急興堵合之工。直省對於李升屯。雖屬邊境。災害甚少。在昔濮陽河工堵口。並非東省土地。東省尚共同担任附捐。現在李升屯既係直隸轄地。寧可不特別協助乎。加以上游來源。水漲靡定。李升屯一日不亟堵合。黃花寺一日不能施工。假令以蕞爾漫口之區。竟然釀成黃河變遷之局。長江天塹。勢必與黃運溝通。江河不分。危害豈

僅限南北。今茲直魯一家。當然無分畛域。且救災卹鄰。古有明訓。以李兼座之慈惠。爲我督辦之德鄰。自必顧全大局。一視同仁。知事等籌議。惟有合詞仰懇局長轉呈省長。迅咨直隸省長。援照上年濮陽附捐成案。直魯一體徵收坿捐。並呈請執政府。特派大員。早日堵築。李升屯黄花寺等處口門。俾黄水仍歸入正河。不至氾濫横流。害及數縣。兩省所有工程款項。直魯分擔負責。至蘇皖兩省。壤地相連。就利害而論。既有脣亡齒寒之關係。就道義而論。亦應有救災卹鄰之義舉。并請轉呈省長。分咨蘇皖兩省。酌籌工款。迅賜協濟。非惟八縣災區可以恢復原狀。即數十萬災黎。無不同聲頌德也。是否有當。伏候示遵。再此呈係由知事春元主稿。合併聲明等情。據此查此次直隸濮陽縣李升屯民埝決口。將毗連山東濮縣之民埝。同時坍塌。計長達六百餘丈。波及東省南岸金堤。本年若不堵築。昏墊所至。實屬莫知底止。惟李升屯雖屬民埝。但工程浩大。物料奇昂。非政府籌款。斷難舉辦。災區多在東省。而決口處則在直隸。昔濮陽河工決口。魯直同加坿捐。本年情形。正復相同。東省獨任。既力有不逮。惟有懇請援照濮陽前案。由中央特派督工大員。督同直魯各派專員。尅期興修。所需工款。除呈請中央補助。並咨請皖蘇協助外。統由直魯兩省分年徵收河工附捐。以備應用。庶幾大工早日告竣。而免災區擴張。影響大局。至於蘇皖兩省。本屬黄河故道所經。自古及今。黄河已六大變遷。民國以來。財力不給。河久失修。河身則日淤日高。將來一經横決。愈將不可收拾。今官堤冲毀。幸在白露以後。水勢淺緩。已經壽張陽穀。而至東平。注入運河尾閭。由姜溝仍入大河。爲害尚不甚烈。但若本年不堵。來年開春水漲。河水滔滔不絶。宣洩不及。勢必沿運而南。

由濟寧直灌皖蘇。或將循黃河故道。仍由海州入海。亦在意中。似此安徽江蘇兩省。既有利害與共之關係。而救災卹鄰。思患預防。蘇皖兩省。亦當然量予協助。堵口費若干元。衆擎易舉。當不難指日觀成。東省之幸。亦蘇皖之幸。該知事等所見各節。與職局主張正復相同。理合據情呈請轉行內務部財政部直隸安徽江蘇省長。准予查照施行。云云。旋因戰事。中央停頓。各省皆未實行。

中華民國十五年。一月十一日。卽舊歷十一月二十七日。山東河務總局局長林修竹。因戰事正酣。籌款無着。急欲杜河。焦灼萬分。與美國工程師勃士敦估工。計洋二百二十萬元。華洋義賑會工程師塔特估工。計洋一百五十萬元。中國河務專家吳建勛估工。計洋四百五十萬元。王露洪估工。計洋二百七十萬元。經費過鉅。無從着手。卒薦舉王炳燇為上游河務分局局長。在十里堡招集

八縣災民代表來省請願。以被災濮縣范縣鄆城壽張陽穀汶上東平東阿八縣丁漕六十萬元。為修築李黃兩工之基金。不足由八縣人民出夫攤料繼之。務期有成而後已。面謁山東督辦兼省長張宗昌。陳述始末。請求允諾。張督辦素以拯民水火為職志。雖在戰事緊急。財政奇艱之際。祇求利民。均可犧牲。遂慨然照准。豁免八縣丁漕。於一月十八日。卽十二月初五日。任命河務總局局長林修竹為上游堵口大工工程處總辦。上游分局局長王炳燇為會辦。飭令卽日開工。限期竣事。當由林總辦調集三游幹練工兵一百九十八人。赴李升屯砍伐椿木。準備動工。並調中游南一營營長孫懷周為李升屯正掌壩。徐錫良鹿恆昌副之。委科長潘鎰芬為總工程師。部署既定。呈明張兼省長。張兼省長遂於養日通電中央及各省。報告開工。電云。北京各部院。趙次老。柯鳳老。張

子志先生、潘丹亭先生、旅京山東同鄉會諸公、天津呂鏡老、盧嘉帥、王玉帥、潘潔老、駱午堂先生、旅津山東同鄉會諸公、奉天張上將軍、漢口吳玉帥、南京孫馨帥、黑龍江吳興帥、兗州靳總司令、上海山東同鄉會諸公、均鑒。天災流行。國家代有。魯省近百年來。從未有如去秋所罹水患兵災之甚者。查山東地處黃河下游。黃河直貫魯省腹部。故河患常較他省爲甚。宗昌自兼司省政後。即以治河防患爲急務。詎意伏秋汛漲。防不勝防。八月初旬。直境李升屯地方民埝潰決。河水流入東省民埝官堤之間。堤內村落。盡成澤國。幸經飭林局長修竹竭力搶護。始免氾濫。導自黃花寺尾堤、及義和莊高堂三處。歸入正河。彼時節正三伏。水勢浩大。一經東下。蘇皖斷難倖免。爲害曷可勝言。迺入秋以後。水勢已落。河流傾斜。東低西高。直趨南岸黃花寺一處。一日夜間。堤身坍塌五六十

丈。狂溜上下。搶救難施。歷七晝夜。智竭力窮。卒至九月二十日。黃花寺官埝復行漫決。前後被災計有濮縣東平壽張陽穀鄆城汶上范縣東阿等八縣。區域約長三百餘里。當經一面電飭各縣發給賑款。救濟災民。一面疏導運堤。引注溢水。仍由姜溝東行。歸入正河。以殺水力。並即招集官紳。籌議善後辦法。飭派富有河工經驗人員及外國工程專家。馳往決口。實地測勘。籌備堵口。計畫估定工程用款。旋據覆陳。李升屯民埝。雖係直隸濮陽縣屬。但地當山東黃河上游。爲南岸官堤保障。關係極爲重要。非先堵合李升屯民埝。則黃花寺決口。即難成功。綜計李升屯黃花寺兩處修築工程。按照舊法通盤計算。約需工款四百數十萬元。至二百餘萬元。波斯敦之洋工程師所估工價。爲二百二十萬元。華洋義賑會塔德工程師所估。爲一百五十萬元。如有不足。再由賑會補助。統

計此項工款。統在一百五十萬至二百萬元之間。惟此鉅額。一時籌措。殊屬不易。李升屯民埝既屬直境。自應援照濮陽河工成案。由直魯兩省籌款担任。若本年不堵。夏日洪流所至。不惟山東南部受患無窮。勢必波及安徽江蘇一帶。爲禍更烈。甚且奪運入淮。黃河由此改道。亦在意中。是救災卹鄰。蘇皖亦應協助。正擬電致內務財政兩部及直隸江蘇安徽各省。協商規定堵口計畫。軍事倏興。戰潮洶湧。征輸餉糈。日夕弗遑。堵口大工。愈難措手。然坐待中央發帑興工。既恐曠日廢事。乞助鄰省。尤慮緩不濟急。而環顧災區人民。田廬被水。凍餒流離。居止靡所。春耕無期。長罹昏墊。困頓何堪。言念及此。疚心號泣。玆幸嚴冬已過。水落冰融。乘時堵口。事半功倍。亟當權衡庫財之多寡。審察地方之情形。儘力勻配。於無可設法之中。勉力以籌措。復經招集災區紳民代表。詢謀僉同。

並決定官民合作。均極踴躍從事。玆已規定底款。設立工程機關。委任河務局長林修竹爲總辦。上游河務分局長王炳燡爲會辦。專司修築李升屯黃花寺兩處決口工程。所需物料。業經積極籌備。即日開工。限於明春二月以前一律合龍。其工程一切計畫。適運河工程潘督辦馨航因公在魯。並經委託審核。均稱周協。當地方多事之秋。注重軍防。原爲固國之至計。袪除水患。尤爲衞民之要圖。既不能輕置軍事。亦何敢罔卹災黎。總求少盡職責。敢言裨補桑梓。素仰我公痌瘝在抱。魯省河患。久勞垂注。用特縷晰電陳。藉釋廑系。統希見教。無任幸禱。

李黃大工開工

二月十五日、即丙寅正月初三日。李升屯開工。此次開工。艱苦萬狀。被災區域盡係敵匪縱橫之區。紅川鄭營水堡一帶。沿河堤二百餘里。路斷行人。同爲盜

費時之短用款之少爲自來所未有

窟。土匪處處設崗。敵軍在在皆是。監工人員冒險前往。既無經費。皆自備資斧。身入危地。人民方面。八縣代表回縣以後。縣人怵於經費不敷。由代表承認人民出夫攤料。認爲賣縣。羣起反對。竟至反汗。政府方面以爲已批准八縣丁漕爲堵口經費六十萬元。已成鐵案。只知督催進行。並無通融餘地。而八縣方面皆稱兵燹災害。虎口餘生。應蠲免之不暇。會丁漕之何有。至於敵人占據之縣。不惟不得征收。更委員亦不能入境矣。林總辦肩此重任。督同王會辦及工程人員。含苦茹辛。勉力進行。祗知救民。不恤其他。林總辦一面聲明自身不支薪水夫馬等費。純盡義務。爲羣僚倡。一面於正月六日到十里堡。招集八縣知事。開會議決。由八縣分任送料作工辦法。按照市價規定。劃一價目。出夫作工。按方計價。送料運工。按斤計價。統由工程處驗收。掣取收據。歸由各知事在應繳丁漕項下照據發款。三面牽制。無從作弊。故化費極少。終以工款六十六萬餘元。爲時僅三月。成此鉅工。費時之短。用欵之少。誠河防有史以來所未有也。

李黃大工開工時。徵收工款。僅及數千。嗣後敵人肅清。各縣丁漕始陸續解工。惟所徵之款。又復雜以庫券軍票。貼水減價。損失極鉅。以故工無隔夜之料。局無存儲之款。往往停工待料。以數十萬之鉅工。爲數省人民所託命。因經費不給。竟同兒戲。豈非奇談。自來工程人員專任督工。經費必另有負責之人專任籌備。今李黃堵口林總辦既須督工。又兼征款。顧此失彼。心力俱瘁。正在堵口未成。急待物料之際。汶上又發生紅槍會一縣。發難各縣響應。八縣丁漕以汶上陽穀爲最多。汶上十萬餘元。陽穀九萬餘元。因受紅槍會之影響。皆分文不繳。工程正在緊急。竟逢此阨。幾至束手。終請山東省長林憲祖發給工款六萬元。始得補助成功。在未堵合之前。河工專家與外洋工程師。對於少數之款。承築鉅大之工。均以爲萬無成理。竟至告成。無不驚爲神奇。殊不知林修竹之苦心孤詣。堅忍卓絕。有非尋常所能及者矣。

林修竹力主李黃兩工同時動工

工程次序。原擬先築李升屯。續築黃花寺。執意李升屯在估工時期。水工不過百丈。水深不過三尺。比至開工。水工竟達二百八十丈。水深由七八尺漲至二丈五六尺不等。工程進行。需日費時。加以上游交通不便。逆水運送。動輒半月。此中艱苦。尤非宮家壩之比。黃花寺工程。原擬李工完竣。再行動工。以便堵塞旱口。藉省經費。至是林總辦遂力主黃花寺同時興築。以備萬一。李升屯杜築遲稽。桃汛之前。尙希黃花寺大堤告成。俾官堤以外之災區。早脫昏墊。先得耕種。由是李升屯黃花寺兩工。雙方杜築。晝夜不停。同需鉅款。應付愈難。黃花寺

水工一百四十八丈。由工程處委派營長周自謙修築。不分晝夜。動工七日。先於三月二十六日。卽夏歷二月十三日合龍。與水工連接之阿壽兩縣所築之土工。亦均修築大半。東平上夫太少。土工尙未鋪齊。汶上則始終未至一人。彼時李工積極進行。亦卽於四月三日。卽夏歷二月二十一日合龍。奈合龍時值清明。一日之間。水漲三尺。南風狂作。一夜冲走淤灘三十餘丈。淤灘上做之埽亦隨之冲走。一時水入套內。黃花寺新堤。均被水漫。由坐辦陸春元搶護一晝夜。始得無虞。所幸東阿壽張土工。業已築修大半。足以連同合龍埽堤。抵禦洪流。否則不惟東平東阿兩縣災地。又被重淹。卽修築黃花寺大堤一片泥濘。取土興工。更極困難矣。經此次打擊。款料皆無。幾費籌措。始得再接再厲。督同文武職員。不分晝夜。繼續進占。終於四月二十六日。卽夏歷三月十五日。復行合

五晝五夜目不交睫

李黃大工合龍

龍、合龍時背河與臨河水面相差二尺有奇水深刷至五丈由埽眼冲出之翻花溜飛騰洶湧危險萬狀林總辦督同王會辦孫掌壩五晝五夜目不交睫指揮文武職員工兵民夫五萬人担土送料百計搶護始將門帘埽扇面埽陸續作成未至冲潰金門占原出水一丈九尺至是竟剩四五尺龍門占亦隨之下蟄丈餘東金門占於危急時又復蟄裂深至丈餘趕用蔴捆黃料杜塞水洞重行箱填始未僨事並於壩後搶築邊壩加填土櫃兼拋麫袋蔴袋磚塊以數萬計均係於短少之時間用迅捷之手段指揮民夫數萬人於危急之際所布置華洋義賑會亦於堵口前一日派遣神父萬賓來主任苗世㥁竇月庭帶款來工用三萬元購買現錢土一連五晝夜卒得於四月三十日卽夏歷三月十九日閉氣完全告成至於李升屯土工分南北兩段南段上首至大堤長六百八

十丈北段下首至民埝長百丈共修土四萬三千零六方由鄆范濮三縣分段承修范鄆兩縣各修工長一百七十六丈其餘歸濮縣承修以上土工在合龍前早已竣工此後黃花寺土工二千六百六十七丈亦陸續告成民埝義和莊土工一千一百餘丈高堂土工一千六百餘丈估土十萬八千八百餘方除義和莊有水溝一道約長三十丈水深四五尺用料八萬斤進占堵築外其餘劃歸陽穀十分之四壽張十分之四鄆城十分之二均於夏歷四月底一律竣工竣工之後林總辦王會辦於五月四日通電各省報告工程始末云北京趙次老、柯鳳老、張子志先生、潘丹亭先生旅京山東同鄉會諸公、大津呂鏡老、靳翼老、盧嘉帥、王春帥、潘潔老、駱午堂先生旅津山東同鄉會諸公、奉天張上將軍漢口吳玉帥、南京孫馨帥、陳省長、孟鎮守使、安徽陳總司令、直隸褚總司令、河

南寇督理靳省長黑龍江吳興帥上海山東同鄉會諸公濟南宋議長議員諸公河工賑災會諸公均鑒自直隸濮陽之李升屯民埝決口洪濤巨浸直走吾東冲陷大堤災及八縣幸在晚秋水勢漸殺未至奪運南下仍由姜溝入河亟知堵塞不早冬去春來冰雪消融汎期遞至溜漲勢變着手愈難伏汎以前工如不就不僅魯南一帶悉陷橫流恐江北諸州亦成澤國無奈天災人禍相逼而來正當去冬籌議動工之時恰值魯南戰事勃發之際災區各縣既干戈擾攘秩序紛如省城亦風鶴頻驚人心不固凡百停頓遑顧及茲修竹等職司河務焦灼萬分迺邀同八縣人民來省請願幸蒙我效帥關切災黎曲徇衆意雖當軍事吃緊軍費奇絀之交毅然撥給八縣丁漕作爲工款而命修竹炳燂等督工興修限期竣事爾時正當舊曆年終冰雪塞途加以李升屯附近戰事未

已土匪橫行南岸鄭營紅川百餘里間路絕行人冒險赴工阻虞百出重以八縣當兵燹之後紅會暴發之時徵收丁漕既始而遲滯終至停頓沿途皆萑苻之區運送料物又極端困難無米爲炊已形束手又遭桃汎水漲河流刷深需料逾多施工益困當此千鈞一髮之際幸蒙林省長撥助工款以濟急需雖幾經艱險卒底成功舊歷二月十三日黃花寺合龍三月十五日李升屯合龍查黃花寺水工長一百四十八丈旱工長二千六百六十七丈李升屯水工長二百八十四丈旱工長七百八十丈義和莊旱工長一千一百八十丈高堂旱工長一千七百八十八丈工程之鉅實不減於濮陽宮壩而人工物料較前何啻什倍至於用款共費六十七萬餘元尚不及濮陽十分之一宮壩四分之一此皆督座主持於前省長力贊於後各員司皆激發天良潔己奉公之所致也在

未成功以前。中外工程人士。皆以款少工鉅。認爲萬無成理。幸免隕越之羞。實出意料之外。諸公垂念災黎。昕夕不忘。茲幸大工告竣。謹以奉聞。更有進者。河流變遷。伊古有六。自咸豐五年。銅瓦廂改道。已六十餘年。於茲河久失修。淤墊日高。民國以來。不暇及此。長此以往。終恐有沖決改道之一日。若東省河決。在中下游、爲害不過魯省。設在上游。北岸潰決。必奪北運而直趨津沽。南岸潰決必灌汶泗而禍及江淮。洪水爲害。關係至鉅。預爲防禦。端在善後。尚祈隨時示教。無任翹企。

舉行李黃大工告成典禮

六月十日、即夏歷五月初一日。山東保安總司令張宗昌躬赴李升屯。舉行李黃大工告成典禮。查勘大工。致祭河神。自楊閘至李升屯。沿途三百餘里。老幼男女。焚香羅拜。途爲之塞。均感謝張總司令於去歲戰事緊急之際。猶關心河

工。卒能任用得人。告厥成功。出民水火。實同再生。當龍門初合。張總司令未蒞李升屯之前。八縣紳民。以此次合龍。皆張總司令視民如傷。任用得人之所惠。若僅樹碑頌功。實不足表其感戴之誠。遂共議爲張總司令建一生祠。以垂不朽。公推代表黃遵典等六十人。發起募款。其啓事云。敬啓者。竊維我義威上將軍直魯聯軍總司令督辦山東軍務事宜兼省長張公效坤。本人間之生佛。應天上之明星。精誠感格於神明。百端咸理。德澤彌綸乎齊魯。萬彙昭蘇。溯自去秋。時方多故。天災駢至。匪燄鴟張。赤地戰雲。已瀰漫乎中土。黃河駭浪。復飛漲於上游。濮陽來瓠子之歌。曹北觸馮夷之怒。災沉八縣。濤涌千尋。流離載途。瘡痍滿目。幸蒙河務局長林公茂泉。代陳民隱。備策機宜。無如軍事方殷。庫儲奇絀。點金乏術。無米難炊。公則力本救世之心。矢免滔天之禍。思假工欵。冀成砥

柱之功。慨捐壽儀。並錫臺萊之貺。慈心仁德。浹髓淪肌。是用羣策畢張。巨工經始。代理山東省長林公稚蘅。絜領提綱。力策進行。兼堵口工程處總辦林公茂泉。會辦王公謝陳。不畏艱險。不憚辛勞。涉泥塗。履冰雪。督率文武。寢食不遑。卒能以至少之款。至短之時。告厥成功。障巨鱷之飛濤。卜合龍於指日。是皆公能萃諸公救世之心。以爲己心。諸公能體公拯民之志。以成衆志。際一時之盛遇。底千載之豐功。懿歟休哉。夐乎尚已。紳民等恩銜雨露。德戴雲天。徒勒石以紀勳。難酬邁德。即買絲而繡像。莫罄輿情。衆議爰徵生祠。式建自省長以下。在事諸公。既竭賢勞。宜同供養。掬心香之一瓣。祝盛德於千秋。爰始爰謀。卜明湖之盛地。迺挔迺度。規魯殿之靈光。鵲華雙峯。屹然屏障。芰荷萬朵。爛矣香花。與明清諸先哲。平分水月之鄉。看今昔兩張公。同作湖山之主。四時景物。咸與維新。萬姓觀瞻。於茲攸屬。誠盛舉也。美何如之。然而月斧未施。雲甍待構。空空妙手。難造鳳樓。楚楚輕裘。待徵狐腋。倘一錢而繫社。金可滿枝。如九鼎之徙齊。擎還用衆。除災區八縣紳民。已籌集建築費五萬元外。凡我直魯軍政紳學各界。尚望爭相贊助。樂事捐輸。苟爲山於平地。一簣先加。斯造塔於諸天。合尖立待。行見名祠輪奐。極雕梁畫棟之觀。且喜我佛長生。集智水仁山之樂。斯千考室。庶鳩庀之無譽。夏屋均支。度鴻規而大起。如蒙季諾。請書台銜。共謀勒石。以垂永久。中華民國十五年十一月一日總會辦聞知此議。即往見各代表。代張總司令辭謝。而各代表謂八縣紳民已經議定。詢謀僉同。何能中止。總會辦遂於五月三日電達張總司令。張總司令號日復電云。江電悉。河工堵口。如期合龍。辦理精勤。深堪嘉慰。至紳民請建生祠一節。言情可感。問心實歉。分所應爲。德於何有。況當休養生息之際。尤非丹青土木之時。果見實行。益深愧對。前代辭謝。實獲我心。仍希體會斯旨。婉言堅辭。切盼切要。

蘇浙閩贛皖五省總司令孫傳芳江蘇省長陳陶遺因江北運工督辦韓國鈞之請。特派蘇紳陳伯盟張宏業鮑友恪徐守增談禮成於戰後來東實地視察杜口工程。比杜口告成。由孫總司令陳省長協助善後工款二十萬元。並委陳伯盟駐工監放。計修築善後工程。一爲李升屯順河埝長五百五十四丈。一爲殘埝頭第一挑水壩。第二挑水壩。第三挑水壩。一爲黄花寺新堤迤上四十里加高二尺。一爲黑虎廟楊工一帶拋石工程。陳伯盟對於黄河東決。與魯蘇皖三省關係之重大。至詳且悉。其關心決口。幾逾於東人。故監工頗爲勤奮。籌畫尤爲殷懇。并請孫總司令電請安徽總司令陳調元協助魯工工款一萬元。作

爲朱口防禦費。

山東保安總司令張宗昌因直隸河防南岸分局長賀泮藻面稱。直隸因戰後工款無着。劉莊工情奇緊。勢將危及鄰封。遂慨助直隸河防費三萬元。作爲劉莊工款。派委員送交直工。

沿黄河大堤與築汽車路

六月。山東保安總司令張宗昌派林修竹爲修築利菏汽車路局總辦。以鞏固河防便利交通爲宗旨。自菏澤至楊閘渡河。經陶城埠至北洛口爲西段。自南洛口至利津之閆家爲東段。堤身寬二丈二尺。兩月之間。一律修平。林總辦遂編定修築利菏汽車路綫細則十一條云。一、凡汽車通過之大堤民埝頂寬均以營造尺二丈二尺爲限。其不足二丈二尺者。均酌量帮寬。一、凡汽車通過路綫。如遇無堤埝之處。均須新築路基。其最低限度。須高出大汎水位二尺。其大

新測尾閭圖三

汎水勢不能漫到之處。亦須修築路基。高出地面二尺。頂寬均以二丈二尺爲限。坦坡以二收分。一、凡大堤陡彎之處。須將陡彎凹處幇寬。以汽車通過便利爲度。一、凡大堤堤頂。如遇沙土堆積之處。須盡數剷除。再包淤一尺。一、凡堤頂土質鬆浮之處。須用水潤透。再以好土鋪墊。硪打堅實。其高低不平及殘缺之處。須以土墊整齊。一、沿堤土牛。關係工程至爲重要。茲定處理辦法列下。(甲)凡在險工土牛。無礙單行汽車者。須一律保存。如礙單行汽車者。須移至適宜地點。不得動用。(乙)凡平工土牛。其佔餘堤頂在一丈五尺以外者。須一律保存。如在一丈五尺以內者。得酌爲移動。(丙)無論在險工平工之土牛。如礙汽車正路。均須移於一旁。在北岸須移北邊旁。在南岸須移南邊旁。在險工處不得動用。在平工處如用時。不得超過二分之一。(丁)以上辦法、須與營汎會同

辦理。一凡在堤頂樹株。有礙汽車通行者。須由該管營汎會同該段監工員。查明株數。呈報批准。始得斫伐。斫伐後。由營汎呈報河務局備案。存備工用。一、凡大車橫過大堤之道口。其路綫須沿堤坦上下斜行。不得直衝堤頂。至往來車輛過多之處。須用石砌鋪。以免不時修補之勞。一、凡民房在堤頂二丈二尺以內者。須一律遷移。其自願依限幇寬路線。無礙汽車通行者。得酌量允許照舊居住。一、凡擬定之路線。如該段監修員認爲不宜時。得擬具意見。呈明核辦。一、以上細則。如有未盡事宜。得隨時會同修改之。此細則公布之後。即由林總辦督同監修各員。率領兵夫。同時興工。如限告成。民稱便利。

七月山東河務總局局長林修竹因本年黃河尾閭入海口門改變。特派季葆仁詳勘黃河入海形勢。暨本年尾閭改道狀況。

游黄河新圖繪成

同月山東河務總局局長林修竹精測山東黄河三游詳圖告成。呈部備覽。

同月利津崔莊護堤小堰因水漲數尺將堰冲潰。利津東門外至綦家嘴周圍十餘里之圓弧形官堤久未見水。全行浸滿。夜出漏洞四。經李知事季委員等督同呂隊長搶杜一夜。始得無事。林修竹馳赴崔莊。調集民夫萬人。將官堤一律加高培厚。在工十餘日。搶護堅固。始行返省。

河南河務局長陳善同編輯豫河續志。於是年告成。

按豫河志爲河南河務局長吳筼孫所編。於民國十年印行。專詳有清一代河南河務。豫河續志則自上古以至中華民國關於河南河務。胥載及之。

沈百先先生講

（編教十二）

實業計劃之水利建設

中央訓練團黨政高級訓練班編印

三十三年二月

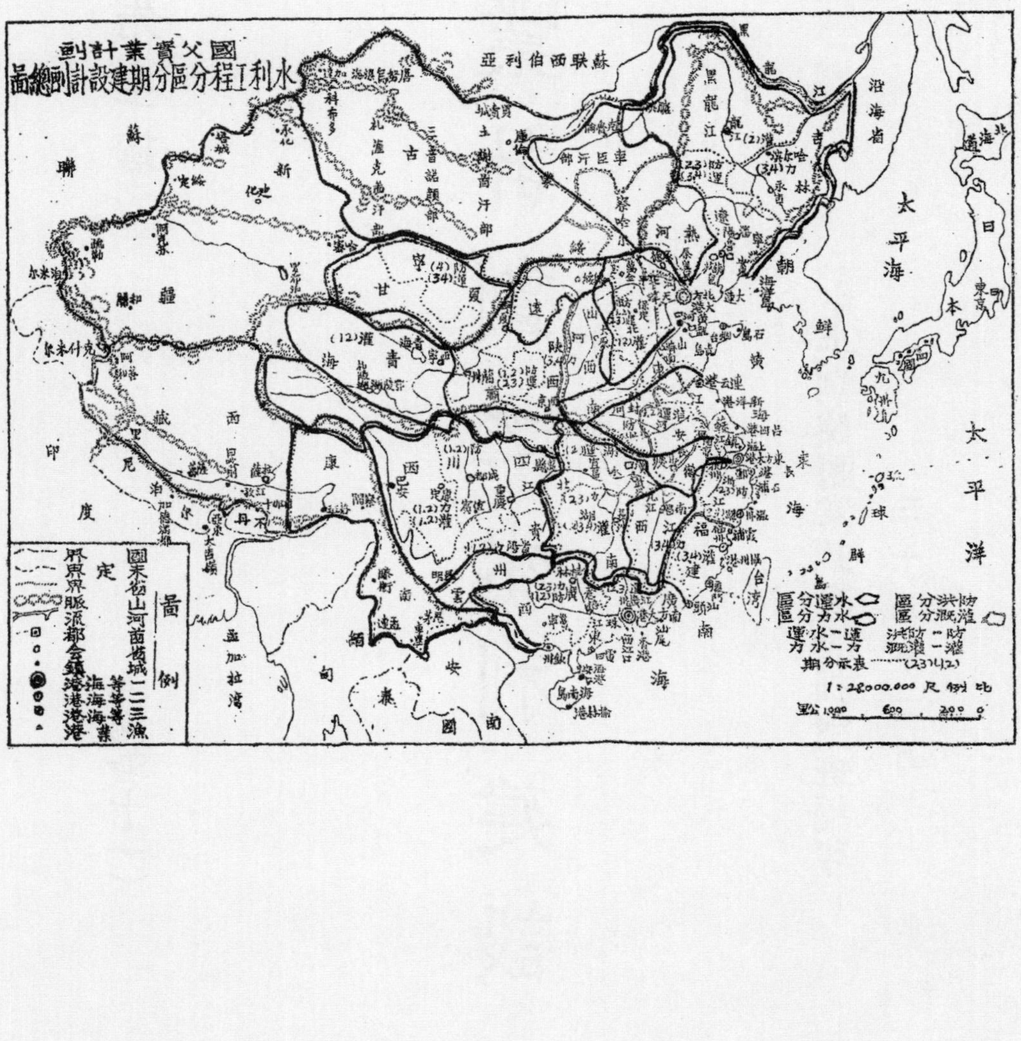
國父實業計劃
水利工程分區分期建設計劃總圖

實業計劃之水利建設目錄

實業計劃之水利建設　目錄

引言

建國之道，頭緒紛繁，近世謀國之士，對於政治經濟諸端，莘加研討。然而由政治經濟之理論，得以表現於實際者，仍有待工程專家之自效。舉世先進各國之計畫建設，其全國工程師靡不盡其最大之努力，今吾國一切比較落後，吾人尤不容稍縱其時機，肇負時代之任務。惟茲事體大，經緯萬端，果何適從。 國父手訂實業計畫，提綱挈領，訓示昭垂，其規模遠邁漢唐，其精神更具會通現代世界經濟之變局，誠爲經濟建設唯一之寶典。

總裁手著中國之命運，更明切指示：「建國之基本工作，在於教育，軍事，與經濟的合一，而求基本工作的完成，又必須就心理建設，倫理建設，社會建設，政治建設，與經濟建設，五個要目，製定周詳方案，使之實踐力行，而五項建設之重點，不能不置於經濟」。又訓示：「物質建設，爲建國之首要；水利建設，乃一切經濟建設之基礎；而中國之經濟建設，必須以實業計畫爲準則」。良以水利事業，關係國計民生綦切。考諸往史，歷代之治亂，多繫於水利之興廢，自大禹防治洪水成功而統一華夏，秦以灌溉治田興農而統一中原，隋以完成南北運河之航運而統一全國，最近如蘇聯以水力發電爲建國之首要工作。語云：「旱潦致亂，安瀾治平」，史實昭彰。法國社會學家維伯爾謂

：「中國之國家，乃由於與水鬥爭而創造之國家也」。故水利建設，實爲完成實業計畫最重要之一環。

中國工程師學會第九屆年會決議組設　國父實業計畫研究會，設計實施方案，或增益原計畫之所未備，冀可發揚光大。中國水利工程學會被邀參加，爰由百先約集須愷徐世大許心武張含英諸先生分組研究，協擬大綱，略有成議。其資料之搜集統計暨各部門之分析配合，悉由趙鍾靈同志任其勞，劉啓祐同志協助之，製圖工作，由陳金林同志任之。現以初擬各項建設目標能量範圍人才物資與基本數字，幸蒙　總裁俯採，擇要列入中國之命運，然以問題之繁複，範圍之廣泛，仍恐限於見聞，迫於時日，且屬首次纂輯，疏漏自所難免，尚待徐圖補正。而斯篇之刊行，旨在引致海內鴻哲與我水工同志，提高研究實業計畫之興趣，共同作更進一步之探討，俾能製成完善建設方案，備供中樞抉擇施行，而無負國父遺教及　總裁諄諄訓示，實乃私衷之誠耳。

本篇湯樹既竣，復得丁紹武同志校對付梓，并以誌之。

三十二年六月吳興沈百先於重慶導淮委員會

實業計畫之水利建設

一　水利建設之重要性

水利建設範圍至廣，大別之，曰防洪，曰水運，曰灌溉，曰水力。考其效用，不外除災興利，使人民得以安居樂業，國家得以富強。蓋防禦洪水，乃免除水患，保障人民之生命財產，是謂消極建設。發展水運，乃便利交通，運量巨大，運價低廉，使貨暢其流。興辦灌溉，乃增加農產，以補天時之缺憾，使地盡其利，開發水力乃供給廉價動力，以推進工礦業，使水盡其用，此三者是謂積極建設。

考諸吾國往史，歷代之治亂，多繫於水利之興廢，得其用則國治民富，失其用則國亂民窮。故水利建設誠為我國今後經濟建設之重要部門。國父實業計畫所列十大綱，屬於水利事業者，佔其大半，實已昭示水利建設為民生首要焉。

（一）防洪

設使主要河道宣洩不暢調節失宜，偶遇洪水即任其氾濫，致使無數生靈遭受犧牲，田野廬舍悉遭淹沒，工商業皆受摧殘甚或危及國家安全故　國父有鑒於此，曾言：「防止水災斯為全國至重大之一事。……」黃河為中國數千年愁害之所寄，水決堤潰，數百萬生命數十萬萬財貨爲之付葉淨盡。曠古以來，中國政治家靡不引爲深患者也。

民國二十年夏，江、淮、河漢同時氾濫，東南諸省，悉遭浩劫，爲百餘年來最大之水災。其受災害最烈者，爲湘、鄂、皖、贛、蘇、豫六省，次爲魯，浙、陝、甘四省，附表爲被災情形之統計，損失嚴重，可見一斑：

被災情形、

類別	單位	統計數量	原有數量	百分數
被災面積	方里	八六七、四〇〇	四、一六一、八〇〇	二〇、八五
被淹農田	畝	一五七、八五四．〇〇〇	五五五．六〇〇、〇〇〇	二八、四一
被淹房屋	間	八、九五九、〇〇〇		
災民人數	人	五二、七〇二、〇〇〇	二一四、二二五、〇〇〇	二四．六〇
死亡人數	人	二八四、一〇〇	二一四、二二五、〇〇〇	〇．一三

上表統計，陝、甘兩省尚未列入。估計全部損失，共貳拾貳萬萬元，約爲民國二十年全

年國稅收入之三倍。政府為救濟災黎，乃施急賑工賑，修復堤岸七，四〇〇公里，疏浚河道二八七公里，總計用款六千五百萬元，僅估損失百分之二•九而受益田畝達一萬萬四百餘萬畝之鉅。

由此以觀，水災有害於國計民生，如何重大！而防洪之重要性。可以知矣。

(二)水運

交通為國家之命脈，有空運，陸運，水運三途。空運速度最高，惟現代飛機載重有限，尚不克担任大量之運輸，陸運如鐵路，雖時間迅速，而不能遍佈於窮鄉僻壤，如公路以車輛容量不大，運費頗昂，至如人力及獸力運輸，速度遲緩，運費亦鉅，水運之運費最廉，而運輸量最大。茲將民國二十四年調查各種運費列表如左：藉資比較。

類別	每噸公里運費	佔水運運費之百分數	備註
火車	二•〇分	一六六•六七	航空運費暫缺
輕便窄路火車	二•四分	二〇〇•〇〇	

公路汽車	三〇·〇分	二·五〇〇·〇〇
人力獨輪車	一九·二分	一·六〇〇·〇〇
騾車	一八·〇分	一·五〇〇·〇〇
肩挑	三四·〇分	二·八三三·三三
水運	一·二分	一〇〇·〇〇

目前我國運輸，以鉄路與水道爲主。但水道之整治，工費較低，且運輸量較大特舉例以明之：如隴海鉄路建築時，每公里造價十四萬一千八百十八元而二十三年中運河及裏運河渠化工程建築船閘於邵伯，淮陰及劉老澗三處，並整理堤岸，平均每公里河段整治工費僅一萬元。以言運輸量：隴海路二十八年度行車長度六百零二公里，其每年貨物運輸量約爲四十餘萬公噸，而運河自渠化以後，改善三江營口迄運河站，凡三百五十公里之河道，均可通航，每年運輸量，可達五百萬公噸。其最大運輸量，則可增至二千萬公噸，良以運河有優良之航綫，經過廣大之腹地，且運輸費用廉省，將來航運發展，係屬自然之趨勢焉。

農礦品，多爲笨重價廉之物，在我國大半由內地向商埠運輸，端賴甚大價廉之交通工具，故水道運輸，實爲我國急切之需要。國父曾言：「中國古時運送糧食最好的方法，是靠水道及運河。……這種水運是很利便的，如果加多近來的大輪船和電船，自然更加便利；……因爲水運，是世界上運輸最便宜的方法。……我們要解決運輸糧食問題，第一是運河，第二是鉄路，第三是車路，第四是挑夫。……」蓋我國河道縱橫，遍佈全域，如能善加整治，以利航運，足使資源開發，生產增加，文化溝通，國防鞏固，此水運之重要也。

（三） 灌漑

我國以農立國，舉凡衣食之原料均賴農民供給，故對於農田水利尚極重視。惟近來河道失修，溝洫湮沒，潦旱迭見，農產日減，民食維艱，欲謀補救，亟須改良農業，開闢荒地，以增生產。顧農產收穫之豐歉，品質之優劣，多視水份調節適宜與否。蓋水量不足，或水量過多，則改良種子肥料，及除病蟲等，均屬徒勞，故改良農業應首重灌漑以收事半功倍之効。據已有統計資料主要食品本國尚不能自給自足，是以舉辦灌漑工事，誠屬急不容緩。茲將二十四年全國米麥產量及進口數量，列如下表。

類別	單位	產量估計	進口數量	進口估產量之百分數	備註
米	公担	二六四·〇〇〇·〇〇〇	一二·九〇〇·〇〇〇	四·八九	
小麥	公担	二一三·〇〇〇·〇〇〇	八·六一三·〇〇〇	四·〇四	
麵粉	公担		八七三·〇〇〇		上項產量統計缺乏

陝西涇惠渠灌溉區域最足表現灌溉工事之效益，其在工程未完成以前及完成以後之棉麥，每畝產量如下表：

類別	單位	二十三年	二十八年	增加百分比	備註
棉花	市担	〇·四八	一·〇八	一二五·〇〇	
麥	市担	一·五五	二·一八	四〇·六四	

我國長江以南諸省，多種稻麥，高地雨量，祇估作物需水量三分之一；其不敷者皆賴灌溉。低窪田地，輒因積水太多，無從宣洩，急需排水。黃河以北諸省，以旱作物為

主，惟雨量稀少，如遇亢旱，作物枯萎，產量大減，其需要灌溉亦切。國父曾言：「中國有許多荒田不能耕種，因為地勢太高，沒有水灌溉。用機器抽水，把低地的水抽到高地，高地有水灌溉，便可以開闢來耕種。已開闢的良田，因為沒有旱災，更可以加多生產。那些向來不能耕種的荒地，既是都能夠耕種，糧食的生產，自然大大增加了(7)」。

我國西北及西南諸省荒地，面積遼闊，亟待開闢；灌溉設備，尤為重要，庶使磽瘠之區，化為沃壤。直接增加生產，間接移殖人民，繁衍民族，增強國防力量；其影響於國計民生至大且鉅，此灌溉之重要也。

（四）水力

地球上可供利用之能力，除人力畜力外，尚有各種天然動力，其已開發者，惟熱力風力水力三種。熱力以煤炭為主，石油次之；惟以地下蘊藏數量之有限與常年鉅額之消耗，將必有用罄之一日。風力為天然環境所限制，未能普遍利用。惟水力則取之不盡，用之不竭。故歐美各國莫不利用水力，以發展工業。誠如 國父所言：「普通價錢極貴的電，都是用蒸汽力造成，至於近來價錢便宜的電，完全是用水力造成的。……如果能夠利用揚子江和黃河的水力，發生一萬萬匹馬力；有了一萬萬匹馬力就是有二十四萬萬個人力，拿這麼大的電力，來替我們做工，那便有很大的生產(8)」。用水力發電之成本，最為低廉，普通約為熱力發電三分之一；縱或建設費，有時大於熱力發電，而經常之消耗則甚低。

我國水力資源豐富，尤以西南爲甚；如欲樹立輕重工業之基礎，開發水力實屬必要。

二、國父實業計畫水利建設提綱

（一）修浚現有運河

（甲）整理杭州天津間運河　須逐漸整[illegible]長一千七百公里

（乙）西江楊子江間運河　於湘江及桂江間分水界之靈渠，建築船閘，分段治導，使吃水三公尺之船舶可以來往於西江長江間

（二）新開運河

（甲）遼河與松花江間運河（新闢者）　二〇〇公里

（乙）葫蘆島與遼河間運河（新闢者）　一七〇公里

（丙）北方大港與天津間運河（新闢者）　一六〇公里

（丁）蘇州河之延長　自上海外白渡橋至新開河　一〇公里

（戊）蕪湖至乍浦東方大港或上海（新闢者）　一千〇五公里

（己）長江與漢水間運河　由沙市起至潛江附近（新闢者）　六〇公里

（庚）廣州與江門間運河　八〇公里

（辛）新塘與東莞間運河（新闢者）　二〇公里

（壬）花地與佛山間運河（新闢者）　一五公里

總計約七四〇公里

（三）治河

（甲）整理揚子江　（子）近江口築平行石堤。（丑）上游保持原有河堤。（寅）宜昌以上建船閘。（卯）河寬於漢口附近約八百公尺，至黃浦江口止寬三千六百公尺。（辰）閉塞兩旁小枝流，及舊有水道。（巳）浚廣浚深蕪湖宜興間之水路，以聯長江與太湖。

（乙）鄱陽水路系統　依各河入湖之路，逐漸匯流至渚溪口，合為一深水道，以達湖口與長江會合。

（丙）漢水　（子）襄陽以上設船閘。（丑）襄陽以下設初級河堤。

（丁）洞庭系統　（子）改良湘江，沅江。（丑）依各河入湖之路逐漸匯流，成深水道。

（戊）整理黃河及其支流渭河，汾河　（子）浚深河口。（丑）建堤達出深海。（寅）建鐵船閘。（卯）植林於全流域傾斜之地。

（己）導西江　自梧州至南寧間建築船閘。

（庚）整理廣州河汊　須將防洪，通航，及增地三問題同時兼顧。

（辛）北江　（子）延長通海深水道。（丑）清遠峽以上建船閘。

（壬）東江　（子）自新塘以上，浚深水道。（丑）惠州以上建船閘。

（癸）導淮　（子）導淮入海。（丑）導淮入江。

(四)通航河流沿岸建設商埠

(甲)鎮江及其北岸雙聯市 (子)擴大都市。(丑)增設交通設備

(乙)南京及浦口雙聯市 (子)擴展南京市。(丑)聯絡兩市交通設備，

(丙)蕪湖 (子)建船塢。(丑)建設新市街。

(丁)安慶及其南岸雙聯市 (子)擴展安慶市。(丑)南岸建新市。

(戊)鄱陽港 (子)建築堤與船塢。(丑)建設新市區。

(己)武漢三聯市 (子)修築堤岸船塢。(丑)聯絡三市交通設備。

(庚)柳江口 新建商埠。

(辛)南寧 改良爲深水商埠。

(壬)韶州 爲廣東省之商業中心地。

(五)水力之發展

(甲)計畫 擇河流適宜地點建壩堵水，利用水力發電供給工業，農溉製造肥料與行駛火車等之動力。

(乙)開發地點 (子)黃河 (丑)渭河 (寅)汾河 (卯)長江……自宜昌以上 (辰)漢水……自襄陽以上 (巳)西江……(1)自潯州至柳江口 (2)自潯州至南寧 (午)北江……自濱遠峽以上 (未)撫河 (申)紅水河 (酉)鬱江

發展計畫之水利建設

（六）蒙古新疆之灌溉

附錄

移殖過剩人口，墾殖新省荒地。

三、研究方案

（一）水利建設之方針與計畫

水利建設之根本目標，爲袪除水患，發展水運，增進農產，與促進工業。爲袪除水患，應注重全國各水道之根本治導，在未能實施治本工程之先，應努力於湖泊之維護，及洪水之防範。爲增進農產，除防治洪水外，應注重農田水利之改進及新闢。爲發展水運，應配合工礦業及交通國防建設計畫，注重水道之整治，改善運河及港灣之開闢，並謀水陸運輸之聯繫。爲促進工業，應根據全國工礦業建設計畫，注重水力之開發。國父實業計畫研究會對水利部門，業經仿照上述目標，分防洪、水道，灌溉，水力四項，分別研究，並已初步規定分區分期計畫。惟以各項設施，經緯萬端，與國防民生之關係，又極錯綜複雜，現蒐資料未臻完備，尚待繼續研究與補充，但現可得而言者；防洪工程，自以堵塞決口，修築堤防爲急要工作。水道工程以整理原有河槽，或渠化天然河道，使暢行舟楫，爲急要工作。灌溉工程以引用天然河流及放淤之大規模區域爲急要工作。水力發電工程，以利用天然河道瀑布，或已成閘壩之水頭，規畫動力爲急要工作。

（二）水利建設之範圍及能量

根據　國父實業計畫與上述之目標，擬定水利各部門建設範圍及能量，俟將來水文資料充實，再按技術原則，作初步之設計，然後統計歸納。復經有關聯之各部門，相互縝密研討，反復配合，當可有更精確之成果也，茲列該表如左：

水利各部門假定之目標範圍能量總表

性質分類	部門	目標	範圍	能量
假	防洪	完成　國父實業計畫中關於水利部份整治河道修築堤防等工程建設計畫。	全國	就全國現有河道，如揚子江黃河淮河珠江北區東北西北及東南等區，以建築水庫浚河築堤等方法，分別蓄洩防止水災，作初步有系統之整理，共建築攔洪水庫二十座，築堤總長一八，六六〇公里。
	水	於最近二十年內究成全國各河流之航運工程，以達開發資源增加	全	一、整理天然河道及現有運河，使之能行輪船者：三〇，〇〇〇公里。 甲，通行吃水一至二公尺者三〇，〇〇〇公里。乙，通行吃水二至五公尺者一〇，

完　　部　　份				
	運	生產溝通文化鞏固國防之目的。	國	〇〇〇公里。丙，通行吃水五至八公尺者二，五〇〇公里。 二，整理天然河道，使之通行吃水一公尺以下之民船者五〇〇，〇〇〇公里。 三，新闢運河能通行輪船者五，〇〇〇公里。 四，內河商埠一，二〇〇處。 甲，頭等商埠五〇處乙，二等商埠一五〇處丙，三等商埠一，〇〇〇處
	灌溉	完成 國父實業計畫中關於水利部份內灌溉工程建設計畫。	全國	除去全國現有灌溉之面積約二千萬市畝外，尚須建設及改良灌溉工程者，估計總面積約爲二萬五千萬市畝。
	水力	完成 國父實業計畫中關於水利部份內水力發電工業建設計畫。	按國內河流山溪及天然瀑布蘊藏之水力豐富如川康雲貴等十八省分區開發之。	除去全國已設及正在進行之水電動力約估一萬五千瓩及水力資源貧乏之省份祗作小規模開發暫未列計外，尚須開發之水電動力估爲一千萬瓩。

（三）水利建設需用人才、物資與工具器材

水利建設之實施，首須有實行之人才，完成建設之物資與工具器材，方可推進，茲特分別列表如左：

甲、水利建設需用人才數量表

類別	人才名稱 ╲ 人數 ╲ 期別	第一期	第二期	第三期	第四期
技術人員	中高級技術人員	六，〇〇〇	七，九〇〇	一〇，一〇〇	一一，一〇〇
	基層技術人員	二四，〇〇〇	三六，〇〇〇	四〇，〇〇〇	四四，五〇〇
	合計	三〇，〇〇〇	四三，九〇〇	五〇，一〇〇	五五，六〇〇
事務人員	特種事務人員	一，九〇〇	四，六〇〇	六，〇〇〇	七，五〇〇
	普通事務人員	二，八〇〇	五，二〇〇	七，〇〇〇	一〇，〇〇〇
	合計	四，七〇〇	九，八〇〇	一三，〇〇〇	一七，五〇〇

附註：（1）中高級技術人員係指水利正工程師副工程師，及土木機械電氣化學各種正工程師

（2）基層技術人員係指水利助理工程師監工繪圖人員

（3）特種專務人員係指會計師醫師報務員

（4）普通事務人員係指事務員護士

（5）技工及普通工人未列在內

乙、水利建設需用物資數量表

鋼	三、三二八、〇〇〇公噸
鉄	一、四四五、〇〇〇公噸
鉛絲	二五五、〇〇〇公噸
水泥	三二、三七五、〇〇〇公噸
黄砂	六五、〇〇〇、〇〇〇公方
石子	六五、〇〇〇、〇〇〇公方
料石	七五、〇〇〇、〇〇〇公方
石灰	二三〇、〇〇〇公噸
磚	七二五、〇〇〇萬塊

實業計畫之水利建設

十八

瓦	一、二五〇、〇〇〇萬塊
木材	三〇、一〇〇、〇〇〇立方公尺
玻璃	七五〇、〇〇〇平方公尺
煤炭	五、三五〇、〇〇〇公噸
炸藥	三二、五〇〇公噸
柏油	一〇五、〇〇〇桶
柴油	五四五、〇〇〇公噸
機油	一〇、五〇〇公噸
牛油	五、二五〇公噸

丙水利建設需用工具器材數量表

抽水機	三三、六四〇具
鑽探機	三、八七〇套
挖泥機	一、〇〇〇只
打樁機	五、七〇〇套
絞車	五、七〇〇架
起重機	四、六九〇架

品名	數量
碎石機	一〇、五九〇架
拌和機	一〇、五五〇架
灌漿機	三、一〇〇架
煤氣及柴油引擎	一一、八〇〇具
發電機	二、二〇〇套
電動機	五、三〇〇套
變壓器	四、〇〇〇具
運輸斗車	三一〇、〇〇〇輛
鋼軌及配件	一、五〇〇、〇〇〇公噸
拖引設備	二、〇〇〇套
白鐵管	五〇〇、〇〇〇公尺
鋼絲纜	四、〇五〇、〇〇〇公尺
洋鎬	三三、〇〇〇、〇〇〇把
洋鍬	三三、〇〇〇、〇〇〇把
鋼鏟	二、九〇〇、〇〇〇把

（四）水利建設分期分區計劃

實業計畫之水利建設

根據水利建設之目標，並衡諸天然環境，國防民生之需要，與國內人力財力及其他各部門之聯繫與配合，分別緩急輕重，製定分期分區計劃。玆分別述之：

甲、防洪工程

吾國河流衆多，按其流域及防洪地區而論，約可劃分爲八區（一）黃河區包括黃河，沁河，及伊，洛諸河，（2）淮河區包括淮沂泗，沭及運河，（3）北區包括河北五大河，灤河及薊運河，（4）揚子江區，包括揚子江，幹支各流及洞庭鄱陽太湖諸湖，（5）珠江區包括珠江三角洲，東，西，北，三江及粵東諸水，（6）東南區包括錢塘江，閩江，甌江，甬江及閩，浙兩省內諸水，（7）東北區包括黑龍江，松花江，遼河，大小凌河及東北其他諸水，（8）西北區包括弱水流域，及西北其他不屬於黃河流域諸水。我國數千年來洪澇爲災，史不絕書，而其災情慘重次數頻繁者，首推黃河，淮河及北區，次及揚子江，珠江等區。爰就各區河湖情形，工程現況，及治本計畫完成與否，戰後破壞狀況，權衡水運，灌溉，水力各部門之聯繫，分別緩急，予以初部規劃，築堤防節流，疏浚，宣導四法，而略側重於上游建造攔洪水庫，控制暴源，中下游堅築堤防護岸，納水歸槽，防止氾濫，以爲最近二十年從事防洪工程之主要目標。並將分期之規劃列如左表：

防洪工程分區分期計畫表（每期五年）

次序	區別	計畫工程項目	期別	備註
一	黃河區	堤防護岸攔洪水庫減河疏浚河槽等	第一二期	共計建築攔洪水庫二十座，築堤總長一八六六〇公里。其他洩洪閘壩護岸及減河長度等擬於計畫概要中規畫之。
二	淮河區	堤防護岸洩洪閘壩疏浚河槽攔洪水庫等	第一二期	
三	北區	堤防護岸攔洪水庫洩洪閘壩疏浚河槽等	第一二期	
四	揚子江區	堤防護岸攔洪水庫洩洪閘壩疏浚河槽湖泊繼[illegible]等	第一二期	
五	珠江區	堤防護岸洩洪閘壩疏浚河槽等	第一二期	
六	東南區	堤防護岸攔洪水庫洩洪閘壩等	第二三期	
七	東北區	堤防護岸攔洪水庫洩洪閘壩等	第二三期	
八	西北區	堤防護岸攔洪水庫疏浚河槽等	第四期	

乙　水運工程

吾國農礦產量，均甚豐富，對於運輸所最需要者，應以水道與鐵路為主，而以公路與航空二者於輔，所有整個運輸建設計劃，即以此三者關係，及地理環境與需要，謀其配合，俾得互相爲用，構成完密之全國運輸系統。關於水運部份爰基此原則擬定分區分期計劃如次：

全國航道應以天然水系及流域爲分區選界，故分爲八區：即揚子江區，淮河區，北區，珠江區，黃河區，東南區，西北區，及東北區，與防洪部門之分區完全相同，並視國防民生之需要，水陸交通及港灣之聯繫，水力發電暨灌溉工程期區之配合，經營方法之難易，及工程狀況，以爲規劃分期之次序：

各區通行輪船及新闢運河，係遵照　國父指示，並參照國防需要，而分別規定。至於整理天然河道　使能通行吃水一公尺以下之民船者五十萬公里。除現時可以通行民船之河流，總長度約爲十萬公里外。尚有四十萬公里須儘各省市縣境內較小河流予以開拓疏浚，使能行船，俟將來測勘資料充實時，再將各區域內河道，予以較詳細之規畫。

開發水運工程，同時須建設內河商埠除遵照　國父指定外，並遵照　總裁指示暨國內工商業發展狀況，及國防需要，計須建頭等商埠，如鎮江漢口者計五十處，二等商埠一百五十處，三等商埠一千處，並將水運部門分期規劃如左：

水運工程分區分期計劃表（每期五年）

次序	區別	計劃整治河流通航長度（公里）吃水五·一八公尺	吃水二·一五公尺	吃水一·二公尺	通行民船	計劃開闢商埠 頭等	二等	三等	期別	備註
一	揚子江區	一，八三〇	三，四六〇	七，三五〇	八〇，〇〇〇	三	六〇	三〇〇	第一二期	原計劃開闢運河五〇〇〇公里計吃水二·一五公尺者八〇〇公里吃水一·二公尺者四二〇〇公里均已併列入表內
二	淮河區	—	一，四〇〇	二，三三〇	八〇，〇〇〇	四	一五	一五〇	第一二期	
三	北區	七〇	一，一四〇	一，六五〇	五〇，〇〇〇	四	一〇	五〇	第二三期	
四	珠江區	一七〇	一，三七〇	二，六六〇	三〇，〇〇〇	四	二〇	一五〇	第二三期	
五	黃河區	—	—	五，八八〇	五〇，〇〇〇	—	一〇	五〇	第二三期	
六	東南區	一一〇	三八〇	一，八三〇	三〇，〇〇〇	七	一五	一五〇	第三四期	
七	西北區	—	—	八〇〇	五〇，〇〇〇	—	—	五〇	第三四期	
八	東北區	三二〇	六五〇	二，三七〇	三〇，〇〇〇	七	二〇	一〇〇	第三四期	
總計		二，五〇〇	八，三〇〇	二四，二〇〇	四〇〇，〇〇〇	二五	一五〇	一，〇〇〇		

實業計畫之水利建設　　二二三

（丙）　灌溉工程

根據全國各部之地形氣象，關於灌溉工事概可劃分全國為八區：（1）西北區包括新疆，青海，甘肅，寧夏，綏遠，陝西等省。（ ）北區包括山西，察哈爾，河北，山東，河南，等省。（3）西南區包括四川，西康，貴州，雲南，等省。（4）東北區包括遼寧，吉林，黑龍江，熱河等省。（5）中區包括湖北，湖南，江西，安徽，江蘇，浙江等省。（6）南區包括福建，廣東，廣西等省。（7）蒙古區即以蒙古地方為範圍。（8）西藏區以西藏地方為範圍。其中西北區北區及東北區之大部雨澤之稀少，耕地收穫歉薄，一遇乾旱，即釀災患，尚有若干區域，多屬荒蕪，西南區農作物之豐歉，全恃雨水，惟雨量之時間分佈，每不能與農田需水相配合，且河流溝渠較少，雨水乏停蓄之所，川流類皆位於深谷，亦難吸引溉田，為防止災荒，增加耕地生產，茲四區均有積極興辦灌溉，或改進原有用水之必要。中區及南區雨量充足，河川密佈，舉辦灌溉之目的，在求增加農田之產量，或改種高價之作物，斯二區之灌溉與排水工事常需相輔而行。至若蒙古西藏兩區，雨量小，河川少所有地域，多為山嶺或沙漠，除興辦灌溉外，應求畜牧及森林之改進與開發，以協助農田施肥，與兼有調節氣溫保持土壤之效。

據最近調查，全國已經開闢之農田面積，為十三萬九千八百萬市畝，除去目前已經完成，正在興辦之灌溉工程不計外，統計全國各省可能興辦或改良灌溉系統者，約佔總…面積二萬五千萬市畝。佔全國現有耕地面積百分之十八。其經營方法包括(1)利用天然河流引水，(2)蓄水池引水(3)電力或其他動力吸水(4)高山融化之雪水，(5)鑿井(6)築塘(7)放淤等七種。茲依據各省糧食供需情形，民生需要之緩急，國防與墾殖之關係，及上述之天然環境，與經營方法，分期計畫如左：

灌溉工程分區分期計畫表(每期五年)

次序	區別	計劃灌溉面積(市畝)	期別	備註
一	西北區	五五•二〇四•〇〇〇	第一、二期	新、青、甘、寧、綏、陝。
二	北區	三四•六二一•〇〇〇	第一、二期	晉、察、冀、魯、豫。
三	西南區	一四•五六一•〇〇〇	第一、二期	川、康、貴、滇。
四	東北區	一二•五〇〇•〇〇〇	第二期	遼、吉、黑、熱。
五	中區	一二八•二七八•〇〇〇	第二、三、四期	湘，鄂，贛，皖，蘇，浙。本區灌溉工程須配合治河工程進行故[illegible]別稍遲
六	南區	四•八三六•〇〇〇	第三、四期	閩、粵、桂。

七	蒙古區	—		俟勘測調查資料充實後再行計劃列入
八	西藏區	—		俟勘測調查資料充實後再行計劃列入
總計		二五〇・〇〇〇・〇〇〇		

丁　水力工程

我國水力資源，以河流論，當推揚子江黃河為最大，以省份論，則推川，康，滇，黔四省為最豐，爰就國內已有水力計劃，及查勘報告加以統計，除去全國已成及正在進行之水電動力，約估一萬五千瓩，及水力資源貧乏之省份，祇可作小規模開發暫未列計外，預計尚可開發之水電動力為一千千萬瓩。為便於配合各工礦業建設計劃起見，爰將國內河流山溪及天然瀑布所蘊藏之水力較為豐富諸省，劃為七區，（1）川康區，包括四川，西康兩省，（2）雲貴區，包括雲南，貴州兩省，（3）兩湖區，包括湖南，湖北兩省，（4）兩廣區，包括廣東，廣西兩省，（5）西北區，包括甘肅，寧夏，陝西，山西，等省，（6）東南區，包括江西，浙江，福建等省，（7）東北區，包括遼寧，吉林，黑龍江等省。茲依據國防工業之需要，及與防洪航運灌溉各部門相配合，以為規劃分期次序並列如左表：

水力工程分區分期計畫表（每期五年）

次序	區別	計劃項目 開發動力數量（千瓦）	期別	備註
一	川康區	二•三〇〇•〇〇〇	第一二期	
二	雲貴區	二•三〇〇•〇〇〇	第一二期	
三	兩湖區	一•九〇〇•〇〇〇	第二三期	
四	兩廣區	八〇〇•〇〇〇	第二三期	
五	西北區	九〇〇•〇〇〇	第三四期	甘、寧、山、陝。
六	東南區	一•〇〇〇•〇〇〇	第三四期	贛、浙、閩。
七	東北區	八〇〇•〇〇〇	第三四期	遼、吉、黑。
總計		一〇•〇〇〇•〇〇〇		

四總裁經濟建設計畫之指示

總裁手著「中國之命運」，指示國人今後努力之途徑至詳，其於經濟建設中，曾言「今後國民的經濟建設應以發展工業經濟為基礎。其最重要的條目，為籌備實業計劃的實施，由此以完成我們平均地權與節制資本的基本政策。……故全國國民必須自今日起，立定決心，積極進行。……建設的計劃與實施，須有實心，有基點。我們所說五項建設（心理建設，倫理建設，社會建設，政治建設，經濟建設）自當同時並進，不可缺一，而其重點則不能不置於經濟」。其中關於水利事業各項工作，與所需幹部人才，指示綦詳，茲謹摘錄如左：

一、實行實業計劃最初十年內所須完成之各項工作項目表

（一）水利部門

項目	全部工作量	最初十年內工作量	備註
防洪堤防	一八·六六〇公里	一八·六六〇公里	水力發電工作量與火電工作量合併
水運			

通行輪船者	三〇,〇〇〇公里	一八·〇〇〇公里	計算於電力項內火電水電合計爲二〇·〇〇〇·〇〇〇千瓦最初十年工作量爲六二〇〇·〇〇〇千瓦
通行帆船者	五〇〇·〇〇〇公里	二〇〇·〇〇〇公里	
新闢運河通輪船者	五·〇〇〇公里	一·〇〇〇公里	
設碼埠	一·二〇〇處	七〇〇處	
灌溉	二五〇·〇〇〇·〇〇〇市畝	一〇·〇〇〇·〇〇〇市畝	
水力	一〇·〇〇〇·〇〇〇千瓦	二,〇〇〇,〇〇〇千瓦	

三、實行實業計畫最初十年內所需各級幹部人才之數目

（水利部門）

人才項目	人數	備註
大學或專科學校水利科畢業生	一二、〇〇〇	其他土木機械電機化工及事務人員等人數未列在內
高初級職業學校水利科畢業生	二五、〇〇〇	

實業計畫之水利建設　二一九

總裁指示「實業計畫全部的完成，要積三十年至五十年之久。……如照各國已往建設的經驗，再徵之我國民政府成立以後十年間，在內憂外患中，修築鐵路公路的事實，則依我的估計，其中有幾個部門，如鐵路公路，航空，築港，堤防，灌溉，電力等項，將來實際的成績，或可超過預定之數一倍以上，實至為平常之事」。

總裁又曾於黨政高級訓練班與國防研究院舉行開學典禮訓詞中，示及：「造就中堅幹部之最終目的，在於完成　國父的實業計畫。……抗戰以後，欲求革命得到眞正的成功，首先必須實行　國父的實業計畫，能實現　國父的實業計畫，才能實行三民主義。……今天入班入院受訓，便負有實行的重大責任」。總裁訓示昭垂，吾輩尤應時刻惕勉，以完成建國重任。

五、水利建設與其他經濟建設之聯繫與配合

（一）水利建設與工礦業建設

（甲）水利工程器材與工礦業，須相輔並進，使供求相應，

（乙）水運與工礦業　（子）須顧及工礦業原料及銷場之運輸。

（丑）選工礦業重心於水運交通密集之區。

（丙）水電與工礦業：（子）應相輔並進。　（丑）水電建設應較先。

（二）水利建設與農林建設

（甲）水運與農產品：須顧及農業區運銷之便利。

（乙）灌溉工程與農業　灌溉及農業之改進須密切合作。

（丙）水運灌溉與墾殖　必須同時計畫節省人力物力。以宏成效。

（丁）水電與農田用水（灌溉及排水）規畫水電應計畫農田之應用。

（戊）水工建築物與農田　規畫蓄水庫之水位，應顧及上游農田，及附近耕地排水。

（己）整治河道與規畫造林：須同時計畫，規定造林目標，以應整治河道需要。

（三）水利建設與合作事業

（甲）灌溉與合作　須同時發展，則管理嚴密，用水均沾。

（乙）防洪與合作　防洪須賴合作機構之協助，完成任務。

（丙）水電與合作　水電動力須賴合作機構之投資，以宏其用途。

（四）水利建設與開闢商埠

（甲）水運與商埠　（子）整治航道與商埠須同時進展。（丑）建設商埠須顧及水運之需要與發展。

（乙）水電與商埠　規畫水電應顧及商埠之用電量，或與火電同時配合。

（五）水利建設與造船事業

（甲）整治航道與船舶　須顧及行船安全，及船舶構造。

（乙）開闢運河與標準船隻　須根據標準船隻，設計河身及水位。

（丙）水運與造船業　（子）須有劃一之民船。（丑）須配合水運之需要與發展。

（六）水利建設與交通事業

（甲）水運與陸空運　（子）須顧及水運系統及水，陸，空三途之聯運。（丑）須不妨礙防洪，灌溉，與水力工程建設。

（乙）水電與鉄路　（子）須顧及將來鉄路交通之需要。（丑）鉄路選綫須注意附近水源之利用。

六、水利建設應有之準備

（一）勘測全國河流

（甲）組織查勘隊測量隊　勘查與蒐集資料之各河流及灌溉區。

（乙）增設水文站　於各河流擇要增設與各交通機關合作。

（丙）推進水工土工試驗。

（二）規畫整個計畫

全國河流除淮河及永定河已有治本計畫外，其他各大河流亟應作根本治導之研究與準備。

（三）統一設計標準

組織水利技術標準設計機構，廣聘專家主持。

（四）培植各級人才

（甲）各大學須增設水利工程系，視環境及需要偏重特定科目。

（乙）各省區廣設高級職業學校　注重土木工程學科各項實習。

（丙）各省縣設立短期訓練班，訓練自治行政官吏。

（丁）培養高級技術人員，選調中高級水利技術人員，赴國外留學實習，研究或考察。

（五）研究兵工民工政策

依據已定施工方案，研究兵工民工編制加以訓練管理，以備適宜之分配工作。

（六）統籌水利經費

（甲）指撥專款　大規模之水利事業，應根據整個計畫，作通盤之籌措，國營者由中央負担，地方經營者由地方受益者負担，不足時由中央補助之。

（乙）利用外資或公債　其還本付息即由直接收益者負担，如無直接收益，就受益土地之價稅支付。

民國二十四年十一月

包頭市開鑿東西水道工程報告書

王慶恩題

包頭市開鑿東西水道工程報告書目錄

插像

插圖

特載

會議紀錄

公牘

附錄

插像

總理遺像

總理遺囑

余致力國民革命凡四十年其目的在求中國之自由平等積四十年之經驗深知欲達到此目的必須喚起民衆及聯合世界上以平等待我之民族共同奮鬥

現在革命尚未成功凡我同志務須依照余所著建國方略建國大綱三民主義及第一次全國代表大會宣言繼續努力以求貫澈最近主張開國民會議及廢除不平等條約尤須於最短期間促其實現是所至囑

綏遠省政府傅主席肖像

綏遠省建設廳馮廳長肖像

陸軍第七十師師長王治安先生肖像

包頭市政籌備處處長王潮珊肖像

包頭市開鑿東西水道工程委員會全體攝影

包頭市開鑿東西水道開工典禮攝影

包頭市開鑿東西水道落成典禮大會攝影

插圖

（一）東水道西口形勢

（二）東水道西口之洋灰石牆

（三）東水道中之一段

（四）東水道之東北門外隧道築工情形

（五）東水道之東北門外隧道竣工情形

（六）東水道東口太平橋

（七）西水道東口形勢

（八）西水道東口洋灰石墻

（九）西水道之西北門外磚橋

（十）西水道中段形勢

(十一)西水道開出之泉源【有花紋處均係泉水】

(十二)西水道西口乾坤橋

(十三)東水溝【山溝】之舊道形勢

(計長二十七里)

(十四)東水柵【從前東水溝之水流入城內之舊道】

（十五）從前東水溝之水流入城內後經過東瓦窰溝之舊道

【甲】北段

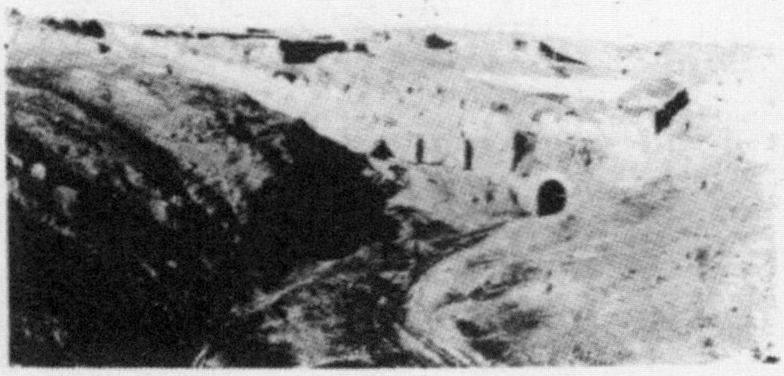

【乙】中段

【丙】南段

（十六）西水溝【山溝】之舊道形勢

（計長三十餘里）

（十七）西水柵【從前西水溝之水流入城內之舊道】

（十八）從前西水溝之水流入城內後經過西瓦窰溝之舊道

【子】北段

【丑】中段

【寅】南段

（十九）從前山水經過舊道——城內商業中心之前大街已修成馬路之情形

【1】中段

【2】西段

(二十)從前山水經過舊道之破壞路面情形

【丁】牛橋

【甲】市政籌備處門前

【乙】包頭市公園北面

【戊】財神廟街

【丙】包頭市公園西面

(二十一)從前山水出城處——西門水閘

（二十二）原計劃開鑿之東水道切面圖

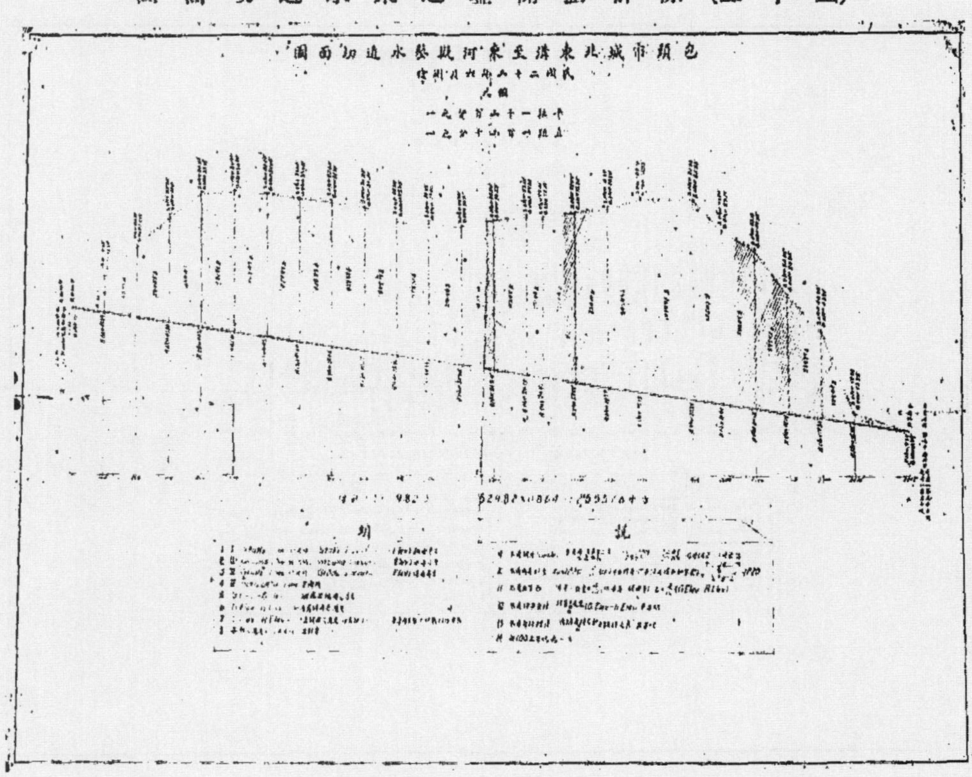

（二十三）原計劃開鑿之西水道切面圖

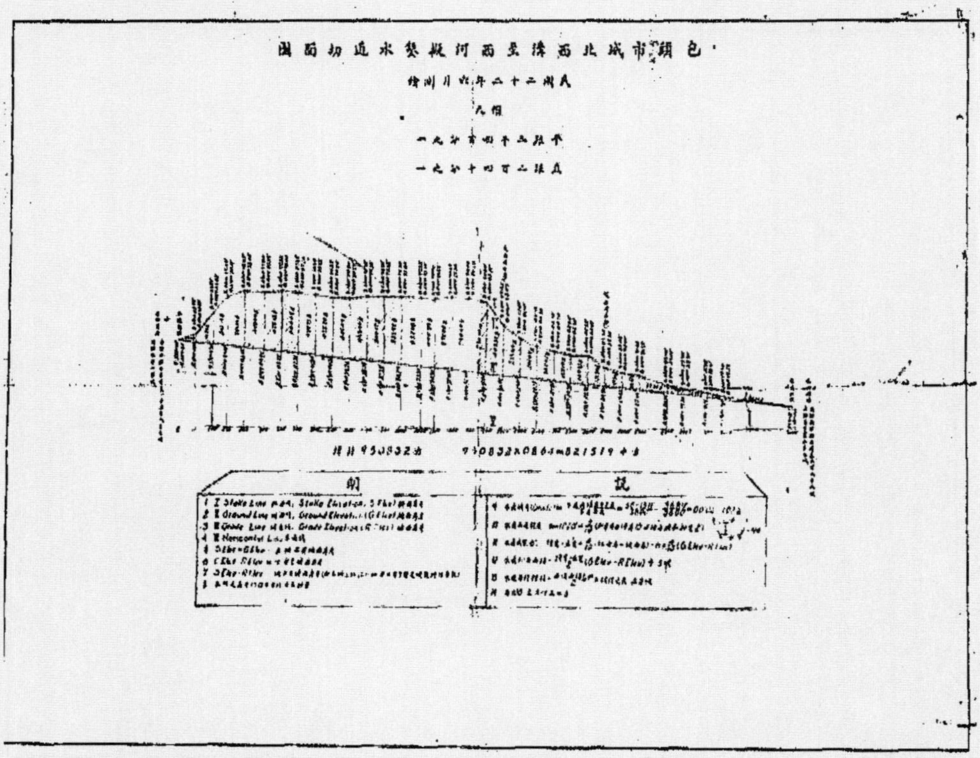

包頭市開鑿東西水道平面形勢圖

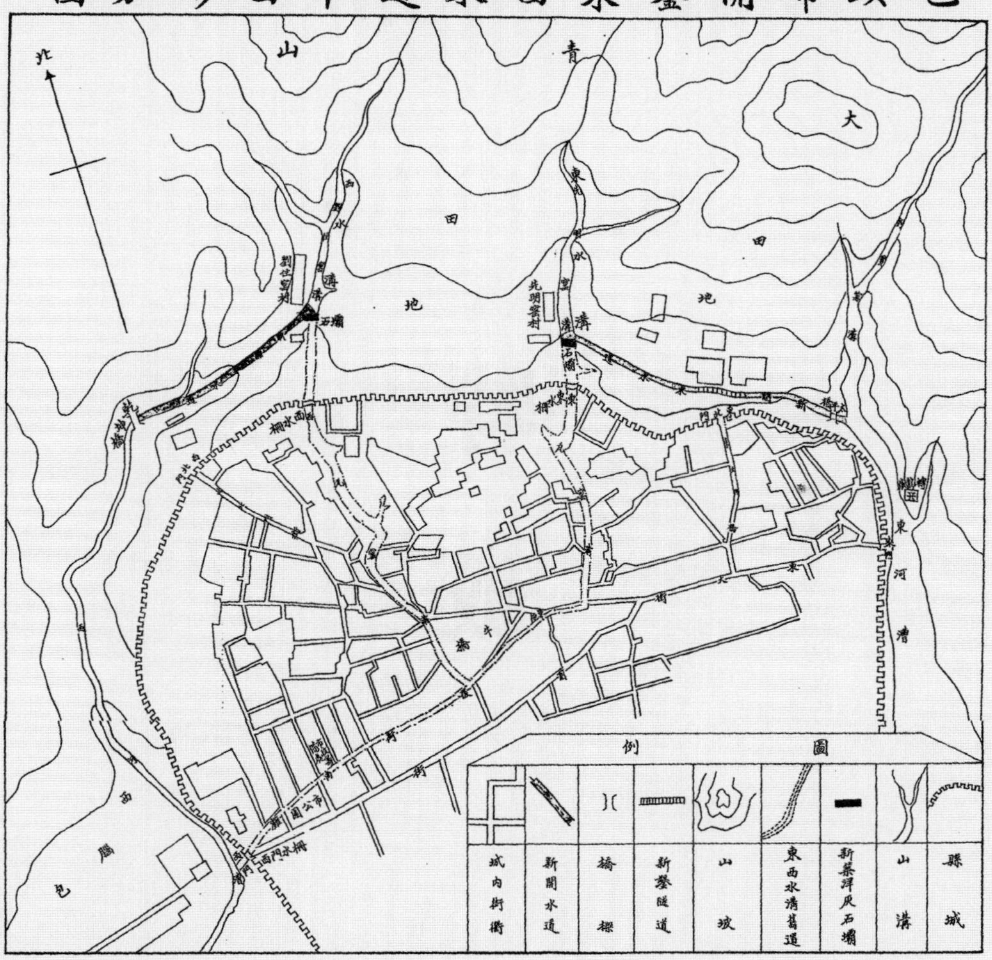

特載

包頭市開鑿東西水道工程報告書

包頭爲綏西重鎮，扼水陸要衝，商業殷盛，人口繁庶，市政之建設，早爲政府及國人所注意。惟包頭居大青山南麓，負山爲城，每值秋夏之際，山洪暴發，即循城北東西兩山溝，灌注城內，街巷盡成河槽，市民生命財產，歷年爲此項山洪所犧牲者，不知凡幾。據查遜清光緒二十八年六月二十八日一次水災，估計損失，竟達百萬元以上。至城內街道，市政建築，時被冲毁，更不待言。爲消除此種水患，必須改善水道，沿北面城垣外，開鑿東西水道兩條，俾東西兩水溝之水，由新水道分流南去，再築石壩兩座，將東西水溝流入城內之舊道堵塞，方可一勞永逸，以往地方負責當局，多有修築之議，在馬都統雲亭在綏之時，馮督辦煥章駐包時代，並均有修築計劃，惟以工程浩大，致均未克實行。

二十二年春，包頭市政籌備處正式成立，梁處長次楣來包主籌市政，又重行議及，特聘工程師郝秉儉梁振鉢，實行測量，從事計劃。是年秋慶恩奉命兼籌市政，認爲建設市政，必須先從改善水道入手，以剷除市民歷年大患，復派本處技術主任鄭翰章，繼續勘測，決定興工計劃如下：(一)東水道：由東水溝起至東河漕止，長二千五百六十餘尺。起點至終點坡度，按百分之一、四二開鑿，最高處挖約五丈餘深、計須鑿土石一萬二千五百餘方，其中土與石各以半計，土方工價，每方以三角計，石方工價，每方以二元計，共需工價洋一萬四千四百三十六元八角二分。(二)西水道：由西水溝起至西河漕止，長三千六百餘尺。起點至終點坡度，按百分之一、〇二開鑿。最高處挖四丈餘深。計須鑿土石方八千二百一十餘方，其中土與石亦各以半計，需工價洋九千四百四十七元四角七分。(三)石壩：在東西兩水道起點處，各修擋水洋灰石壩一座，計各需工料洋六千六百七十元零一角八分。以上三項工程，統計共需洋三萬七千二百二十四元六角五分，（詳見計劃書）。

至二十三年九月，始將開鑿東西水道切面圖及東西水道及兩石壩工料計劃書，呈奉省政府核准實施。爰於十月底成立包頭市修築東西水道工程委員會，由本市各界推定市政籌備處處長，陸軍第七十師代表劉連三，陸軍第二百一十五旅代表李叔衡，縣黨部代表韓偉、縣政府建設主任王治寬，商會代表張直齋，七鎮代表張登鰲程培基，市民代表李興邦等九人爲委員，並推定慶恩爲常務委員。工程委員會內，設工程會計兩股；工程股由市政籌備處技術主任鄭翰章，科長高實萍，縣政府建設主任王治寬等三人共同負責，並僱用監工高文通常川監工；會計股由商會代表張直齋，七鎮代表張登鰲等二人負責，即在商會內辦公，經理一切款項收支事項。並即出示招工投標，東水道由工人劉玉敬陳景遵劉海寬孫占元等四人分段承包，西水道由工人薛玉順翟茂興二人分段承包，其包價石工每方一元四角九分，土工每方二角八分，隨於十一月二十一日舉行開工典禮，正式興工。

開工之後，因工程浩大，籌欵困難，且山水湍激，不虞澄澱，水道坡度，亦無庸過大，乃將東西水道出水坡度改爲千分之一，東水道最高處深爲三丈餘，西水道最高處深爲二丈八尺。至二十四年六月間兩水道同時鑿通，即於是月五日因就東門外舉行騾馬大會之期提前舉行落成典禮，參觀市民，均極表歡慰。關於建橋築壩等工程，相繼進行，至九月底全部工竣。

工程委員會隨於工竣之後，選出收方委員韓偉張直齋李興邦張登鰲程培基等五人，會同工程負責人員及包工人等，丈量各段方數，分別結算。計支出東西兩水道明溝工資洋八千七百三十九元七角六分，東西兩洋灰石壩及西水道磚橋工料洋六千一百四十七元七角七分，東水道隧道工資洋三千四百五十三元三角九分，遷移淨髮社祁太社坟墓費等洋八百一十一元，收買民地費洋四百一十一元，監工員薪金洋二百五十四元四角，測量費洋一百元，修理乾坤太平兩橋及開鑿西門外退水渠壩工料洋一百三十二元，工人節賞洋八十一元四角，修理東水道隧道口及石墻工料洋五十三元六角四分，開落成典禮費洋二百元，其他各項雜費洋四百元零零九角五分四厘，以上十二宗，共計支出洋二萬零七百八十五元三角一分四厘。（詳見清單）

方此項工程計劃之初，因地方歷遭災荒，財政支絀，籌欵頗感困難。幸蒙

綏遠省政府傅主席及各廳長關懷地方建設，特由省撥發補助費洋一萬元，陸軍第七十師王師長治安先生，熱心公益，特捐助洋二千元，本市民商亦復慷慨輸將，計商會所屬商號，共捐洋五千元，七鎭公所共捐洋七百元，民戶三十七家，共捐洋二千三百四十七元五角三分四厘，出賣剩餘洋灰及用過油檟板價洋七百三十七元七角八分，以上共計收洋二萬零七百八十五元三角一分四厘，（詳見清單）仰承

上峯之補助倡導，與商民之擁護熱誠，並各界人士之贊襄協助，卒使本市空前建設，幸以告成，歷年大患，根本剷除，當茲工程完竣之際

斐恩謹代表七萬市民，應深致其感謝之意也。

今後市政建設障碍，已完全掃除，深望本市各界人士，仍本已往精神，繼續努力，共同實踐建設新包市之口號，以爲倡導建設西北之先聲，是不僅爲包市之繁榮已也。

包頭市政籌備處處長王慶恩二四，九，三〇，

包頭市開鑿東西水道收支欵項數目清單

計開

收入項下

一收省政府補助洋壹萬元

一收第七十師王師長治安捐洋貳千元

一收商　會捐洋伍千元

一收召安鎮捐洋壹百元

一收興旺鎮捐洋壹百元

一收新治鎮捐洋壹百元

一收圖豐鎮捐洋壹百元

一收天方鎮捐洋壹百元

一收官泉鎮捐洋壹百元

一收太平鎮捐洋壹百元

一收田登雲捐洋壹百元
一收李　嚴捐洋壹百貳拾元
一收李與邦捐洋壹百元
一收高超英捐洋壹拾元
一收劉國慶捐洋捌拾元
一收白子文捐洋壹百貳拾元
一收王平與捐洋肆拾元
一收孫秉禮捐洋伍拾元
一收費羅娃捐洋貳拾元
一收楊　四捐洋柒拾元
一收劉　珍捐洋壹百伍拾元
一收鄒士元捐洋捌拾元伍角叁分肆厘
一收高鴻德捐洋叁拾元
一收楊生茂捐洋壹百叁拾元

一收裴　富捐洋玖拾元
一收王三級捐洋柒拾貳元
一收曹德狗捐洋玖拾元
一收薛老四捐洋叁拾元
一收張子和捐洋壹百元
一收馬海龍捐洋柒拾元
一收秦　豐捐洋伍拾元
一收逯　受捐洋柒拾元
一收任懷德捐洋柒拾元
一收朱昌華捐洋壹百伍拾元
一收劉治寬捐洋壹百元
一收康　榮捐洋壹拾伍元
一收蔡來有捐洋捌拾元
一收陳　俊捐洋柒拾元

一收陳聚德捐洋肆拾元

一收張參翼捐洋貳拾元

一收馬　潤捐洋壹拾元

一收王玉科捐洋貳拾元

一收陳撓子捐洋伍拾元

一收李　輩捐洋壹拾元

一收賈登洲捐洋壹拾元

一收王五子捐洋貳拾伍元

一收王三虎捐洋伍元

一收出賣剩餘洋灰價洋陸百伍拾柒元柒角捌分

一收出賣用過油櫃板洋捌拾元

以上四十九宗共收洋弍萬零七百八十五元三角一分四厘

支出項下

一支開鑿西水道土石方工資　洋貳千捌百壹拾叁元柒角伍分

一支建築西水道磚橋及石壩材料　洋壹千柒百貳拾玖元肆角肆分

一支建築西水道磚橋及石壩工資　洋陸百零陸元陸角叁分

一支建築東西兩擋水洋灰石壩需用洋灰洋貳千叁百柒拾玖元柒角叁分

一支開東水道土石方工資　洋伍千玖百貳拾陸元零壹分

一支開鑿東水道隧道工資　洋叁千肆百伍拾叁元叁角玖分

一支建築東水道石壩材料　洋玖百陸拾伍元肆角壹分

一支建築東水道石壩工資　洋肆百陸拾陸元伍角陸分

一支修東水道隧道口及石墻工料　洋伍拾叁元陸角肆分

一支修理乾坤太平橋及開鑿西門外退水渠壩工料　洋壹百叁拾貳元

一支開鑿隧道需用電料電燈費　洋叁拾伍元伍角

一支修東西兩擋水洋灰石壩載運木椽洋

灰車資　洋肆拾陸元叁角肆分貳厘

一支遷移墳墓與因公病故工人棺材費　洋捌百壹拾壹元

一支收方委員出城收工車飯費　洋壹拾貳元伍角

一支監工員薪水　洋貳百伍拾肆元肆角

一支工人節賞　洋捌拾壹元肆角

一支測量東西水道費　洋壹百元

一支監工辦公處雜費　洋貳拾伍元伍角玖分陸厘

一支開落成典禮招待外賓車飯費　洋叁拾元

一支收買民地　洋貳百零肆元

一支雜項費　洋壹百捌拾叁元零玖分陸厘

一支歷次照像費　洋陸拾柒元玖角貳分

一支開落成典禮雜費　洋貳百元

一支東西水道佔用民地價　洋貳百零柒元

以上二十四宗共支洋弍萬零七百八十五元三角一分四厘

包頭市開鑿東西水道工程委員會欵項收支手續說明

（一）本會收入各欵，計　省政府補助一萬元，係由市政籌備處具領領回，轉交本會會計股（即商會）。其餘捐欵，均由捐款人，直接送交本會會計股，由會計股隨時發給正式收據，有存根可查。

（二）本會一切支出各欵；均先由領欵人填寫領據，將領欵項目領欵數目，詳細填明，並加蓋舖保水印，負責保證。然後送由本會工程主任鄭翰章（文軒）建設主任王治寬，科長高賓萍，詳細審核，分別蓋章。再轉呈市政籌備處處長兼本會常務委員，核批蓋章。批後即發交領欵人，逕赴本會會計股，憑據領欵。手續不完者，不得支領。

領款收據式樣

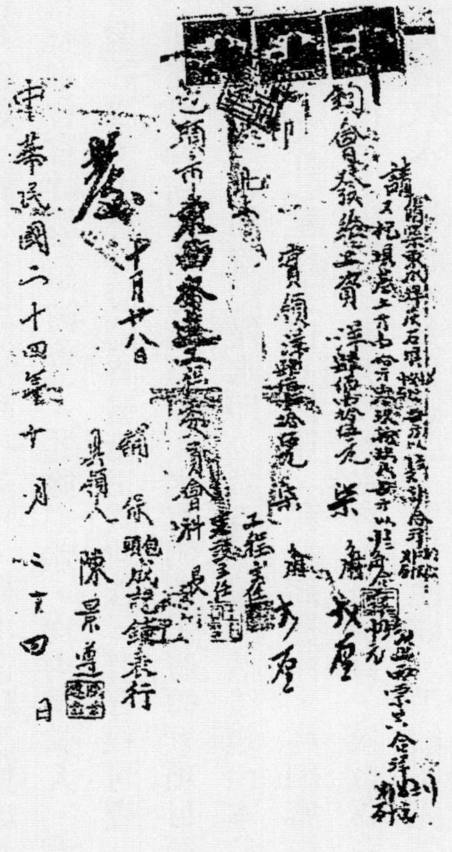
請領[illegible]
鈞會發給工資洋肆佰[illegible]元柒角[illegible]厘
實領洋[illegible]
此上
包頭市東西水道工程委員會 委員長 [illegible] 工程主任 [illegible]
十月廿八日
具領人 包頭[illegible]成記鐵木行 陳景道
中華民國二十四年十月二十四日

包頭市城北東溝至東河西溝至西河擬鑿水道測量報告及建築石壩工料計劃書

東溝至東河

水道起點在東溝內循溝道南至東栅口六二三呎西距溝西石帮四五呎由此點向東南經東北門外過太平橋而達東河水道終點距太平橋洞北角一九三呎南角一九〇呎路綫全長爲二五六五呎起終兩點高度相差爲三六、六一呎故其坡度爲三六、六一與二五六五之比爲百分之一、四二即循水道路綫每間百呎兩端高度之差爲一、四二呎渠身擬鑿底寬六呎兩邊斜度各爲二與十之比（tan11°20′）即渠身每增高十呎渠頂兩端各須加寬二呎統計水道全綫須鑿一四五二九、八二方合一二五五三、七六中方（算法詳見切面圖）其中土與石之分量因未實地鑿探未能詳細作比姑各以半計則土石各爲六二七六、八八中方開土方每中方單價按三角計共需工價洋一八八三、〇六元開石方單價按二元計共需工價洋一

二五五三、七六元二宗合計共需工價洋一四四三六、八二元

西溝至西河

水道起點在西溝內循溝道南至西柵口計長一五八七呎北距水井一百呎由此點向西經劉住窰村北街中間至西河東側小溝計長一九〇〇呎再由此循溝道向西至溝與西河相接處計長六〇〇呎復由此循河道向南一一〇〇呎而達水道終點此點北距乾坤橋六八八呎南距河岸石幫二七呎路綫全長三段共計三六〇〇呎起終兩點高度相差爲三六、八九呎故其坡度爲三六、八九與三六〇〇之比爲百分之一、〇二渠身之寬狹及兩邊之斜度其計算法與東溝至東河同茲不另述統計全綫須開鑿九五零八、三二方合八二一五、一九中方（算法詳見切面圖）土石之分量因未實地鑿探姑均以各半計算則土石各爲四一〇七、五九中方開土方每中方單價按三角計共需工價洋一二三二、二八元開石方每中方單價按二元計共需工價洋八二一五、一九元二宗合計共應需工價洋九四四七、四七元

石壩　在東西兩水溝內水道起點之下側各須修築擋水石壩一座使溝內之水順擬修水道流注東西兩河東溝石壩在東水道起點之南由西北而東南斜橫於東溝兩岸間西溝石壩在西水道起點之南由東北而西南斜橫於西溝兩岸間在築壩地點兩溝底之斜寬均爲一〇〇呎故兩壩之長度相同形式高低均取一制茲不分述壩之兩端各深入兩岸十呎故其全長爲一二〇呎壩之前部用三合土修築其他各部則用條石壘砌壩分地上地下兩段其在地上者成梯形在地下者爲長方形茲用切面圖將壩在地面上下之形式三合土之位置及其厚度尺寸表示之如下

石壩切面圖

比例尺

1"=10'

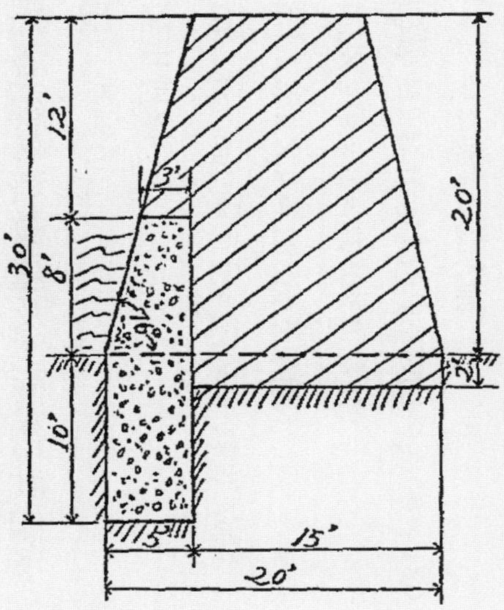

$$\text{石壩每呎重量}=\left(\frac{20+10}{2}\times 20+2\times 15-\frac{3+5}{2}\times 8\right)\times 170+\left(5\times 10+\frac{3+5}{2}\times 8\right)\times 150$$

$=298\times 170+82\times 150$

$=50660+12300$

$=62960$ lbS

$=31.48$噸

茲將築壩所需各種材料數量及工價估計如下

三合土比例：— 1:3:6

每立方嗎所用材料

洋灰 $11\div10=1.1$ bbl. $=1.1\times3.8=4.18$ 立方呎

砂子 $1.1\times3.8\times3=12.54$ 立方呎

石子 $1.1\times3.8\times6=25.08$ 立方呎

三合土之體積 $=5\times10\times120+\frac{1}{2}(3+5)\times8\times120=6000+3840=9840$ 立方呎

$=364.44$ 立方嗎

計需用洋灰 $4.18\times364.44\div2.5=609$ 袋

砂子 $12.54\times364.44=4570.10$ 立方呎 $=39.48$ 中方

石子 $25.08\times364.44=9140.20$ 立方呎 $=78.97$ 中方

需用條石 $\left(\frac{20+10}{2}\times20+2\times15-\frac{3+5}{2}\times8\right)\times120=35760$ 立方呎 $=308.97$ 中方

工料價：—

洋灰 609@\$7.=\$4263

砂子 39.48@\$0.2=\$7.90

石子　$78.97@\$0.5=\$39.49$

條石　$308.97@\$7=\$2162.79$

築壩工資　$\left\{\left(\frac{20+10}{2}\times 20+2\times 15+5\times 10\right)\times 120\times\frac{0.864}{100}\right\}@\$0.5=\$197$

總計共需工料價洋6670.18元

東水道開渠及築壩共需工料價洋二一一〇七元西水道開渠及築壩共需工料價洋一·六一一七、六五元統計兩水道共需工料價洋三七二二四、六五元

包頭市修築東西水道工程委員會章程

第一條　本會根據市政籌備處之計劃辦理修築本市東西水道工程事宜

第二條　本會以當地機關團體及市民代表七人至九人爲委員組織委員會并推常務委員一人辦理日常事務及召集會議之責

第三條　關于水道工程之購料包工事項須經委員會議决核准其監工設計等事項由市政籌備處派員秉承本會意旨辦理

第四條　關于本會款項由商會保管凡大宗出入須經委員會議决核准并由商會及七鎮各推代表一人秉承本會意旨管理收支帳目

第五條　本會委員職員均爲義務職但有必要時得酌用雇員

第六條　本會任務俟水道工程完竣後結束

第七條　本章程如有未盡事宜得隨時由委員會修正報請市政籌備處備案

第八條　本章程經委員會通過報請市政籌備處備案施行

會議紀錄

包頭市修築東西水道工程委員會第一次會議紀錄

時間：二十三年十月三十一日

地點：市政籌備處辦公廳

出席者：

第七十師司令部　縣黨部　商會　第二百一十五旅司令部

興旺鎮　天方鎮　市政籌備處　太平鎮

圃豐鎮　縣政府　公安局　新治鎮

台安鎮

主席：市政籌備處處長王慶恩　紀錄　濮思明

議案：

（一）主席宣佈開會宗旨，并宣讀擬訂包頭市修築東西水道工程委員會章程八條，請審查案。

決議：通過。

(二)推定本會委員案。

決議：規定本會委員九人，推定名單如左；

第七十師司令部代表劉連三

第二百一十五旅司令部代表李叔衡

市政籌備處處長王慶恩

縣政府建設主任王治寬

縣黨部委員韓　偉

商會委員張直齋

七鎭公所代表張登鰲　程培基

市民代表李與邦

(三)推定本會常務委員案。

決議：推王委員慶恩爲常務委員。

(四)市政籌備處按照本會章程第三條之規定，選派鄭主任文軒，辦理水道工程案。

決議：通過。

（五）商會及七鎮按照本會章程第四條之規定，推選張直齋張登鰲管理本會收支賬目案。

決議：通過。

（六）修築東西水道所佔用民地，如何處理案。

決議：水道經過之地，多係山坡荒地，能耕種者甚少，其顧念公益之地主，自願將地捐助者，俟工程完竣後，將捐助各地主之姓名與畝數，彙刊一碑，永垂令譽；其勢須發價者，按照公用征收土地辦法，議估發價，水道完成後，下游各村均獲灌溉之利此項發價之款，即由下游各村攤償。

（七）修築東西水道所經過墳墓，如何處理案。

決議：由市政籌備處佈告各墓主，限期遷移。

（八）散會。

包頭市修築東西水道工程委員會第二次會議紀錄

時間：二十三年十一月九日

地點：市政籌備處辦公廳

出席者：

第七十師司令部劉連三　縣黨部韓偉　市政籌備處王慶恩

商會張直齋　縣政府王治寬　七鎮代表程培基

市民代表李興邦

列席者：　鄭文軒　高實萍　高金泉

主席市政籌備處處長王慶恩　紀錄高金泉

議案

（一）關於西水道包工投標決定案。

決議：（1）查投標人共有薛玉順等八人。高殿卿，趙茂棠等二人標額，超過本會最高定額，應即取消資格。

（2）西水道工程分兩段包做，承包人薛玉順標額最低，准即包做一段。其餘一段，按標額最低次序，照薛玉順標額，依次由投標人承包。

（3）薛玉順應另覓殷實舖保，如無殷實舖保時，即由第二合標人翟茂興先行承包一段；餘一段，照翟茂興價目，依次由投標人承包餘類推。

（4）如一段業已包出，餘一段無人承包時，其包價得以兩個標額平均數，作爲兩段一致之包額。

（二）關於東西水道，佔用墳墓遷移費，如何決定案。

決議：墳地墓堆在五個以下者，每個給遷移費五元，五個以上者另議。

（三）散會。

包頭市修築東西水道工程委員會第三次會議紀錄

時間：二十三年十一月二十六日

地點：市政籌備處辦公廳

出席者：

第七十師司令部劉連三　縣黨部韓偉

第二百一十五旅司令部韓澤敷　縣政府王治寬

市政籌備處王慶恩　七鎮代表張登鰲

市民代表李興邦　商會張直齋

列席者：濮思畔　李淑鴻　高寶萍　高金泉

主席市政籌備處處長王慶恩　紀錄高金泉

議案

（一）本市東西水道業經開工，省府允撥之補助費一萬元，雖已撥建設廳，惟本會尚未領回。現在需欵孔亟，所有地方上應擔任款數，應如何先行籌措支用案。

決議：查本市各富戶（民戶），已認定捐款數目，應即查照舊案，用本會名義，函請各富戶於十日內先交半數，一月內一律交清，此項捐款完全交商會保管支用。至商會方面，去年亦已認定之欵數，亦應查照舊案，函請商會按民戶期限，如數籌交。

（二）關於東水道包工案。

決議：東水道仍按西水道包額，儘速包出開工，原投標人，准有優先權。

（三）散會。

包頭市修築東西水道工程委員會第四次會議紀錄

時間：二十三年十二月二十四日

地點：市政籌備處辦公廳

出席者：

第七十師司令部劉連三　包頭縣黨部韓偉

二百一十五旅司令部李叔衡　太平鎮程培基

市政籌備處王慶恩　縣政府王治寬

台安鎮張登鰲　商會張直齋

列席者：濮思盱　高實萍　高金泉　鄭文軒　秦邦楨　李淑鴻　馬致

主席市政籌備處處長王慶恩　紀錄高實萍

議案

(一)關於東水道理髮社義地墳墓遷移費，如何決定案。

議決：該義地墳墓，計有墓堆三百八十五個，着給遷移費六百元，作爲購買義地五畝及骨匣遷埋等費用。先將遷移費交該社自行辦理。如該社萬一不願自辦時，即由工程委員會投標包辦。

(二)關於東西水道工程緊急用欵，如何籌備案。

議决：(1)富戶捐欵由縣政府加緊催收備用。

(2)縣府已墊欵一千一百元，再請繼續墊借數百元。

(3)請商會先墊借二千元，以便開支坟墓遷移費及日常緊急費用，限二日內答復。

(三)散會。

包頭市修築東西水道工程委員會第五次會議紀錄

時間：二十四年六月一日

地點：市政籌備處辦公廳

出席者：

第七十師司令部劉連三　台安鎮張登鰲

第二百一十五旅司令部李叔衡　太平鎮程培基

市政籌備處王慶恩　縣政府王治寬

縣黨部韓偉　市民代表李興邦

列席者：濮思毗　高寶萍　鄭文軒

主席：市政籌備處處長王慶恩　紀錄高寶萍

議案

(一)推定收工委員丈量已竣工程案。

決議：推韓偉　張直齋　張登鰲　程培基　李興邦　五委員分組

辦理。

（1）張直齋張登鰲爲一組。

（2）李與邦程培基爲一組。

（3）韓　偉每日出發參加各組辦事。

（二）應各界要求提前舉行落成典禮俾與本縣賽馬大會同時舉行案。

決議：定於六月五日舉行。

（1）時間上午八時。

（2）地點：東北門外太平橋下。

（3）電請省政府暨各廳蒞臨指導並通知本市各機關參加。

（4）通告市民參加。

（5）籌備人選，推定張直齋程培基王治寬爲籌備員。

（6）經費由工程委員會撥款開支。

（三）西水道橋樑落成，東水道隧道鑿通，橋頭洞口如何題字案。

決議：用洋灰製額各面各提二字。

（四）散會。

包頭市修築東西水道工程委員會第六次會議紀錄

時間：二十四年九月二十四日

地址：市政籌備處辦公廳

出席者：

第七十師司令部劉連三　市政籌廳處王慶恩　市民代表李興邦

太平鎮程培基　商會張直齋　台安鎮張登鰲

縣政府王治寬

列席者：濮思畊　高實萍　鄭文軒

主席：市政籌備處處長王慶恩　紀錄高實萍

議案

(一)水道內有一種立江石，堅紉非常，其性質似土，而又與石塊不同，此係特殊情形，各包工人均籲請另定每方土資案。

決議：每方以壹元叁角計。

(二)包工薛玉順所包段內，掘出泉源，工人均在泥濘中作工，耗工費時，請予體恤，增加工資案。

決議：增加人工陸百個每個工以三角計。

(三)各包工人有透支工資情事，應如何解決案。

決議：追繳。

(四)據包工土戶請所掘暗溝，耗工費時、如按土石方數目，核發工資，吃虧過甚，請予補助案。

決議：暗溝每十丈，酌加工資八十元。

(五)東水道隨時場毁如何剷除積土案。

決議：由劉玉敬攬工剷除。

(六)本會欵項不足，如何籌湊案。

決議，拍賣所存用賸之油櫃板及洋灰，儘先籌補。

(七)開築水道所佔用民地，如何解决案。

決議：先呈請免粮，地價按公用徵收法徵收，每畝發價洋五元。

(八)散會。

包頭市修築東西水道工程委員會第七次會議紀錄

時間：二十四年十月二十八日

地址：市政籌備處辦公廳

出席者：

第七十師司令部劉連三　縣黨部韓偉　市民代表李興邦

縣政府王治寬　太平鎮程培基　台安鎮張登鰲

商會張直齋　二百一十五旅李叔衡

列席者：高實萍　高金泉　鄭文軒　高文通

主席：韓偉　紀錄高實萍

議案

(一)編造報告書案。

決議：由高金泉編纂，修正付印。

(二)水道佔用民地呈請免糧應如何辦理案。

決議：由縣政府辦理。

(三)本會水道工程業經竣事，所有該項工程如何繼續管理修葺案。

決議：(甲)由本市各界組織包頭市東西水道管理委員會。

(乙)推定市政籌備處處長，縣政府建設主任，商會一人七鎮一人，市民代表一人，先明窰鄉一人，井爾坪鄉一人，共七人組織管理委員會。

(丙)第一屆委員推定　王慶恩　王治寬　張直齋　張登鰲　李興邦　李士江　李培基等七人。

(丁)一切章則，由管理委員會擬定呈准施行。

(四)散會。

公牘

呈省政府呈送包頭市修築東西水道石壩切面圖及工料計劃書請准籌撥款項，派員來包主持工程及購料事宜，以便早日興工由

查本市城垣，其北半城依山建築，坡勢甚陡，在夏季大雨時行，山水積潦，均順東西兩水溝，貫注城內街道，奔向西南兩門流入黃河，水力洶猛，街道被其沖刷，破壞不堪，尤以前後兩大街繁盛之區，受害最鉅。本處成立以來，對於本市建設，積極籌劃進行；其城外車站至新南門灰渣石子馬路，長四百一十六丈，業已修築工竣；其新南門至前街之富三元巷，係修築石籽馬路，長三百一十丈，亦已動工，預計秋節左右，可以工竣；其前街馬路，自西閣起，至南圪洞北口止，長三百六十丈，亦正在計劃修築。惟以受東西兩水溝之水患，無法興工。竊以東西兩水溝，爲本市建設最大阻碍，必須設法改鑿水道，則其他建設，方能着手，前經聘請測量人員，來包測量計劃，擬在北門外東西兩水溝起點處，各修築擋水石壩一座，並開鑿水道兩條，將東水溝之水，由城外引入東河，西水溝之水，由城外引入西河，再由

東西兩河，流入黃河，俾山水積潦，不再流入城內，預估開鑿東西兩水道，及修築石壩兩座，共需工料價洋三萬七千餘元，繪有測量圖表並計劃書。本市地方財政，異常拮据，此項鉅款，實無力籌措，但修鑿東西水道及石壩爲本市最要建設，値此秋涼農閑之際，正可興工修築。謹將本處所聘測量人員，所繪測量圖表及所擬計劃書，備文呈送，伏祈

鈞府准予在省款項下籌撥欵項，並派員來包主持工程及購料事宜，俾得早日興工，毋任迫切之至。

謹呈

綏遠省政府主席傅

附呈送包頭市城北東西溝至東西河擬鑿水道切面圖兩紙（見插圖）包頭市城北東西溝至東西河水道測量及修築石壩工料計劃書（見特載內）

包頭市政籌備處處長王慶恩

中華民國二十三年九月一日

省政府指令 據呈送東西水道石壩切面圖及工料計劃書，已令建設廳核復由

綏遠省政府指令 內字第五〇五〇號

令包頭市政籌備處

呈送包頭修築東西水道石壩切面圖，及工料計劃書，請准籌撥欵項，派員主持由

呈及附件均悉。仰候令行建設廳核復到府，再行核辦。

此令。

主席 傅作義

中華民國二十三年九月九日

省政府訓令 據建設廳議復包市修築東西水道應准如所請擬請由省補助一萬元經省府會議通過仰知照由

綏遠省政府訓令 丙字第三七六四號

令包頭市政籌備處

案查前據該處呈送修築包頭城北東西水道石壩切面圖，及工料計劃書，請准由省欵項下籌撥款項，並派員來包主持工程等情到府；當經令行建設廳議復並指令在案。旋據該廳呈復：

「查包頭市，地居平綏鐵路終點，及甘寧兩省黃河船筏起卸碼頭，交通便利，商賈輻湊，逈非其他縣市可比，應與歸綏省市，同一重視。且值此提倡開發西北之際，各地來包旅行調查人員，絡繹不絕，爲壯該市觀瞻計，此項水道，洵有修築之必要；且同時爲居住商民，免除暴雨山洪之水患，亦屬不容再緩，自應准如所請，撥發省欵，以資興修。第查此項工程，按所送計劃，需欵頗鉅，值此省庫支絀之際，似屬困難，一再籌維，擬請由稽查處二五附加移作「市政建設費」項下，酌撥壹萬元，籍資補助，其餘不敷之數，再由地方自行籌措。再查所送工程計劃，及圖件，均頗詳晰，所有一切工程之進行，應由該市政處，負責辦理，無庸另行派員前往主持。奉令前因。理合遵令核覆，是否有當，祇請鑒核，轉飭遵照」。

等情前來；茲經本府會議決議：「准如數照撥由廳監督完工，不再增加」。等因。除令稽查處由徵收二五附加賑欵項下，如數照撥，並指令建設廳遵照派員具領轉發外；合行令仰知照。

此令。

主席傅作義

中華民國二十三年十月二十五日

呈省政府呈報成立包頭市修築東西水道工程委員會章程及會議紀錄請備案由

案奉

鈞府內字第三七六四號訓令：「以修築包頭城北東西水道石壩一案，據建設廳議復，撥給補助費一萬元，經本府會議議決通過，由廳監督完工，不再增加，仰知照」。等因；奉此。當經召集各機關各團體及地方士紳會議，宣佈政府德意，並即成立工程委員會，擬訂章程，佈告投標包工，即日興修，預計在地凍以前，先將土工完竣，則冬季修築石工，仍可照常進行，因冬季工價低廉，省費甚多、且此項工程浩大，無論如何，須在明年雨季前修竣，故投標開工，刻不容緩，除咨報建設廳，並請領補助費一萬元外；理合將包頭市修築東西水道工程委員會章程，及第一次會議紀錄，各附呈一份，即祈鑒核備案。

謹呈

綏遠省政府主席傅

附包頭市修築東西水道工程委員會章程會議紀錄兩份（見特載及會議紀錄內）

包頭市政籌備處處長王慶恩

中華民國二十三年十一月六日

省政府指令　據呈東西水道工程委員會章程及第一次會議紀錄准予備案由

綏遠省政府指令　內字第六七二八號

令包頭市政籌備處

呈一件　由　呈報成立包頭市修築東西水道工程委員會章程暨會議紀錄請備案

呈暨章程紀錄均悉。茲經本府會議決議：「備案」等因。（署）仰即一併知照。附件存。

此令。

主席　傅作義

中華民國二十三年十一月二十四日

咨建設廳檢送東西水道工程委員會章程暨第一次會議紀錄，請備案並請轉發補助費一萬元由

包頭市政籌備處咨　咨字第三〇號

案奉

省政府內字第三七六四號訓令內開：

「案查前據該處呈送修築包頭城北東西水道石壩切面圖，及工料計劃書，請准由省欵項下籌撥欵項，並派員來包主持工程等情到府；當經令行建設廳議復並指令在案。旋據該廳呈復：

『查包頭市，地居平綏鐵路終點，及甘寧兩省黃河船筏起卸碼頭，交通便利，商賈輻湊，迥非其他縣市可比，應于歸綏省市，同一重視，且值此提倡開發西北之際，各地來包，旅行調查人員，絡繹不絕，為壯該市觀瞻計，此項水道，洵有修築之必要，且同時為居住商民，免除暴雨山洪之水患，亦屬不容再緩，自應准如所請，撥發省欵，以資興修。第

查此項工程，按所送計劃，需款頗鉅，値此省庫支絀之際，似屬困難，一再籌維，擬請由稽查處二五附加移作「市政建設費」項下，酌撥一萬元，藉資補助，其餘不敷之數，再由地方自行籌措。再查所送工程計劃，及圖件，均頗詳晰，所有一切工程之進行，應由該市政處，負責辦理，無庸另行派員前往主持。奉令前因。理合遵令核覆，是否有當，祇請鑒核轉飭遵照』。

等情，前來；茲經本府會議決議：「准如數照撥，由廳監督完工，不再增加」等因。除令稽查處由徵收二五附加賑款項下，如數照撥，並指令建設廳遵照派員具領轉發外，合行令仰知照。

等因；奉此。當經召集各機關各團體及地方士紳會議，宣佈政府德意，並即成立工程委員會，擬訂章程，佈告投標包工，即日興修，預計在地凍以前，先將土工完竣，則冬季修築石工，仍可照常進行，因冬季工價低廉，省費甚多，且此項工程浩大，無論如何，須在明年兩季

前修竣，故投標開工，刻不容緩。除呈報
省政府備案，其投標結果，及工程進行情形，隨時咨報外；相應將包
頭市修築東西水道工程委員會章程，及第一次會議紀錄，各檢附一份
，咨請
查照備案。再此項工欵，其地方應籌之數，正在積極催收，至
省政府所撥補助費一萬元，即請
貴廳轉發，以便按照工程委員會第一次會議議決案，交由本市商會保
管，俾得尅日開工，實爲公便
此咨
綏遠省建設廳長馮
附包頭市修築東西水道工程委員會章程會議紀錄兩份（見特載及會議紀
錄內）
包頭市政籌備處處長王慶恩
中華民國二十三年十一月六日

建設廳咨　修築東西水道地方應籌二萬七千餘元，究已籌妥若干請查復由

綏遠建設廳咨　咨字第一〇〇號

案准

貴處咨送「包頭市修築東西水道工程委員會章程，及第一次會議紀錄，請予備案，並以此項工款，其地方應籌之數，正在積極催收，所有省政府補助費一萬元，即請轉發，俾得剋日開工」。等因，查此項水道工程，按原送計劃，共計需洋三萬七千餘元，似此地方應籌之款，爲二萬七千餘元，現在究已籌妥若干，來咨未准聲述，本市奉令，監督完成該項工程，自應謹慎將事，如果地方應籌之款，確有相當成數，即將省府補助費照撥，准咨前因，相應咨復，即希

查照見復，爲荷！

此咨

包頭市政籌備處

廳長　馮　曦

中華民國二十三年十一月十四日

呈省政府　呈報本市修築東西水道開工日期，請鑒核備案由

查本市修築東西水道圖樣計劃，業經呈報在案。現已於本月二十一日，依照計劃，正式開工。理合將開工日期，檢同照片，備文呈報

祇請

鑒核備案。

謹呈

綏遠省政府主席傅

附呈　包頭市東西水道開工典禮照片一張（見插圖內）

包頭市政籌備處處長王慶恩

中華民國二十三年十一月二十八日

省政府指令　據呈報東西水道開工日期准予備案由

綏遠省政府指令　丙字第六九〇九號

令包頭市政籌備處

呈一件呈報該市修築東西水道開工日期，請鑒核備案由

呈暨照片均悉。准予備案。

此令。

主席　傅作義

中華民國二十三年十二月

咨建設廳為本市修築東西水道，已於本月二十一日正式開工，咨請查照備案由

包頭市政籌備處咨　咨字第三二號

查本市修築東西水道，已於本月二十一日正式開工，所有水道開工日期，除呈報省政府外；相應檢同照片，備文咨達，即希查照備案，至紉公誼。

此咨。

綏遠省建設廳廳長馮

附包頭市東西水道開工典禮照片一張（見插圖內）

包頭市政籌備處處長王慶恩

中華民國二十三年十一月二十八日

建設廳咨　准咨報東西水道開工日期除予備案外希將工程進行情形隨時報廳備轉由。

綏遠建設廳咨　咨字第一〇七號

案准

貴處第三二號咨「以包頭市修築城外東西水道，已於上月二十一日正式開工，附開工典禮照片一張，請查照備案」等因；准此，除將照片存查並備案外，相應咨覆，即希

查照將工程進行情形，隨時報廳備轉爲荷，此咨

包頭市政籌備處

廳長　馮　曦

中華民國二十三年十二月十一日

呈建設廳

案由 呈報東西水道包工人姓名，及包價等列表附呈請鑒核備案

査本市修築東西水道，圖樣，計劃暨開工日期，業經先後呈報在案。除東西水道兩壩，及橋梁，俟明春解凍，再行招包呈報外，理合將承包東西水道工人薛玉順等六人姓名，包工價目，號概，及交工期限，列表呈送，即祈

鑒核備案。

謹呈

綏遠建設廳廳長馮

計呈送表一份（見附錄內）

包頭市政籌備處處長王慶恩

中華民國二十三年十二月十一日

建設廳函 准呈送東西水道包工人姓名，包價，號檄及交工期限表應准存查由

綏遠建設廳函 函字第一二一號

案准

貴處呈送「修築包市東西水道包工人姓名，包價，號檄及交工期限表請備案」等因；准此。除存查外，相應函覆，即希查照

此致

包頭市政籌備處

中華民國二十三年十二月十九日

電 省政府建設廳 爲六月五日舉行東西水道落成典禮，懇請蒞臨指導由

綏遠省政府主席傅綏遠建設廳廳長馮 鈞鑒查本市修築東西水道行將工竣現應各界要求定於六月五日先期舉行落成典禮謹電奉達屆期務懇蒞臨指導以隆盛典包頭市政籌備處處長王慶恩叩艷印

建設廳復電 派技士高瑞新參加落成典禮由

包頭市政籌備處王處長覽艷電悉查修築東西水道於六月五日舉行落成典禮本廳業派定技士高瑞新前往參加合電知照綏遠建設廳廳長馮曦東印

教育廳 財政廳 民政廳 電 爲六月五日舉行東西水道落成典禮，懇請蒞臨指導由

綏遠民政廳廳長袁 綏遠教育廳廳長閻 綏遠財政廳廳長李 鈞鑒包頭市東西水道，行將工竣，此間應各界要求，定於六月五日先期舉行落成典禮屆期祈蒞臨指導包頭市政籌備處處長王慶恩叩東印

財政廳復電 爲廳務殷繁未能參加盛典由

包頭市政籌備處王處長鑒東電悉東西水道工程告竣殊深欣慰惟因廳務殷繁未克親往參加盛典至爲歉仄特此電復即希查照綏遠省財政廳廳長李居義魚印

民政廳復電 爲事務冗忙且何部長蒞綏以是不克分身參與盛典由

包頭市政籌備處王處長鑒東電閱悉本月五日東西水道落成舉行典禮本

擬親往參與惟接電時期間已過且因何部長不日蒞綏須準備警衛是以未能前往特復民政廳廳長袁微印

呈建設廳　爲呈報修築包頭東西水道工程收支款項清摺暨單據粘存簿請轉請核銷由

案查本處修築包頭東西水道工程計劃，及開始動工，修築完竣，舉行落成典禮各日期，業經先後呈報在案。兹查此項工程費用，現經核算清楚，計收入各方捐款洋二萬零七百八十五元三角一分四厘，支出工料洋二萬零七百八十五元三角一分四厘，收支相抵，理合造具收支款項清摺一份，暨單據粘存簿一册，一併備文呈報，祇請鑒核，轉請核銷，實爲公便。

謹呈

綏遠省建設廳廳長馮

附呈　收支款項清摺一扣　單據粘存簿一本

包頭市政籌備處處長王慶恩

民國二十五年二月十八日

附錄

附錄

包頭市開鑿東西水道工程投標表之一頁

包頭市開鑿城北東西水道工程投標表 二十三年十一月八日塡

投標人姓名 或商號	崔茂興	包工	開鑿石方工價	起掘土方工價
年齡 或舖長年齡	三十八歲	價額	每一方一元四毛九分	每一方二毛八分
籍貫 或舖長籍貫	河北祁縣	舖保	六合泉	蓋章
現住所 或商號所在地	包頭城內通和店	舖保	同和源	蓋章

附招包說明

（一）按西水道全長分兩段東水道全長分四段每段由一人承包

（二）開鑿石工上下平均每方工價最高不得過現洋一元八角起挖土方上下平均每方包價最高不得過現洋三角

（三）計算方數係用現在市公尺實地丈量每一百立方尺爲一方水道底寬爲六尺深約不過三丈帮斜度爲十分之二

（四）挖出之土石須在水道邊五尺以外兩旁堆積之
（五）所用鍬钁一切器具由包工人自備之
（六）本表用毛筆填寫於數目字上加蓋手章
（七）投票人須取具殷實舖保兩家
（八）本表依式填就後用信封封好於本月八日上午十時由投票人携帶來
縣府彙齊當衆開拆以所投票額最低者取得承包權
（九）投票人如手續不完或本處認爲舖保不能負責者不得承包

包頭市開鑿東水道包工攬約之一頁

立保約人自立泉、同和源、雙合居今保得趙俊英承攬到

包頭市政籌備處擬開築城北東水道自十九號橛起至東河漕二十五號橛止一段工程訂定開鑿石方上下平均每中方工資按現洋一元四角九分合計起挖土方上下平均每中方工資按現洋二角八分合計計算方數係用市公尺實地丈量所用一切器俱由包工人自備工資按做工多寡陸續由舖保支領工竣後結算領清不歉起出之石歸公所有包工人不得偷賣挖出之土石須運送至東河漕內水道兩旁不能堆積帮斜度爲十分之二底寬爲六尺如遇土中摻有石子地方不能按石方算工程限五個月完成如有携欵潛逃或半途停工及逾期工程未竣等事舖保願負完全責任空口無憑立約爲證

舖保　雙合店定襄巷
　　　同和源小定襄巷門牌十號
　　　自立泉東門內門牌一號

包工人　孫占元
　　　　趙俊英

民國二十三年十二月三日

包頭市開鑿西水道包工攬約之一頁

立保約商號同和源福義厚今保的崔茂興承攬到

包頭市政籌備處擬開築本市城北西水道東段全部土石工程標定開築石方上下平均每中方工資按現洋一元四角九分合計起挖土方上下平均每中方按現洋二角八分合計計算方數係用市公尺實地丈量所用一切器具由包工人自備工資按做工多寡陸續由舖保支領工竣後結算領清不欠挖出之土石須在水道邊五尺以外堆積帮斜度暫定爲十分之二如土質鬆軟帮斜度可酌量增加底寬爲六尺深約不過三丈如遇土中摻雜石子或碎石子地方不能按石方算工程限五個月完成如有携款潛逃或半途停工及逾期工程未竣等事舖保願負完全責任空口無憑立此爲證

包工人 崔茂興

舖保 同和源記

舖保 福義厚具

舖保 聚仁堂藥莊

民國二十三年十一月日立

西水道西北門外磚橋包工攬約之一頁

立攬約人崔茂興李書元今攬到
市政籌備處在城外西水道建設磚橋一座言定工資大洋一百四十元所用磚灰石材料由處備辦沙土由包工人採取其尺寸大小做法按照下列說明建築限至本月二十五日交工保險十年不壞如有偷工情事舖保願負賠償處罰責任空口無憑立此約為証

旋磚橋洞做法說明

先挖橋根基壕深三尺寬三尺用灰拌土屢填屢用石硪打實沙灰壘砌片石根基高三尺地內埋一尺明露二尺再用桃花漿灌足橋洞長二丈洞內寬七尺五寸洞內高一丈橋壁厚二尺二寸橋項三伏三旋灰漿灌縫兩端八字墻六尺長高一丈二尺橋項兩面壘磚壁高一丈八尺厚九寸出地平面二尺五寸墻裏面再帮壘石片二尺厚高一丈六尺中間填土屢填屢用石硪打實橋面平砌片石一層沙灰舖砌灰漿灌縫

包工人 崔茂興 李書元

舖保 慶春和 福義厚

民國二十四年五月日

包頭市修築東西水道包工姓名包價號概及交工日期表

項別 姓名	承包工程	號概	石工每方價	土工每方價	交工日期	備考
薛玉順	西水道西段	十二號至廿二號	一元四角九分	二角八分	自開工日起五個月交工	
崔茂興	西水道東段	一號至十一號	一元四角九分	二角八分	仝前	
陳景遵	東水道	一號至六號又十九號	仝前	仝前	仝前	
劉海寬	東水道	七號至十一號又十八號	仝前	仝前	仝前	
劉玉敬	東水道	十二號至十七號	仝前	仝前	仝前	
趙俊英	東水道	廿號至廿五號	仝前	仝前	仝前	

包頭市開鑿東西水道遷移墳墓支欵單

一、李振孝　墳墓四個　領洋二十元
一、劉玉敬　墳墓二個　領洋三元
一、張福小　墳墓四個　領洋二十元
一、黄庭元　墳墓二個　領洋一十元
一、鄭　二　墳墓一個　領洋五元
一、賀繼祖　墳墓四個　領洋二十元
一、陳根寶　墳墓三個　領洋一十五元
一、郜雙鴻　墳墓一個　領洋五元
一、康世同　墳墓三個　領洋十五元
一、淨髮社　墳墓　三百七十六個領洋六百元
一、高進才　墳墓二個　領洋十元
一、劉子和　墳墓一個　領洋五元

一、祁太祉　墳墓　四十三個領洋六十五元

以上十三宗共計洋七百九十三元

包頭市開鑿東西水道佔用民地單

一、楊先喜　上等地二十畝零四分

一、張漢卿　下等地十畝

一、李士江　下等地六畝

一、張慶雲　下等地三畝

一、李振基　下等地七畝

一、李振材　下等地四畝

一、李士脩　下等地五畝

一、張　富　下等地二畝

一、賀繼祖　下等地三畝

一、鄭　材　下等地五分

一、高　三　下等地五分

一、王長鎖　下等地二分

一、趙　全　下等地二分

以上合計上等地二十畝零四分下等地四十一畝四分共六十一畝八分

後記

我是從數學史學習中逐步瞭解治黄史的。漢代《許商算術》的作者許商，好天文術數之事的王景、李尋善，他們既是數學家，又以治理黄河而聞名。我國現存最早的河工著作《河防通議》，將中國古典數學天元術運用到治黄工程中，創造了中國古代工程數學的一個高峰。除了數學史之外，内蒙古師範大學科學技術史研究還以少數民族科技史和地方科技史見長。李迪先生曾指出地方科技史研究的重要内容是人與自然環境變遷、科技遺迹與自然環境以及環境與生産的關係，此類研究具有明顯的現實意義和重要價值。想要通過大科學史研究，弄清變遷的原因和未來的發展趨勢，産出對于地方各方面的開發有更大、更直接價值的成果，這類研究大多離不開文獻。之後，李迪先生更是直接指出科技史研究不僅是對過去的科技工作和科技成果的回顧與總結，而且要着眼于現代，讓古人的發明創造爲今人服務，繼續在現代發揮其應有的作用。我將先生大科學史的治學理念視爲座右銘，在科研工作中更加注重讓科研成果服務于國家戰略與區域發展需求。

二〇一九年九月，習近平總書記在黄河流域生態保護和高質量發展座談會上指出，黄河流域在我國經濟社會發展和生態安全方面具有十分重要的地位。黄河流域生態保護和高質量發展是重大國家戰略。同年十月，黨的十九届四中全會提出『加强邊疆治理，推進興邊富民』，首次把邊疆治理寫入黨的文件。內蒙古師範大學組織科研力量，積極申報研究闡釋黨的十九届四中全會精神的國家社科基金重大項目，其中『中國特色社會主義民族區域自治制度自信研究』項目獲批。我承擔其中的『鑄牢中華民族共同體意識下的民族自治地方文化自信研究』子課題，而黄河是首選文化要素。二〇二四年，該項目順利結項，我也對黄河文化所藴含的時代價值有了更深的體會。

有鑒于此，我帶領文化遺産智能應用服務中華民族共同體建設『英才興蒙』團隊，以黄河爲主題，開展了文獻、文物、傳統工藝等多模態資源庫建設和跨模態應用示範工作。這次與内蒙古人民出版社合作出版的《黄河國家治理文獻集成》，旨在梳理和總結文獻中所藴含的歷史經驗和文化信息，爲當代及未來的黄河治理和地方文旅産業發展提供參考與借鑒。

感謝内蒙古民族文化産業研究院、巴彦淖爾市圖書館等单位的傾力相助，感謝内蒙古自治區黨委宣傳部、内蒙古出版集團、内蒙古人民出版社對本項目的支持與幫助。

在此，也向致力于黄河治理和大河安瀾的歷代先賢與當代典範表達崇高的敬意：你們的不懈努力與無私奉獻，爲黄河的安寧與人民的福祉築起了堅實的防綫；你們的智慧與勇氣，將永遠銘刻在中華民族的歷史豐碑上，激勵後人不斷前行。

董杰

二〇二五年一月

北疆文化